# 景观设计概论

孙青丽　李抒音　主编

南开大学出版社

天　津

**图书在版编目(CIP)数据**

景观设计概论 / 孙青丽,李抒音主编. —天津:
南开大学出版社,2016.1(2024.7重印)
ISBN 978-7-310-04987-5

Ⅰ.①景… Ⅱ.①孙… ②李… Ⅲ.①景观设计
Ⅳ.①TU986.2

中国版本图书馆 CIP 数据核字(2015)第 226762 号

景观设计概论
JINGGUAN SHEJI GAILUN

南开大学出版社出版发行
出版人:刘文华
地址:天津市南开区卫津路 94 号　　邮政编码:300071
营销部电话:(022)23508339　营销部传真:(022)23508542
https://nkup.nankai.edu.cn

天津创先河普业印刷有限公司印刷　全国各地新华书店经销
2016 年 1 月第 1 版　　2024 年 7 月第 4 次印刷
260×185 毫米　16 开本　16.625 印张　2 插页　411 千字
定价:49.00 元

如遇图书印装质量问题,请与本社营销部联系调换,电话:(022)23508339

# 目　录

# 前　言

　　景观设计的产生与发展，追根溯源来说是人们向往与自然的亲和关系，是建立在物质基础之上的精神享受，所以自古是为皇家或者说少数人服务的。然而，城市化大发展导致城市环境恶化，城市交通拥挤、居住环境恶劣等一系列城市问题产生，这为景观设计的大发展带来了挑战与机遇。景观设计学科和相关学科如城市规划学、建筑学、地理学、生态学、生物学、社会学、文学、艺术学等有密切的关系，它是建立在广泛的自然科学和人文艺术学科基础之上的应用性学科，其核心是协调人与自然的关系。景观设计在其发展过程中需要以更开放的姿态不断完善学科的内涵，以实现景观的开发、保护、恢复、发展与更新等目标。

　　对于初学者而言，由于景观设计涉及面较广，往往容易产生畏惧心理。本书定位是针对初入门的景观设计学子，所以，导论部分详细叙述了景观设计的产生、发展及应用，并对景观设计师的素质要求进行了概括，同时介绍了现今景观设计机构、景观设计教育的一些情况，使初学者对自身有一个基本定位。第二章景观设计基础以先修课程为基础，介绍形式美法则在景观设计中的应用，分别论述景观色彩、照明及材料。第三章是景观设计必须要掌握的一些要素，如地形、铺装、水体、植物、景观小品等内容。第四章景观设计的理论支撑分别讲述了景观设计空间理论、场所精神、景观设计与人的环境行为、人体工程学在景观设计中的应用、景观生态学、景观三元论等。第五章在介绍景观设计方法时，先讲述景观设计的基本原则，然后谈基本方法如立意、相地、视线分析等，景观的造景处理手法是本章的一个重点。第六章景观设计的程序及表现介绍景观设计的流程、制图规范及景观设计的几种表现形式。第七章是优秀作品分析，选择国内外经典案例进行分析，是对前述理论的应用，也是为激发读者设计灵感，创作好的作品奠定基础。附录部分为景观设计专业推荐书目。本书总体内容系统性强，通过本书的学习能对景观设计的课程有一个较全面的认识，为后续学习奠定良好基础。

　　本书章节内容安排涵盖了景观设计初学者所应掌握的基础知识，从景观设计的含义出发，探讨了景观的产生、发展、应用、教育及对景观设计师的素质要求，又分别讲述景观设计基础、要素、理论、方法、设计程序及表现，最后以具体案例将前述知识贯穿成一体，章节安排环环相扣，条理清晰，只要初学者脚踏实地，理论学习和动手实践、动脑思考紧密结合，定能为专业学习打下良好基础。

　　作者自 2005 年工作以来，一直为河南工业大学艺术设计专业景观设计方向的学生讲授景观设计概论课程。在教学中，不断调整更新内容，以期更适应艺术类学生的需要，贴近其需求，在他们能接受的范围内，尽可能的补充相关学科知识，建构更全面的专业基础。

　　在本书的编写过程中，邀请了郑州航空工业管理学院的李抒音老师撰写了第三章内容，其余内容均由孙青丽老师负责。本书编写过程中，2010 级景观班部分同学参与了资料收集和整理工作，2011 级、2012 级、2013 级的同学提出了修改建议，在此一并致谢。

感谢出版社的编辑，他们为本书的出版做了大量工作。

孙青丽

2015 年 7 月　于欣园心语

# 第1章 导 论

● **教学目标:**

通过本章学习,使学生对景观设计形成整体认知,掌握景观设计和其他学科的区别,明确学习目标,了解景观设计师需要具备的素质,构建学习基础,激发学习热情。

景观设计是较为综合性的学科,是一门科学的艺术。科学性与综合性强是这门学科的特性。

## 1.1 景观设计缘起

### 1.1.1 国外景观设计的产生

国外景观设计的发展可以追溯到城市公园的产生。

#### 1. 城市公园的产生

在以农业与手工业为主的封建社会时期,西方传统的景观服务于社会上流贵族和富豪阶层,是社会地位、权势与经济实力的象征。

随着工业文明的到来,西方社会逐渐产生了深刻的变革,19 世纪西欧和北美先后步入了工业化时期。城市人口不断增加,城市规模迅速扩大。城市公园的产生是对城市卫生及城市发展问题的反映,是减轻各种城市不良影响和提高城市生活质量的重要举措之一。

作为最早进入工业化时期的国家,英国在城市公园发展方面领先于欧洲其他国家。布朗、雷普敦等人发展与完善的英国自然风景园风格成了现代城市公园的主要风格。最早的城市公园是与城市住宅建设同步进行的。如 1811 年伦敦的摄政公园是一个以富裕的城市居民为对象的地产投资项目。摄政公园位于伦敦泰晤河的北面,总体格局属自然风景式。

19 世纪中叶,英国其他大城市也陆续建设了一些公园。1847 年建于利物浦的伯金海德公园以工人阶层为服务对象。设计师帕斯通将住宅布置在公园的周边,园内车道成环,形成的布局比较紧凑。这对美国公园思想的形成和城市公园的建设有很大的推动作用。

早期美洲土著对于现代美国景观设计,除了在园艺方面稍有贡献外,基本上没有什么影响,殖民时期的景观设计也只是对意大利、法国和西班牙等欧洲国家景观设计的模仿。始于英国,盛于美国的工业革命,为美国带来优越的物质文明。但工业化的迅速发展导致了资源和环境危机,给人类生存带来威胁;另一方面,大工业生产使整个社会结构发生了巨大的变化。城里人不再是少数贵族及其侍从,集居在城市里的人们需要一个身心再生的空间。

将景观视为愉悦和满足的现代观念,是借着风景画和庭园设计而提高的。当西方国家逐渐实现现代化时,艺术家尝试捕捉自然的气氛和表达自然的特质并享受它所提供的一切。英国充满画意的风景和具原野风貌的壮丽的景观是 19 世纪与 20 世纪早期影响美国景观价值的两大主导因素。一大群艺术家、作家热情地赞美大自然，讴歌大自然。正是在这样一种情况下，美国的景观规划设计诞生了。

**2. 19 世纪美国城市公园的起源与发展**

美国城市园林可以说是在继承英国的自然风致园的基础上，结合本地情况和市民的要求，并博采众长而逐渐形成的。

1710 年后英国出现的"自然风致园"与以往的景观风格截然不同，因为这种风格与自然寻求有机的结合。17—18 世纪，绘画与文学艺术中热衷自然的倾向为自然式风致园的产生奠定了基础，而早期的殖民者也正是从绘画和文学艺术中产生了对英国风景园的兴趣，并将其带到了美国。

其代表人物是唐宁（A.J.Downing）和奥姆斯特德（F.L.Olmsted）。

（1）乡村景观建筑师唐宁（如图 1.1）的自然风景园思想及其影响

唐宁的自然风景思想要从新墓地运动说起。18 世纪美国新英格兰地区典型的殖民地城市都是以公共绿地为中心，平面呈矩形，用于豢养牲畜和作为阅兵场，这种公共绿地是从英国引入的。城市中另一种形式的开敞空间是墓地。城市发展对开敞空间的迫切需要引起了美国 19 世纪 30 年代的新墓地运动，他们将原来布置在市中心教堂旁的墓地迁到城市边缘，布置成自然式墓园，并成为市民集中游憩的去处。这些墓园对城市居民的吸引力在于它的自然美和设计的艺术手法的和谐组织，这种景色有一种自然和艺术相统一的魅力。郊区墓园的建立使自然式风致园在美国的发展又迈出了稳健的一步。

唐宁自称为乡村建筑师，这表明了他对乡村自然景色的热爱。他的几部有关景观设计与乡村建筑的书都是以英国造园家雷普顿的作品为基础而写成的，这些著作体现了与风景园相同的理论，对自然风景园在美国的发展影响较大。唐宁坚持认为自然有利于社会，与自然接触，人会感到精神与肉体的平衡，从而使生活更新，他尤其赞美风景园的自然特性，主张体现真实的效果。1850年唐宁东渡英国，他被城市中拥有乡村景色所吸引，并得到了启迪。后来，唐宁对美国的乡土风光做了高度的评价，他提倡从每一个家庭的庭院开始，人人都有美化周围环境的义务，他还鼓励人们在庭院中栽种树木、果树，所以，唐宁设计的庭院常常呈现出树木园的景观。唐宁还将欧洲的城市公园思想引入美国。

**图 1.1 安德鲁·杰克逊·唐宁**
（Andrew Jackson Downing）

1852 年，他为新泽西公园做规划，道路呈自然布局，住宅处于丛林中，住宅区中心有公园。19 世纪的浪漫郊区住宅是美国最初对城市形态的贡献，也体现了自然风景园运动影响之深远。1850—1890 年，自然式造园的大规模运动由于唐宁的指导而颇具影响力，对自然式造园的热爱不仅在当时的公园设计中体现得淋漓尽致，而且在住宅的设计中也屡见不鲜。

（2）奥姆斯特德的自然设计和中央公园

真正从生态的高度将自然引入城市的人当推奥姆斯特德（Frederick Law Olmsted）（1822

—1903）。奥姆斯特德对自然风致园极为推崇，运用这一景观形式，他于 1857 年在曼哈顿规划之初，就在其核心部位设计了长 2 英里（1km=0.6214 英里），宽 0.5 英里的城市绿"肺"中央公园（如图 1.2）。在纽约中央公园（Central Park）的设计方案中，奥姆斯特德提出了以下构思原则：满足人们的需要；考虑自然美和环境效益；规划应考虑管理的要求和交通的方便。当时，考虑到成人及儿童的不同兴趣爱好，园内安排了各种活动设施，并有各种独立的交通路线，有车行道、骑马道、步行道及穿越公园的城市公交路线。后来，在多次设计实践中，总结了奥姆斯特德原则：

① 保护自然景观，某些情况下，自然景观需要加以恢复或进一步强调。

② 除了在非常有限的范围内，尽可能避免使用规则式。

③ 保持公园中心区的草坪和草地。

④ 选用乡土树种。

⑤ 道路应呈流畅的曲线，所有的道路均呈环状布置。

⑥ 全园以道路划分不同区域。

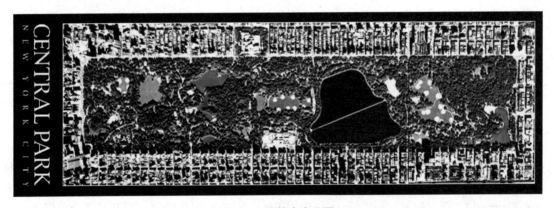

**图 1.2　纽约中央公园**

纽约中央公园于 1873 年建成，历时 15 年，1851 年纽约州议会通过了《公园法》促进了纽约市中央公园的发展。号称纽约"后花园"的中央公园，面积广达 843 英亩（340hm²），占 150 个街区，有总长 93 千米的步行道，9000 张长椅和 6000 棵树木。园内设有动物园、运动场、美术馆、剧院等各种设施。1857 年纽约市的决策者即将这座城市预留了公众使用的绿地，为忙碌紧张的生活提供一个悠闲的场所，公园四季皆美，春天嫣红嫩绿、夏天阳光璀璨、秋天枫红似火、冬天银白萧索，如图 1.3 所示。

纽约中央公园位于纽约最繁华的曼哈顿区闹市中，设计时首先建立了公园要以优美的自然景色为特征的准则，着重大面积自然意境，四周用乔木绿带隔离视线和噪声，使公园成为相对安静的环境。采用自然式布置，园中保留了不少原有的地貌和植被，林木繁盛，大片起伏的草坪，林沿水边，花木争艳，林中偶尔还能看到野生的小动物，生机盎然，俨然一派城市山林。

纽约中央公园内除一条直线形林荫道及两座方形旧蓄水池以外，尚有两条贯穿公园的公共交通通道是笔直的。公园的其他地方如水体、起伏的草地、曲线流畅的道路，以及乔灌木的配置均为自然式；而设施内容上与此前欧洲各国的城市公园相比，也更符合城市广大居民的要求，是一座全新概念的城市公园。自从纽约中央公园问世以来，美国掀起了一场城市公园的建造运动,这一时期的美国景观被称为"城市公园时期"。

图1.3 纽约中央公园实景图

纽约中央公园是美国景观设计之父奥姆斯特德最著名的代表作,是美国乃至全世界最著名的城市公园,它的意义不仅在于它是全美第一个且是最大的公园,还在于其在规划建设中,奥姆斯特德把自己称为景观设计师(Landscape Architect),以区别于传统的造园师(Gardener)、风景园林师(Landscape Gardener),因而导致一个新学科的诞生——景观设计学(Landscape Architecture,简称LA)。景观设计师(Landscape Architect)的称谓由美国景观设计之父奥姆斯特德于1858年在纽约中央公园非正式使用,1863年被正式作为职业称号。

从1860年到1900年,奥姆斯特德等景观设计师的设计范围广及城市公园绿地、广场、校园、居住区、自然保护区、主题公园和高速路系统等,这些规划设计奠定了景观设计学科的基础。在此基础上,他的儿子小奥姆斯特德(Frederick Law Olmsted,Jr)与舒克里夫(A.Shurcliff)、查尔斯·艾利奥特(Charles Eliot)于1900年在哈佛大学开设了全美国第一个景观设计学士学位课程,1901年美国哈佛大学开设了世界上第一个景观设计学专业。1909年,詹姆斯(James Sturgis Pray)教授在景观设计专业中加入了城市规划课程,逐渐从中派生出了城市规划专业。1924年哈佛大学开设了全美国第一个城市规划方向的景观设计硕士学位课程。1923年哈佛大学成立了景观学院,1929年成立了城市规划学院,1936年两院合并成立了现在的设计研究生院(GSD),招收研究生,形成景观设计系、建筑系、城市规划与设计系三足鼎立之势。1986年,GSD开始设立风景园林、城市规划与设计、建筑学三个方向的设计研究硕士和设计博士学位,其目的在于培养复合型的人才和专门从事研究与教育工作的人。

景观设计是一个发展非常迅速的新兴学科。自1858年美国景观设计学之父奥姆斯特德提出了景观设计这一名称之后,1899年,美国景观设计师学会(American Society of Landscape Architecture,简称ALSA)创立,1958年,国际景观设计师联合会(International Federation of Landscape Architectures,简称IFLA)成立。现今美国景观设计师注册委员会已经制定了一系列的职业注册资格标准,并且每年都进行景观设计师注册考试。

总的来说,欧美的城市公园运动是现代景观设计的序幕,公园不再是为少数人服务的,而是面向大众的,成为对于城市意义重大的新型景观。这要求景观设计必须考虑更多的因素,包括功能与使用、行为与心理、环境艺术与技术等。对于景观设计的研究也不仅仅是停留在风格、流派以及细部的装饰上，而是更强调其在城市规划和生态系统中的作用。

### 1.1.2 中国的景观设计教育

中国的景观设计称谓应该源于北京大学俞孔坚教授的倡导。1997 年俞孔坚回国并带头创建了北京大学景观设计中心，将景观设计学作为一个全新的学科引入中国，这一学科的建立基础是哈佛大学的景观设计学。而事实上，有学者持不同意见，认为对应于景观设计学的是中国的风景园林。

中国古典园林历史悠久，留下了苏州园林等一批优秀的历史文化遗产。中国园林高等教育始于 20 世纪 30 年代，当时，金陵大学、浙江大学、复旦大学均开设造园和观赏园艺课程。1949 年，复旦大学、浙江大学、武汉大学在园艺系中开设造园专业。1949 年春，北京大学农学院、清华大学农学院、华北大学农学院合并，改称为北京农业大学。

1951 年，北京农业大学园艺系和清华大学建筑系合作开办造园系（造园组）。1953 年 8 月，清华大学改为专门性工业大学，造园系（造园组）迁回北京农业大学自办，1956 年 8 月，高教部正式将造园组定名为"城市及居民区绿化专业"并转属于北京林学院（今北京林业大学），1964 更名为园林系。

1980 年后北京林业大学园林专业发展为两个专业方向，即园林设计方向与园林植物方向，并逐渐形成了两个学科。1981 年正式建立了风景园林规划与设计专业硕士点，1993 年建立博士点，与国际上的 LA 专业对应接轨。

风景园林规划与设计专业的院校除北京林业大学外，还有同济大学、苏州城建环保学院、武汉城建学院、重庆建工学院等工科院校，南京林业大学、东北林业大学、中南林业大学等农林院校。

1952 年，在冯纪忠教授的带领下，同济大学开始了风景园林学科的建设，当时在城市建设与经营专业教学中的城市规划原理、规划设计、建筑设计、建筑历史、造园等课程中均含有园林绿化教学内容。20 世纪 60 年代初，同济大学在城市规划专业中设置园林方向。1979 年，同济大学成立本科园林绿化专业，名称上未能区别于部分农林院校的园林，但教学大纲基本按照 LA 设置，1985 年改为风景园林专业。同济风景园林学科的思想脉络在规划、建筑学科中不断传承发展、发扬光大，尤其在全国范围的风景园林 1996—2006 年的十年停办期日益壮大。至 21 世纪之初，已具备本、硕、博、博士后多层次教育体系。

20 世纪 90 年代初期，城市建设陷于低潮，各地的园林建设事业受到影响，国家建设部系统院校的风景园林专业先后停办或更名。1998 年，当国家再次修订新的专业目录时，风景园林和观赏园艺专业被撤销了，前者合并到城市规划专业，后者合并到园艺专业。如在 1999 年，同济大学的风景园林专业被分成两半，一部分变成"城市规划专业风景园林方向"，另一部分与"旅游管理"结合，变成风景旅游系，旅游管理的部分获得管理学学士学位。北京林业大学设立城市规划专业，尽管没有能力设立城市规划与设计的学科，但是为了变相保留风景园林专业，学科和专业的名称还是称为城市规划与设计（含风景园林规划与设计）。此外，专业在动荡中发展，1983 年 11 月成立中国建筑学会园林学会（二级学会）。1989 年 12 月，将此学会以"中国风景园林学会"的新名称申请建立了一级学会（Chinese Society of Landscape Architecture，简称 CSLA）。由园林到风景园林，是行业和学科内容由城市的园林绿化向国土规划的发展。

2002年，吴良镛院士、周干峙院士、孟兆祯院士、王向荣博士向教育部呼吁，要求恢复风景园林规划与设计学科，在《关于要求恢复风景园林规划与设计学科的报告》中说：对于与 LA 相对应的中文名词，大家有着不同的看法，甚至争论激烈，已成为行业的一块"心病"。已有的名称有园林、风景园林、景观、地景、景观建筑、景园、造园等。风景园林是从 20 世纪 80 年代中期后被普遍采用的名称。目前，国内采用同一名称的组织有中国风景园林学会，即将出台的设计师注册制度也已定为中国风景园林设计师注册制度。

北京大学景观设计学研究院（简称 GSLA，PKU）成立于 2003 年 1 月，其前身为 1998 年 1 月创办的北京大学景观规划设计中心。清华大学也于 2003 年 10 月成立景观学系。2004 年 12 月 5—6 日，建设部人事教育司在北京召开了全国高校景观学（暂定名）专业教学研讨会，此次会议，代表们在交流各自学校景观学专业办学经验的基础上，经过充分讨论，对景观学专业的发展达成了一些共识。2006 年同济大学招收第一批景观学专业的学生。

经过各界人士的努力，2005 年 3 月国家正式设置风景园林硕士专业学位，算是迈出了恢复风景园林学科的重要的一步。

中国台湾地区和日本一直沿用"造园"一词，只是进入 20 世纪 90 年代以后，由于环境污染的加剧和各种生态问题的出现，对于"造园学"的研究范围有了进一步的扩大与拓展，其名称遂改为景园建筑学、景观规划设计等。

2012 年 9 月，最新的国务院学位办的专业学位目录将景观建筑、景观设计纳入工学一级学科下，定名为风景园林，名称之争暂告终止。目前国内已存在风景园林类、环境艺术类、旅游艺术类、旅游策划规划类几类设计院所，其工程实践的核心也都是景观规划设计。当务之急是应该在学术界展开风景园林一级学科体系建构的研讨，统一关于学科基础、内涵与外延、专业基础课程目录、教学大纲和教学评估标准等的理解，以及协调行业、学科和主管部门的认识。

自 LA 学科传入我国以来，发展历尽艰辛，名称变更迭起。直到今天，学术界依然为此争论不休。一方面，我国 LA 学科是在西方科学意识影响下建立起来的。中国传统园林是优秀的文化遗产，但是它并没有直接催生出中国的 LA 学科。另一方面，在我国 LA 学科发展的几十年中，也是我国政治、经济和文化发展异常波折的时期。可以说，与经济发展水平、文化生活密切相关的 LA 学科的每一次更名，都是试图对此做出反应。由于 LA 学科在世界各个国家或地区的研究对象和从业范围并非是完全一样的，中国风景园林规划学科与教育正在完成从传统园林到现代景观的重点转变；从单一传统专业扩展为综合交叉的现代专业，随之而来的学科核心内容的转变；从以植物为核心的园林绿化规划设计到以包括植物等多种元素构成的以景观为核心的综合环境规划设计；从以古典园林为核心的传统园林设计转向以现代景观为核心的现代景观规划设计；在学科建设、专业设置、知识体系、实践取向四个方面

图 1.4　城市与区域规划

都发生着结构性的转变。

当今，中国的 LA 学科面临着比过去更多的问题，要求承担更大的责任。近年兴起的街道景观设计、城市景观风貌规划、城市广场规划设计、社区景观环境规划设计、交通道路景观规划设计、旅游区规划设计等（如图 1.4～1.8），这些景观工程的设计、施工已经与国际景观规划行业接轨。同时，LA 也被引入了空间开放、社会公共性、自然资源利用与保护、生态伦理等新的历史时期整个人类社会必须面对的复杂的问题。室外空间规划与设计应该成为学科发展的核心，也只有在此立场上，才能够全面和准确地理解学科的起源、名称和研究对象等核心问题。因此，中国的 LA 学科无论是研究还是实践方面，都应该回归到场所的综合性，回归到人与自然共生的世界。

图 1.5　广场规划设计

图 1.6　住宅区环境设计

图 1.7　街道景观设计

图 1.8　城市夜景风貌规划设计

## 1.2　景观设计的含义

### 1.2.1　景观

景观是土地及土地上的空间和物体所构成的综合体。它是复杂的自然过程和人类活动在大地上的烙印，如图 1.9 所示。

（a）

（b）

**图 1.9 景观是复杂自然过程在大地的烙印**

景观是多种功能（过程）的载体，因而可以被理解和表现为：

（a）

（b）

**图 1.10 景观作为视觉审美的对象**

风景：视觉审美的过程；景观作为视觉审美的对象，在空间上与人、物、我分离，景观表达了人与自然的关系，人与土地、人对城市的态度，也反映了人的理想与欲望，如图 1.10 所示。

栖居地：人类生活其中的空间和环境；景观作为生活其中的栖居地，是体验的空间，人在空间中的定位和对场所的认同，使景观与人、物、我一体，如图 1.11 所示。

生态系统：一个具有结构和功能、具有内在和外在联系的有机系统；景观作为系统，物、我彻底分离，使景观成为科学客观的解读对象，如图 1.12 所示。

（a） （b）

图 1.11 景观作为栖息地

（a） （b）

图 1.12 景观作为生态系统

符号：一种记载人类过去、表达希望与理想，赖以认同和寄托的语言和精神空间，景观作为符号，是人类历史与理想、人与自然、人与人相互作用与相互关系在大地上的烙印，如图 1.13、1.14 所示。

图 1.13 五月的风（青岛） 图 1.14 抗洪纪念碑（哈尔滨）

因此，景观是多种功能（过程）的载体，可以被理解和表现为：

①景观是审美的；

②景观是体验的；

③景观是科学的；

④景观是有含义的。

景观从广义角度来说，即我们人眼能看到的一切自然物与人造物的总和；狭义的景观概念，即经人类创造或改造而形成的城市建筑实体之外的空间部分。

### 1.2.2 景观设计

景观设计学是一门关于如何安排土地及土地上的物体和空间为人们创造安全、高效、健康和舒适的环境的科学与艺术。该专业国际上称为 Landscape Architecture。1901 年由被称为美国景观设计学之父的奥姆斯特德的儿子小奥姆斯特德在哈佛大学创立。

关于景观设计有多种陈述：

景观设计是在某一区域内创造一个具有形态、形式因素构成较为独立的，具有一定社会内涵及审美价值的景物。

景观设计是将土地及景观视为一种资源，并依据自然、生态、社会与行为等科学的原则以从事规划与设计的艺术性学科，该学科意图在人与资源之间建立一种和谐、均衡的整体关系，并符合人类对于精神上、生理健康与福利上的精神要求。景观设计的属性包括自然属性和社会属性。

景观设计学是一门建立在广泛的自然科学和人文艺术学科基础上的应用学科，核心是协调人与自然的关系。它通过对有关土地及一切人类户外空间的问题，进行科学理性的分析，找到规划设计问题的解决方案和解决途径，监理规划设计的实施，并对大地景观进行维护和管理。

景观设计学是关于景观的分析、规划布局、设计、改造、管理、保护和恢复的科学和艺术。尤其强调土地的设计，即通过对有关土地及一切人类户外空间的问题进行科学理性的分析，设计问题的解决方案和解决途径，并监理设计的实现。

景观学（Landscape Studies）是一门建立在景观规划与设计学科基础上，以协调人类与自然的和谐关系为总目标，以环境、生态、地理、农、林、心理、社会、游憩、哲学、艺术等广泛的自然科学和人文艺术学科为基础，以规划设计为核心，面向人类聚居环境创造建设、保护管理和人文建设的学科专业，是在工业化、城市化和社会化背景下产生的新型综合性的现代学科（2005 年 10 月，在上海举办了首届国际景观教育大会）。

根据解决问题的性质、内容和尺度的不同，景观设计学包含两个专业方向，即景观规划（Landscape Planning）和景观设计（Landscape Design）。景观规划是指在较大尺度范围内，基于对自然和人文过程的认识，协调人与自然关系的过程，具体说是为某些使用目的安排最合适的地方和在特定地方安排最恰当的土地利用，而对这个特定地方的设计就是景观设计。

现代景观规划理论强调规划的基点以人为本，在更高的层次上能动地协调人与环境的关系和不同土地利用之间的关系，以维护人和其他生命的健康与持续。因而，景观规划师是协调者和指挥家，是可持续人居环境的规划设计和创造者。

### 1.2.3 景观设计师

2004 年 12 月 2 日，景观设计师被国家劳动和社会保障部正式认定为我国的新职业之一。

劳动和社会保障部将组织有关行业（或地方）的专家开发国家职业标准，通过培训认证工作，全面提高从业人员的职业能力和水平。

（1）职业名称：景观设计师。

（2）职业定义：景观设计师是运用专业知识及技能，从事景观规划设计、园林绿化规划建设和室外空间环境创造等方面工作的专业设计人员。

（3）从事的主要工作包括：①景观规划设计；②园林绿化规划建设；③室外空间环境创造；④景观资源保护。

景观设计师是以景观的规划设计为职业的专业人员，Simonds 在其经典著作《Landscape Architecture》（Simonds，1997）一书中有一段点题的话语道破了景观设计师的工作及其对应学科的定义，"我们可以说，景观设计师的终生目标和工作就是帮助人类，使人、建筑物、社区、城市以及他们生活的地球和谐相处"。

景观设计师适应的就业领域宽广，能参与景观建设的全过程，具体岗位有：

①设计院、所的专业设计工作和技术管理工作者。

②专业学校和大专院校的专业教育工作者。

③景观设计员（师）国际职业培训和继续教育工作者。

④国家政府主管部门的公务人员。

⑤企事业单位的环境景观建设管理部门的工作者。

⑥城市投资和房地产开发公司的环境建设工作者。

⑦施工企业的景观建设施工和施工管理工作者。

## 1.3 景观设计与相邻学科的关系

景观设计是一个庞大、复杂的学科，融合了艺术、风俗学、人类文化学、历史学、社会行为学、建筑学、地域学、当代科技、地理、自然等众多学科的理论，并相互交叉渗透。

作为景观设计师需要有渊博的知识范围和修养。和景观设计较为密切的学科有美术、文化史、美学、建筑学、规划学、生态学、观赏植物学、土壤学等，甚至是风水学、哲学也需要了解学习。《人居环境科学导论》一书将景观设计学与建筑学、城市规划视为人居环境科学的三大支撑学科，它们的目标都是创造人类聚居环境，其核心都是将人与环境的关系处理落实在具有空间分布和时间变化的人类聚居环境之中。下面重点讨论景观设计与相邻学科的异同。

### 1.3.1 景观设计与城市规划

景观设计学与现代意义上的城市规划的主要区别在于，景观设计学是物质空间的规划与设计，包括城市与区域物质空间的规划设计，侧重于聚居领域的开发整治，即土地、水、大气、动植物等景观资源与环境的综合利用和再创造，其专业基础是场地规划与设计，如图 1.15 所示。城市规划侧重于聚居场所的建设，重在以用地、道路交通为主的人为场所规划，更主要关注社会经济和城市总体发展规划，如图 1.16 所示。

图 1.15　景观设计重在资源的利用　　　　　　图 1.16　城市规划重在人为场所规划

### 1.3.2　景观设计与建筑学

　　"建筑设计就其工作范围而言，在中国有两种不同的概念。广义的建筑设计是指设计一个建筑物或建筑群所需要做的全部工作。""但通常所说的建筑设计，是指建筑学范围内的工作。它所需研究的问题，包括建筑物内部各种使用功能和使用空间的合理安排，建筑物与周围环境，与各种外部环境的协调配合，内部和外表的艺术效果，各个细部的构造方式，建筑与结构、建筑与各种设备等相关技术的综合协调，以及如何以更少的材料、更少的投资、更少的时间来实现上述各种要求。"

　　由定义看出，建筑学的设计范围主要是建筑物，建筑学侧重于聚居空间的塑造，侧重于"物"的塑造及空间的处理，专业分工重在建筑物各种使用功能和使用空间的合理安排，重在人为空间设计，如图 1.17、1.18 所示。

　　景观设计构思从整体环境出发，不仅考虑设计对象本身，而且注意场地与整体环境的关系，如图 1.19 所示。

 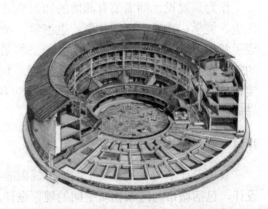

图 1.17　建筑学研究建筑内部结构　　　　　　图 1.18　建筑学研究建筑内部空间安排

图 1.19  景观设计注意场地与环境的关系

### 1.3.3  景观设计与环境艺术设计

环境艺术设计学科的前身是于 1956 年首先在中央工艺美院（现为清华大学美术学院）成立的"室内装饰"专业，实为室内设计专业，以后曾数易其名。1978 年设室内设计硕士学位，培养高层次的专业设计人才。1988 年国家教委将环境艺术设计专业列入国家教委学科专业目录。从其由来可以看出，该专业侧重于建筑室内空间环境的设计，如图 1.20。而景观设计侧重于建筑外部环境的营造，如图 1.21。

图 1.20  环艺设计侧重室内环境设计

图 1.21  景观设计侧重于建筑外部环境营造

### 1.3.4  景观设计、景观建筑与风景园林

国外 Landscape Architecture 的翻译在中国争议已久，主张译为"景观设计""景观建筑"和"风景园林"的都有理由，按照最新（2012 年 9 月）的国务院学位办的专业目录，将原来的景观建筑、景观设计统一纳入到工学一级学科下，定名为风景园林。基于此，景观设计与风景园林的核心内容具有一致性，称呼因各人习惯而异，不必深究。

## 1.4　景观设计应用

### 1.4.1　景观设计的业务范围

（1）城市与区域规划：即区域的景观设计，就是在几百、几千、上万平方千米的区域尺度上设计，梳理它的水系、山脉、绿地系统、交通、城市。

（2）城市设计：城市需要人们去设计，它的公共空间、开放空间、绿地、水系，这些界定了城市的形态。

（3）风景旅游地规划：包括风景旅游地的规划和设计、自然地和历史文化遗产地的规划和设计，如图 1.22 所示。

（4）城市与区域生态基础设施规划：自然地，如湿地、森林，也需要人们去设计。

（5）综合地产的开发项目的规划和设计，如图 1.23 所示。

（6）校园、科技园和办公园区的设计。

（7）花园、公园和绿地系统的规划和设计，如图 1.24 所示。

（8）未来的归宿——坟墓，也需要设计：选择什么样的地方埋葬遗骨。人活着的时候需要优美健康的环境，死后也需要一个归宿，跟土地发生一种关系。

图 1.22　风景旅游地规划

图 1.23　绿地的规划和设计

图 1.24　综合地产的开发项目的规划和设计

### 1.4.2　景观设计的组织协会

#### 1. 中国风景园林学会

中国风景园林学会（Chinese Society of Landscape Architecture，缩写是 CHSLA）是由中国风景园林工作者自愿组成，经国家民政部正式登记注册的学术性、科普性、非营利性的全国性法人社会团体，是中国科学技术协会和国际风景园林师联合会（IFLA）成员。1989 年11 月在杭州正式成立，办事机构设在北京，现任理事长为陈晓丽教授。现有 8 个专业委员会，

2 个分会，共有个人会员 17000 名，单位会员 107 个。设有中国园林杂志社和北京中国风景园林规划设计中心两个经济实体；主办《中国园林》《园林》等刊物。

在此基础上，各省市有对应的地方学会，其中省级学会 23 个，市级学会 56 个。

### 2. 中国景观协会

中国景观协会（China Landscape Association，缩写是 CLA），是由中国台湾、香港、澳门及大陆风景园林机构自愿参与组成，在政府部门依法登记注册的非营利性、国际性行业管理组织。中国景观协会的任务是：以协会为平台，以中国台湾、香港、澳门及大陆风景园林会员机构为依托，加强与各国景观机构的联系与沟通，贯彻国家及地区行业政策法规，传播行业知识，展现景观机构风采，探索行业方法，梳理行业理念，成为政府与景观机构之间上传下达，联结沟通的纽带，成为景观机构之间互通有无、信息交换的桥梁。

### 3. 国际风景园林师联合会

国际风景园林师联合会（International Federation of Landscape Architects，缩写是 IFLA），于 1948 年在英国剑桥大学成立，总部设在法国凡尔塞宫，现有 57 个国家的风景园林学会是其会员。IFLA 是受联合国教科文组织指导的在国际风景园林行业影响力最大的国际学术最高组织。2005 年中国风景园林学会正式加入 IFLA，成为代表中国的国家会员。IFLA 每年召开一次全球性年会，轮流在亚太地区、美洲地区和欧洲地区进行。

### 4. 美国景观设计师协会

美国景观设计师协会（American Society of Landscape Architects，缩写是 ASLA），成立于 1899 年，已有 100 多年历史，是一个世界性的专业协会。景观设计师的终身目标是将人的活动，包括城市、建筑、水利和交通等人类工程与土地和谐相处。

### 5. 国际景观规划设计行业协会（ILIA）

国际景观规划设计行业协会是经中华人民共和国香港特区政府批准成立的非营利性、国际性社会经济团体和自律性行业管理组织（注册证号为 51546651-001-12-09-4），总部设在中国香港。业务上受政府有关部门指导和监督，并受政府委托承担行业管理工作。协会成员是由世界各地从事景观设计、房地产建筑规划、城市规划、行业院校等不同单位和来自世界各地的材料商及个人自愿参与组成，经过多年的发展，现已形成具有一定规模和多方位从事园林设计、景观设计、规划设计、职业技能鉴定、技术交流、在线网站、咨询服务、国际交流与合作等业务的综合性社会团体，同许多国际、地区或国家的相关团体建立了友好合作关系，在国际上有广泛的影响。

### 6. 美国景观设计教育理事会

美国景观设计教育理事会（Council of Educators in Landscape Architecture，缩写是 CELA）历史可追溯到 1920 年，已经关注于景观设计学职业教育的内容与质量达 70 多年之久。美国景观设计教育理事会的官员将在完全志愿的基础上工作。美国景观设计教育理事会通过其出版物——《景观学报》和电子版的《设计之网》发表了景观设计专业最高水准的相关研究成果。

美国景观设计教育理事会在每年的秋季召开年会，集中讨论近来的研究和学术动向。年会的主要内容是教授及学者在会上向同行们公布其论文，并且论文收录进会议论文集当中。

### 7. 欧洲景观教育大学联合会

欧洲景观教育大学联合会的起源可以追溯到欧洲的景观设计教育的开始时期。第一个景观设计学课程是于 1919 年在挪威建立的，随后的是 1929 年德国的柏林。在建立了景观学院的国家，如英国和德国，国家教育机构已经存在了一段时间。英国景观教育机构于 1970 年建立，而德国的相关组织 Hochschulkonferenz Landschaft 可以追溯到这一时期的晚些时候。在斯堪的纳维亚国家之间有很长的合作历史，来自于丹麦、挪威和瑞典的经管学院的人员许多年来定期召开国际性会议。

第一届泛欧洲景观院校会议是于 1989 年在德国柏林技术大学召开的，随后的会议于 1990 年在维也纳召开。欧洲景观教育院校大会是在德国和维也纳的会议成功的背景下促成召开的，首次会议是于 1991 年在荷兰的 Wageninge 召开的，从此每年都会有一系列的会议。2000 年在克罗地亚的 Dubrovnik 会议上，一项关于欧洲景观教育院校大会的活动应超越年会限制，并且改名为欧洲景观教育大学联合会（European Council of Landscape Architecture School，缩写为 ECLAS）扩展的决议得到通过。

欧洲景观教育大学联合会是一个国际性的、非营利性的组织，其建立是基于科学、文化和教育的目标。ECLAS 认为景观设计学既是职业活动，也是学术研究。它包括了城市和乡村，地方和区域范围内的景观规划、景观管理和景观设计。涉及保护和增强景观以及从现在和将来的人类的利益出发的相关景观价值。

### 8. 澳大利亚景观设计学协会

澳大利亚景观设计学协会（Australian Institute of Landscape Architects，缩写为 AILA）是一个非营利的职业机构，以服务其全澳的成员的共同利益为建立宗旨。位于堪培拉的全国办公室负责协调成员资格的发放，国会决策的执行以及与作为 AILA 地方成员的各州团体的合作。澳大利亚景观设计学协会提供主要的领导、框架和网络，从而有效地管理和集中澳大利亚景观设计师的学术能力，用于创造一个更加有意义的、更令人愉快的、公正的和可持续的环境。服务包括倡导、教育、持续的职业发展、交流、环境和社区联络。这些通过《澳大利亚景观》、AILA 的国家和各州网站、《地标》以及国家会议、国家和各州的奖项等方式而进行传达。

（《地标》是澳大利亚景观设计学协会的正式时事资讯，由 AILA 全国办公室主编并且在机构成员中和相关的职业组织间发放。《澳大利亚景观》是澳大利亚景观设计学协会的正式学术期刊，按季刊出版，并且作为一种服务而在所有的成员中发放。公共成员可以通过每年订阅获得该期刊。）

上述列举了国内外主要的景观协会，除此之外，还有欧洲景观设计协会、欧盟园林基金会、美国景观设计师职业联盟、全美景观承包联合会、英国园林学会、加拿大园林协会、日本造园协会等，这些协会在推动景观发展、促进相互交流等方面起到了积极的作用。

## 1.5 对景观设计师的要求

### 1.5.1 作为设计师要具备高度的社会责任感、事业心、创造欲、合作精神和钻研精神

景观设计是一门为大多数人服务的艺术，而不是个人自由艺术的表现，它以人们对环境空间的需求为己任，没有强烈的社会责任心和对设计高度负责的精神，就不可能产生出服务于人的优秀设计作品。因此，我们应把节约能源、保护环境时刻作为我们的一种社会责任，

贯彻到设计中去。应该具备良好的团队合作精神和与人协商谈判与决定的能力。一项设计的有效完成，不可能只靠一个人就能做得完美，人多力量大，大家一起合作才能做得更好，所以，需要考验的是每个设计师的团队意识，不仅要有自己的思想，更需要去采纳别人的意见，改进自己的不足。

### 1.5.2 景观设计师要有对设计不断学习和研究的能力

成功的景观设计作品依赖于设计师的知识技能水平，而设计师知识技能的获得取决于他们不断学习，不仅要有边学边用的能力，还要将零散的处理实际问题的方法和经验汇聚成系统的理论知识。

#### 1. 调查求细

设计要注重运用创意、设计的理念、设计的内涵，前提是要通过详细的调查将项目的城市背景、市场背景搞清楚。周边环境将来的发展前景是不是能和项目汇合在一起？房地产市场的发展将来是怎么样的？这些都要调查清楚，使项目跟将来的周边有一个配合，整个大环境可以做得更好一点。

#### 2. 方案求值

经过系统设计的方案，必须是一个有经济效益的方案。很多的时候有人误以为好的设计一定要靠很多很贵的材料、很贵的方案、很贵的处理方法，才有一个好的效果出来，这不是绝对的。但是好的设计创意对整个的方案有影响，一个有经济效益的方案也是很重要的。

#### 3. 设计求远

设计一定要考虑长远，在今后几年甚至几十年内都必须是好项目才行，这对园林设计、景观设计、环境设计是非常重要的。比如一定要考虑到植物五年之后、十年之后是什么样子，要把植物的生长情况与将来的效果融合在一起，作为长远的方案。很多公园，比如美国纽约中央公园就是一个比较成熟的设计方案，它经过很多年的变化达到了永恒的效果。

#### 4. 材料求宜

在铺装材料的运用上要因地制宜，在植物选择上更要注意。因为每一个地方都有不同的植物可以利用。做设计时，在概念方面要有创新，在植物方面运用的方法要得当。

#### 5. 风格求准

每一个项目都希望有自己独立的个性，这需要项目要有一套自己的设计语言，这套设计语言跟什么风格和什么主题有关，要根据项目特点而定，通过系统的设计过程，把一些特别的元素通过一些创意的运用和一套设计语言用在项目上。

#### 6. 平时应勤于考察

对市场上层出不穷的材料（设备）有清楚的了解，及时有效地将节能环保的材料和技术等应用在项目中，在保证质量和景观效果的同时，做到环保和可持续。异地设计院提供的设计，使用当地材料（设备）通常较少，需要景观设计师对材料进行二次设计。不言而喻，优先使用当地材料，不仅能实现设计效果，而且能大大降低成本，减少能耗和资源浪费。这就要求景观设计师能熟练掌握当地材料，并能灵活应用。

### 1.5.3 景观设计师要了解本行业政策法规

设计受国家法律法规的保护与制约，景观设计师必须对专利法、合同法、规划法、环境保护法、标准化规定等相关的法律法规有相应的了解并切实地遵守。既要维护自己的权益，也不能侵害他人与社会的利益，使景观设计更好地为社会服务。

### 1.5.4　景观设计师要具有社会实践能力

比如处理各种公共关系的能力，设计调查，设计的竞争，设计合同的签定，设计的实施与完成。设计师要与设计委托方、实施方、消费者之间进行合作协调，其社会实践技能的高低直接影响设计的成败，社会实践能力直接来源于社会科学知识的指导，来源于长期社会实践的磨练。

设计师作为一个协调者，有责任及时纠正委托方或实施方浪费能源大肆破坏环境的不良举措，明确自己的立场，将危害减到最小。决不可趋炎附势，听之任之。

### 1.5.5　景观设计师要有领导团队协作的能力

每项设计任务，不论大小都是集体劳动的成果，没有哪个设计师是全能的，一个人不可能承揽全部设计任务，在运作一项设计任务的时候，往往设计师是最主要的领导者，所有的设计方案要想变成现实，设计师就要在设计团队中起领导作用，这就要求设计师要能够做到沟通各个部门的工作人员，使之团结协作。

### 1.5.6　丰富的发明创造能力

景观设计师像其他任何设计师一样都要有丰富的想象力，设计不是按程序办事，也不是工业化流水操作，设计是一项艺术创造性劳动，是在白纸上绘制蓝图，它要求设计师敢于想象，有浪漫的、丰富的想象力和对作品的美学鉴定能力。首先应该具有高层次的知识结构和人生阅历以及个人的思考模式，能以一种专业的眼光去审视身处的环境，能很好地了解生活在此处的人们内心的渴求，才能把环境与人类需求完美结合，创造出既适宜人类发展、生活需要，又能保证生态自然的精神环境景观。

### 1.5.7　设计构想的能力

坚信自己的个人信仰、经验、眼光、品味，不盲从、不孤芳自赏、不骄、不浮。以严谨的治学态度面对，不为个性而个性，不为设计而设计。作为一名设计师，必须有独特的素质和高超的设计技能，即无论多么复杂的设计课题，都能通过认真总结经验，用心思考，反复推敲，汲取消化同类型的优秀设计精华，实现新的创造。有个性的设计可能是来自扎根于本民族悠久的文化传统和富有民族文化特色的设计思想，民族性和独创性及个性同样是具有价值的，地域特点也是设计师所要具备的知识背景之一。未来的设计师不再是狭隘的民族主义者，而每个民族的标志更多地体现在民族精神层面，民族和传统也将成为一种图式或者设计元素，作为设计师有必要认真看待民族传统和文化。

### 1.5.8　具备全面的专业技能

现代设计师必须具有宽广的文化视角，深邃的智慧和丰富的知识；必须是具有创新精神、知识渊博、敏感并能解决问题的人，应考虑社会反映、社会效果，力求设计的作品对社会有益，能提高人们的审美能力，使人们获得心理上的愉悦和满足，应概括当代的时代特征，反映真正的审美情趣和审美理想。优秀的设计师有他们"自己"的手法、清晰的形象、合乎逻辑的观点。

### 1.5.9　其他

除了上述方面外，对景观设计师的素质要求还必须提到身体和心理素质，因为对于设计，无论是绘图还是方案构思都是很辛苦的事情，很多情况会要求改图、加班、熬夜，工作压力大，所以，设计师要具有良好的心理素质和健康的身体素质做后盾。

英语水平也是必不可少的。自从我国加入世界贸易组织（WTO）以来，境外设计公司越来越多地涌入了中国市场，想进入这些公司，英语作为世界通用的交流语言是入职的一项基本要求。另外，我们不得不承认，国外的景观设计发展比中国快，我们要赶超世界水平，必须先要学习，具备阅读外文文献的能力也是我们在校学生必须要培养的能力之一。

**思考练习：**

1. 查阅高校相关专业的设置及课程设置，思考个人未来发展（定位，强项）。
2. 关注行业资讯，列举重大事件。
3. 了解本专业知名人物及其设计理念和所持观点。
4. 了解设计单位对人才的要求，明确个人学习目标。

# 第2章　景观设计基础

● **教学目标：**

通过本章学习，使学生建构起景观设计的基础知识，从而将专业基础知识（三大构成、设计概论）和专业学习联系起来，形成基本认识，能运用这些知识对实例进行分析。

## 2.1　构成基础

从点到一度空间的线，从线到两度空间的面，从面到三度空间的体。每个要素首先都被认为是一个概念性的要素，然后才是环境景观设计语汇中的视觉要素。作为概念性的要素，点、线、面和体实际上是看不到的，但是我们能够感觉到它们的存在。当这些要素在三度空间中变成可见的元素时，就演变成具有内容、形状、规模、色彩和质感等特性的形式。当在环境景观中体现这些形式的时候，我们应该能够识别存在于其结构中的基本要素——点、线、面和体。

### 2.1.1　点

在几何学上，一个点可以在空间界定一个位置，作为概念要素，它没有大小、长度和宽度。在构成设计中的点可以排列成线，单独的点元素可以起到加强某空间领域的作用。当大小相同、形态相似的点被相互及严谨地排成阵列时，会产生均衡美与整齐美。当大小不同点被群化时，由于透视的关系会产生或加强动感，富于跳动的变化美。图 2.1 为亚特兰大里约购物中心庭院里的点阵陶蛙所形成的点阵列及构成，图 2.2 中的点构成形式活泼，有空间虚实之别。

图 2.1　里约购物中心庭院里的点阵陶蛙　　　　图 2.2　美国住房和城市发展部大楼前的广场

## 1. 点的线化

在空间中连续排列的点,在视觉上产生一种线的感觉,称为点的线化。点的线化是由于点之间的引力关系所形成的,而引力的大小和强度与点之间的距离和点的大小有关。一方面,距离较近的点比距离较远的点引力强;另一方面,点之间的引力与点的强度(由面积、形态所决定)成正比。在大小不同的两点之间,小点易被大点所吸引,所以,视线就按照从大到小的顺序移动(图 2.3,图 2.4)。

图 2.3　迪士尼公园入口

图 2.4　加州橘郡市镇中心广场

## 2. 点的面化(图 2.5,图 2.6)

点的集聚会产生面的感觉。经过点的面化之后,点本身的造型意义也随之隐含于面的转化中。点的平均集聚,会形成一种严谨的结构,具有严格的秩序性。点的疏密不同的集聚,则会产生明暗的变化。点排列越疏松,面就越虚淡;点排列越紧密,面就越实在。点的大小或配置上的疏密,还会给面造成凹凸的立体感。所以,通过点的巧妙排列(如位置大小、疏密等的变化),可表现曲面、阴影及其复杂的立体效果。然而,这时的面只能呈现出朦胧和虚淡的特征,它和点的线化一样,将人们的设计意识指向了点以外的"线"和"面"。

图 2.5　唐纳喷泉

图 2.6　IBM 索拉纳园区规划

### 2.1.2 线

线是点运动的轨迹，又是面运动的开始。它只有位置、长度而不具宽度和厚度。在构成艺术中，线条是对自然的抽象表现，三次元的自然空间中，一切物体都有其独自的空间位置和体积，占据一定的空间。线是从这些体积中抽象概括出的物体的轮廓线、面与面之间的交界以及面的边沿等。

构成设计中，线条在画面中的位置、长度、宽度及相应的形状、色彩、肌理等都是非常重要的。它们都有着各自不同的性格和情感。与点强调位置与聚集不同，线更强调方向与外形。线从形态上可分为直线和曲线两大类。在景观设计中有相对长度和方向的回路长廊、围墙、栏杆、驳岸等均为线。

**1. 直线**

直线在造型中常以三种形式出现，即水平线、垂直线和斜线。直线本身具有某种平衡性，虽然是中性的，但很容易适应环境。现代景观设计运用直线创作出许多引人注目的景观，直线有时是设计师对自然独特的理解与表达。美国景观设计大师彼得·沃克（Peter Walker）在他的极简主义景观作品中就运用了大量直线，例如，在他的福特沃斯市伯纳特公园的设计中（图 2.7、2.8），以水平线和垂直线为设计线性，用直交和斜交的直线为道路网、长方形的水池构架了整个公园。

（a） （b）

**图 2.7 伯纳特公园**

**2. 垂直线**

垂直线给人以庄重、严肃、坚固、挺拔向上的感觉，环境中，常用垂直线的有序排列造成节奏、律动美，或加强垂直线以取得形体的挺拔有力、高大庄重的艺术效果。如用垂直线造型的疏密相间的栏杆及围栏、护栏等，它们的有序排列图案形成有节奏的律动美。景观中的纪念性碑塔，则是典型的垂直造型，刚直挺拔、庄重的艺术特点在这里体现得最充分（图2.8）。

斜线动感较强，具有奔放、上升等特性，但运用不当会有不安定和散漫之感。景观中的雕塑造型常常用到斜线，斜线具有生命力，能表现出生气勃勃的走势，另外也常用于打破呆板沉闷而形成变化，达到静中有动、动静结合的意境（图2.9）。

图 2.8　垂直的线　　　　　　　　　　　　图 2.9　倾斜的线

### 3. 曲线

　　曲线的基本属性是柔和、变化性、虚幻性、流动性和丰富感。曲线分两类：一是几何曲线，二是自由曲线。几何曲线能表达饱满、有弹性、严谨、理智、明确的现代感，同时也会产生一种机械的冷漠感。自由曲线富有人情味，具有强烈的活动感和流动感。曲线在设计中运用非常广泛，环境中的桥、廊、墙、驳岸、建筑、花坛等处处都有曲线存在（图 2.10）。

（a）　　　　　　　　　　　　　　　　　（b）

图 2.10　自由曲线

## 2.1.3　面

　　面是"线所移动的轨迹"，具有长度、宽度而无厚度。一般认为，视觉效果中相对小的形是点，较大的则是面。在造型上，面的形成通常是由面的合成或分割而来，比线的移动轨迹所形成的形态更丰富。平面在空间中具有延展、平和的特性，而曲面则表现为流动、圆滑、不安、自由、热情。就设计而言，面可以理解为一种媒介，用于其他的处理，如纹理或颜色的应用，或者作为围合空间的手段。

通常面的种类可以划分为以下四大类。

**1. 几何形**

几何形，也可称无机形，是用数学的构成方式，由直线或曲线相结合形成的面。如正方形、三角形、梯形、菱形、圆形、五角形等，具有数理性的简洁、明快、冷静和秩序感（图2.11）。

**2. 不规则形**

不规则形，是指人为创造的自由构成形，可随意地运用各种自由的、徒手的线性构成形态。不规则形的面虽然没有秩序，但其形态的美感在于设计者的发现和再创造，它是在设计者主导意识下创造产生的，具有很强的造型特征和鲜明的个性（图2.12）。

**3. 有机形**

有机形，是指一种不可用数学方法求得的有机体的形态，富有自然法则也具有秩序感和规律感，具有生命的韵律和纯朴的视觉特征（图2.13）。如自然界的瓜果外形、海边的小石头等都是有机形。

**4. 偶然形**

偶然形，是指自然或认为偶然形成的形态，其结果无法被控制。如随意泼洒、滴落的墨迹或水迹，天空的白云等，具有一种不可重复的意外性和生动感（图2.14）。

图2.11　演讲堂前庭广场几何形石板

图2.12　不规则形的应用

图2.13　唐纳花园肾形游泳池

图2.14　偶然形的应用

### 2.1.4　体

体是二维平面在三维方向的延伸。体有两种类型：实体——三维要素形成一个体；虚体——空间的体由其他要素（如平面）围合而成（图2.15）。

概括地说，点、线、面、体是用视觉表达实体——空间的基本要素。生活中我们所见到的或感知的每一种形体都可以简化为这些要素中的一种或几种的结合。

体的作用可以分为以下三个方面：

**1. 体积感**

体积感是体的根本特征，是实力和存在的标志。在建筑形态设计中经常利用体积感表示雄伟、庄严、稳重的气氛。古代庙宇和宫殿总是用巨大的体量表

图 2.15　空间由平面围合

示神和君王的威慑力，也常表示对人力、自然力的歌颂和对英雄或丰功伟绩的纪念，唤起人的重视、敬仰的感情。

**2. 构成环境雕塑或景观艺术品**

造型中的半立体、点立体、线立体、面立体和块立体在景观中都是常见的构成要素（图2.16）。体块构成是景观中环境雕塑设计艺术和景观小品的主要表现方式。通过各种几何形体的组合，如重复、并列、叠加、相交、切割、贯穿等，产生独特的效果和强烈的视觉冲击力。虽然人们对很多的环境雕塑作品或景观艺术品不知其确切的名称和具体含义，但其形体巧妙的构思及创意、多元化的雕塑造型语言与环境空间设计，构成了一个个向公众展示艺术魅力和烘托环境气氛的场所，每个观赏者都会从不同的审美视角对其进行联想与诠释，都会令人赏心悦目，回味无穷。

图 2.16　西雅图高速公路公园

**3. 建筑物或构筑物的体块推敲与表达**

在大尺度的环境景观规划设计中，掌握体的构成知识，运用各种美学法则调控和推敲建筑物或构筑物的体块关系、尺度、比例、材质、肌理、色彩、光影等，有利于创造良好的群

体空间序列，有利于控制方案的成型与表达（图 2.17，图 2.18）。

图 2.17　毕尔巴鄂古根海姆博物馆　　　　　　　　图 2.18　包豪斯校舍

## 2.2　形式美法则在景观设计中的应用

### 2.2.1　多样与统一

多样与统一的法则是构成景观设计形式美的最基本的法则，也是一切造型艺术的一条普遍原则或规律。

多样是一种景观的对比关系（图 2.19）。景观设计讲究变化，在造型上讲究形体的大小、方圆、高低、宽窄的变化；在色彩上讲究冷暖、明暗、深浅、浓淡的变化；在线条上讲究粗细、曲直、长短、刚柔的排列变化；在工艺材料上讲究轻重、软硬、光滑与粗糙的质地变化。以上这些对比因素处理得当，景观设计能给人一种生动活泼，富有生机之感。反之，过分变化容易使人产生杂乱无章之感。

统一是规律化，是一种景观协调关系，景观设计讲究统一。在设计时应注意图案的造型、构成、色彩的内在联系，把各个变化的局部统一在整体的有机联系之中，使设计的图案有条不紊，协调统一。但不可过分统一，否则易产生呆板，没有生气，单调乏味。

图 2.19　景观的对比

在景观设计中，要做到整体统一，局部有变化。为了达到整体统一，在设计中使用的线形、色彩等可采用重复或渐变的手法。有规律的重复或渐变能使图案产生既有节奏而又和谐统一的美感。局部的变化，例如，使用线条时，同样的线条，应注意疏密的变化、粗细的变化、长短的变化，平中求奇，使统一与多样的原理在景观设计中得到有机的结合，使设计的作品既统一又富有生机。

### 2.2.2　对比与调和

两者是一对矛盾统一体，将造型诸要素中的某一要素内的显著差异或不同造型要素之间的显著差异组织在一起，更加突出强化其差异性的表现手法称为对比，反之将差异尽量缩小，将对比的各部分有机地组织在一起的表现手法称为协调。

图 2.20 是玛莎·施瓦茨设计的怀特海德学院拼和园（Splice Garden），把法国的巴洛克花园和日本禅宗园林"拼接"在一起，并"种"上了修剪过的塑料植物。风格迥异的园林放在一起，形式上对比强烈，但通过统一的绿色使它们有机组合在一起。图 2.21 中植物的色彩、形式、方向均有较好的对比效果。

对比手法的运用不宜过多，对比必须恰到好处，否则会引起不愉快的感觉，对比适当便是协调。对比与协调只存在于统一性质的差异中，如体量的大小、线条的曲直、色彩的明暗，材料质感的粗糙与光滑。协调在设计中运用广泛，易于被接受。但在某种环境下一定的对比可以取得更好的视觉效果，实际上也是一种协调。在设计时，要遵循"整体协调，局部对比"的原则，即景观设计的整体布局要协调统一，各个布局要形成一定的过渡和对比。如苏州园林的设计，处处都体现了对比与协调的设计形式，其中有直线与曲线的对比、有方和圆的形体对比等，这些造型对比因素又被到处可见的圆润处理手法和谐地统一于流畅的线条之中。

图 2.20　对比与调和　　　　　　　　　　图 2.21　植物的对比

### 2.2.3　节奏与韵律

节奏与韵律是音乐中的词汇。节奏是指音乐中音响节拍轻重缓急有规律的变化和重复，韵律是在节奏的基础上赋予一定的情感色彩。景观要素的节奏与韵律是通过体量大小的区分、空间虚实的交替、构件排列的疏密、长短的变化、曲柔刚直的穿插等变化来体现。

节奏是风景连续构图中达到多样统一的必要手段。景观中线、形、色彩的反复、重叠，以及错综变化的灵活安排，可使人内心兴起轻快、激昂的感觉。节奏产生韵律，有韵律的构成具有积极的生气。

在景观设计中，常采用点、线、面、体、色彩和质感等造型要素来实现韵律和节奏，从而使景观具有秩序感、运动感，在生动活泼的造型中体现整体性，具体包括下面几种：

简单韵律：同种的形式单元组合重复出现的连续构图方式称为简单韵律（如图 2.22）。简单韵律能体现出单纯的视觉效果，秩序感与整体性强，但容易显得单调，例如，行道树的布置、柱廊的布置、大台阶的运用等。

交替韵律：有两种以上因素交替等距反复出现的连续构图方式称为交替韵律，交替韵律由于重复出现的形式较简单韵律多，因此，在构图中变化较多，较为丰富，适合于表现热烈的、活泼的具有秩序感的景物。例如，两种不同花池交替组合形成的韵律，两种不同材料的铺地交替出现形成的韵律（如图 2.23）。

图 2.22 简单韵律

图 2.23 交替韵律

图 2.24 大小渐变韵律

渐变韵律：渐变韵律指重复出现的构图要素在形状、大小、色彩、质感和间距上以渐变的方式排列形成的韵律，这种韵律根据渐变的方式不同，可以形成不同的感受（如图 2.24、2.25）。例如，色彩的渐变可以形成丰富细腻的感受，质感的渐变可以带来趣味感，间距的渐变可以产生流动疏密的感觉等。总体而言，渐变的韵律可以增加景物的生气，但要使用恰当。

### 2.2.4 对称与均衡

对称是以中轴线为基准，左右或上下为同形同量，完全相等，称之为对称。均衡是视觉艺术的特性之一，均衡的景观给人以心

图 2.25 色彩、质感的渐变韵律

旷神怡、愉快安宁的感受，而不均衡的景物会带给人烦躁不安的不安全感，因此，均衡能促成安定，防止不安和混乱，增添景观的统一和魅力。

均衡有对称和不对称两种，对称设计对各要素的要求需要相同或相似，并且围绕中心点在轴线两侧对应面形成平衡。对称的布置有中轴线可循，是强有力的景观要素，别的景观特征要服从于它，轴线具有方向性、秩序性和占统治地位等特征，具有连接景观各单元、各要素的作用。通常规则式景观绿地中采用较多（图 2.26，2.28）。

图 2.26　对称美　　　　　　　　　　　　　　　图 2.27　不对称美

不对称设计使人类和大自然更加和谐统一，视觉形象要求一种隐含的平衡，人在景观中是处于不断运动的状态，视线也不断地变化着，在下意识里，眼睛从视觉不稳定的状态中提取某些视觉形象，并有意识的聚焦。因此，会自动生成或组织一个完整平衡的视觉形象。均衡的处理，基本上以导游线前进方向、游人所见景观的画面构图来考虑平衡（图 2.27）。

图 2.28　对称与均衡

## 2.2.5　比例与尺度

所谓比例就是指景观中各景物之间的比例关系，景观场所中良好的比例关系能给人以赏

心悦目的视觉感受。其中，最典型的是著名的"黄金比例"。所谓黄金比例，即将整体一分为
二，较大部分与较小部分之比等于整体与较大部分之比，实际上大约是 1∶0.618，现代一般
书籍、杂志多采用这种比例。这一比例也被广泛应用于景观设计领域。

　　尺度是指景物与人之间的比例关系。一切设计都要在视觉上符合人的视觉心理。比例与
尺度在景观中有着重要的意义。如颐和园山大水大，"佛香阁"体量大（图2.29，图2.30）。

图 2.29　颐和园　　　　　　　　　　　　　　图 2.30　颐和园中的佛香阁

　　苏州园林亭的小巧、别致，园路和园桥相对较窄（图2.31，图2.32）。

图 2.31　苏州园林园桥　　　　　　　　　　　图 2.32　苏州园林亭的小巧

## 2.3　景观色彩

### 2.3.1　景观色彩概述

　　不同于建筑、产品等的色彩设计，景观设计中植物是主要的造景要素，所以，大部分景
观尤其是旅游区、风景名胜区、城市公园等大型绿地都以绿色为基调。但如果细究起来，即
使是植物也是有多种色彩的，春天百花争艳，夏天郁郁葱葱，秋天秋色叶树种绚丽多姿，冬

天白雪覆盖也是别有一番景象。而且，景观中的色彩不限于植物，景观建筑、地面铺装、雕塑小品等所承载的色彩在景观色彩构成中发挥着重要的作用。因此，在景观空间中，空间的划分和功能利用、装饰材料和质感的表现等，都与色彩有着密不可分的关系。色彩运用的好与坏对人的情绪和心境也会产生直接的影响。另外色彩的某些约定及文化特征使得色彩成为外部空间中一项重要的造型因素。

### 2.3.2　景观中色彩的应用

不同的环境因其功能及空间特征的差异，其环境空间的色彩基调也不尽相同。譬如，医院环境在整体上应以浅色为基调，从而营造平静安定的氛围，如美国俄亥俄州克里夫兰医学院校园环境可以看出，校园的构筑物和雕塑都采用白色，白色象征纯和、圣洁，符合医学院干净、无私的气质（如图 2.33，图 2.34）。

图 2.33　克里夫兰医学院白色雕塑　　　　　图 2.34　克里夫兰医学院环境

纪念性场所则以冷色为基调，以创造肃穆之感，如南京中山陵园墓道两侧 2 万株浓绿的松柏让人不禁联想到坚强不屈，而这一点又与孙中山先生的人格品质不谋而合，同时也烘托出陵园的庄重气氛（图 2.35）。而休闲娱乐的环境可以彩色为基调，从而创造轻松、愉快的氛围。如俞孔坚的中山岐江公园在设计中景观元素采用激情的红色与纯和安静的白色再加以植物的绿色，为人们提供了愉悦休闲的享受（图 2.36）。

图 2.35　南京中山陵园　　　　　　　图 2.36　中山岐江公园

上述色彩遵循了常规的设计思维，景观设计色彩不同于一般的风景绘画，它是一种实用性的色彩环境。景观设计也应用色彩来表达场所精神、文化理念，使艺术与科学完美地结合在一起。在一些特殊场所的景观设计中，如医院、孤儿院、老人院等，设计师运用色彩心理学的原理，有效地搭配色彩，能产生良好的心理治疗效果。如在巴西景观设计师罗伯特·布雷·马克斯（Roberto Burle Marx）所设计的达·拉格阿医院庭院中，流畅的曲线、鲜亮的植物色彩组成了一幅抽象绘画（图 2.37）。这种反常规的设计符合设计师的特点，他的景观设计作品也多用绘画式的表现方式，"我画我的园林"（I paint my gardens）是他的造园思想。

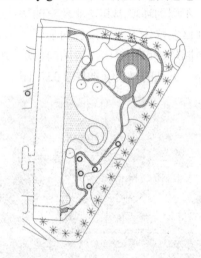

图 2.37　达·拉格阿医院庭院

与他同属拉丁美洲景观设计师的路易斯·巴拉甘以明亮色彩的墙体与水、植物和天空形成强烈反差，创造出了宁静而富有诗意的心灵的庇护所（图 2.38，图 2.39）。对各种色彩浓烈墙体的运用是巴拉甘设计中鲜明的个人特色，后来也成为了墨西哥建筑的重要设计元素。

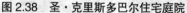

图 2.38　圣·克里斯多巴尔住宅庭院　　　　图 2.39　情侣之泉

在景观设计领域，大量的设计师从现代绘画中汲取营养，丰富设计语言，其中色彩就是极其重要的一块。在美国景观设计师斯蒂尔的代表作瑙姆科吉庄园的"蓝色阶梯"中，充分体现出了新艺术运动的曲线美、装饰美，以及"野兽派""表现派"对色彩本体价值观的影响——白色的栏杆和白桦树干与蓝色的桥洞形成鲜明的对比，用平面的色彩变化加强了深邃的透视效果（图 2.40）。

在一个景观空间里，色彩设计对人们的影响最为重要，理想的色彩要让人们感到舒适、惬意、自然，不会让人感到厌烦。景观装饰色彩设计的一般步骤如下：

①根据景观空间的功能，选择合适的色调作为景观环境色彩设计的主题。

②主色调的确立要与周围环境相联系，不要孤立的设色，同其他色彩彼此呼应。

③在色彩设计中，按顺序选择材料色彩。一般情况下，地面的颜色明度和彩色较高，明亮的色彩来反射光线，使景观空间获得明亮的效果。背景适合柔和的色彩，而地面的明度和彩度较低，起到了对景观的衬托作用，加一些陈设物的色彩点缀，最终形成了色彩的统一与和谐。

**图 2.40　瑞姆科吉庄园的"蓝色阶梯"**

④色彩的明度也应在考虑之中，高明度还是低明度，应用冷色还是暖色。以上问题都确定后，色彩的主调方案也就呈现出来了。

⑤编制景观材料色彩样例，做施工色样，作为设计的依据，与设计图纸相联系实施设计计划。设计完整的彩色渲染效果图，平面、立面色彩效果图，详细衡量比较各种色彩之间关系，并做出合理的调整。

## 2.4　景观材料

### 2.4.1　景观材料概述

景观设计中常用的材料包括硬质材料和软质材料，硬质材料包括石材、木材、砖、钢材，软质材料有水和植物。水体和植物的景观设计在后续章节有专题叙述，这里仅介绍景观中常用的硬质材料。硬质材料广泛应用于建筑小品、景观设施、道路铺装、置石堆山等方面。不同的材料有其自身的特点及美学特征，主要体现在材料的性能、结构、色彩和质地上。

### 2.4.2　中国传统的硬质景观材料

中国传统园林经常使用的硬质材料主要有砖、石、瓦、木材等，其中砖、石多用于园林铺装，园林建筑中则采用砖、瓦、石、木等。其中建筑中石材主要用来砌筑墙体、制作栏杆等，与之不同的是园林置石中石材颇有讲究。

砖以不同的方式来铺砌园林道路，能产生大方、素雅的效果。传统做法有以下几种：人字式、席纹式、间方式、斗纹式等，这四种单纯用砖铺砌；六方式、攒六方式、八方间六方式、四方间十字式需要砖嵌鹅卵石来铺砌，波纹式、香草边式、球门式则用砖、瓦及鹅卵石共同铺砌，如图 2.41 所示。在古典园林中，传统的花街铺地很常见，是用砖瓦为骨，以石填心组成各种精美图案的色彩铺地。如铺成万字、海棠纹，以表现玉堂富贵。

（a）　　　　　　　　　　　　　　　　　（b）

（c）　　　　　　　　　　　　　　　　　（d）

图 2.41　砖的铺砌形式（人字形　鱼鳞形　花砖　菱形）

石在园林，特别在庭园中是重要的造景要素。园林中用石材可以堆叠假山，也可单独置石，在园林中置石旨在增加野趣，同时起到水土保持的作用。"园可无山，不可无石""石配树而华，树配石而坚"。石有地域之分，江南常用太湖石，岭南园林常见蜡石（图 2.42，图 2.43）。幽静空间最好不要用蜡石点缀，特别是大体量的黄蜡石，因为它颜色太艳丽醒目，给人吵闹的感觉。

图 2.42　冠云峰

图 2.43　黄蜡石

### 2.4.3　现代铺装材料

随着可持续发展和人本主义理论在城市建设中的应用，景观艺术已经成为城市建设与发展的重要因素，传统的园路设计与铺装技术已经不能满足现代城市建设的要求。于是，人们开始运用种类繁多的铺装材料和各种各样的施工工艺美化地面。现代常用的铺装材料主要有以下一些。

图 2.44　地砖

#### 1. 地砖

地砖的规格很多，普通的有 210×100mm，厚度有 45mm、60mm、70mm、80mm、100mm 等可供选择。铺装方式有垂直贯通缝、骑马缝、方格式接缝等。其耐磨性、透水性、防滑性较好，能承受较重的压力，应用相对广泛。另外，还有各种色彩的花砖可用于人行道、小广场等（图 2.44）。

#### 2. 弹格石

弹格石粗糙的饰面带给人复古的感觉，防滑效果好，但是会给穿高跟鞋的行人和坐小推车的儿童带来不便，其常用规格为 90×90mm，厚度为 45～90mm（图 2.45）。

图 2.45　弹格石

图 2.46　植草砖

#### 3. 植草砖

植草砖是在混凝土砌块的孔穴或接缝中栽植草皮，使草皮免受人、车踏压，多用于停车场和消防通道（图 2.46）。

#### 4. 花岗岩

花岗岩是在混凝土垫层上铺砌厚度约为 15～50mm 的天然花岗岩，利用其不同的材质、颜色、饰面及铺砌方法，组合出多种铺装形式，常用于主要的景观节点、广场、建筑出入口等处（图 2.47）。

图 2.47　花岗岩

#### 5. 青石板

青石板属于沉积岩类（砂岩），主要成分为石灰石、白云石，易于劈制成面积不大的薄板，因其古朴自然，常用于历史街区的路面铺装。在园林中应用时可单独出现，铺装成规则形式，或碎拼成不规则式，也可和其他铺装材料结合使用（图2.48）。

### 6. 木材

木材温和的色调、舒适的质感给人以亲近的感觉，常用于滨水亲水平台，或用作木栈道穿越特定区域（图2.49）。但是，木材较易损坏，为减少对环境的破坏，建议慎用（图2.49）。

图2.48　青石砖

图2.49　木材

### 7. 塑木

塑木是用天然纤维素与热塑性塑料经过混合搭配成的复合材料，可以仿照木材的效果。塑木的颜色可根据需要来调色，有不同的规格，而且比较容易拼接和切割，不易损坏和老化，防火、防虫性能较好，因此，可以作为木材的替代品推广（图2.50）。

### 8. 卵石

卵石采用卵石铺成各种图案，耐磨性好，防滑，可做成有足部按摩效果的健康步道，但此形式只适用于园中人行小路（图2.51）。

图2.50　塑木

图2.51　卵石

### 9. 生态透水砖

生态透水砖是一种全新的透水路面材料，由坚固的彩色混凝土外框和天然彩色石子同特种胶结剂等材料构成（图2.52）。由于其能够迅速透过路面材料渗入地表，使地下水资源得到适时补充，吸收车辆行驶所产生的噪音，创造安静舒适的交通环境，并且具有丰富的色彩、可以根据需要自由设计等众多优点，可广泛用于广场、人行步道、住宅小区、公园、工厂区域、轻型停车场等景观路面的铺装。

### 10. 安全胶垫

安全胶垫利用特殊的黏合剂将橡胶垫黏合在基础材料之上,然后铺设在混凝土路面上(图2.53)。其特点是有弹性、安全、吸声, 常用于体育设施、幼儿园及学校的操场等区域。

图 2.52　生态透水砖

图 2.53　安全胶垫

## 2.4.4　建筑材料在景观设计中的应用

景观设计中材料的运用不限于铺装,景观中的构筑物、小品及设施中涉及更多材料的运用,这里择其部分来探讨。

### 1. 不锈钢

金属材料,尤其是不锈钢已经广泛地应用在景观设计中。如极简主义大师彼得·沃克1991 年在加州橘郡市镇中心广场大厦环境中就运用了这种材料（图 2.54）。中心大厦建筑由西萨佩里设计,建筑大量采用了不锈钢材料与周围石材面层的办公楼形成对比,有感于此,沃克将钢材引入到景观设计中。他将宽度为 100mm 的不锈钢条饰铺设在连接广场大厦和停车楼的入口区,由不锈钢组成的同心圆状的水池坐落于入口两侧,不锈钢双池成为建筑的一部分,不锈钢短柱的整齐排列形成了通道指示。这里沃克用不锈钢捕捉并反映了环境的气氛,用纯净的几何形体体现清新而丰富的美感。

（a）

（b）

图 2.54　加州橘郡市镇中心广场大厦采用的不锈钢材料

### 2. 铝合金

铝合金在景观设计中的运用更早一些,这要提到美国第一代景观设计师盖瑞特·埃克博

（Garrett Eckbo，1910—2000）。阿尔卡（Alcoa）花园是埃克博的一个著名花园作品，是他的
住宅花园。实际上，这个花园也是他试验新材料的
场所。园中最著名的是用铝合金建造的花架凉棚和
喷泉，如图 2.55 所示。"二战"后，铝制品从战备
物资转为民用产品，急需找到各种市场。美国铝业
公司问埃克博是否有兴趣在花园中运用铝材，于是，
埃克博发挥想象力，用咖啡色、金色的各种各样的
铝合金型材和网格建造了一个有屏风和顶棚的花
架，还用铝材设计了一个绿色的喷泉水盘。铝制品
在此花园中的运用，在全美掀起了一股用铝合金构
筑花园小品的热潮。

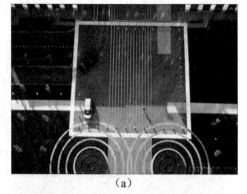

(a)

(b)

(c)

**图 2.55　铝合金建造的花架凉棚和喷泉**

### 3. 马赛克

马赛克是建筑上用于拼成各种装饰图案用的片状小瓷砖。一提起马赛克，大家自然会想
到高迪的居尔公园。安东尼奥·高迪（Antonio Gaudi，1852—1926）被称为"只有疯子才会
试图去描绘世界上不存在的东西！"。在居尔公园的设计中，围墙、长凳、柱廊和绚丽的马赛
克镶嵌装饰表现出鲜明的个性，其风格融合了西班牙传统中的摩尔式和哥特式文化的特点，
如图 2.56 所示。

**图 2.56　马赛克装饰的居尔公园**

**图 2.57　马赛克装饰的落下的天空**

多年之后，纽约的女艺术家贝弗莉·派帕（Beverly Pepper）在西班牙巴塞罗那北站广场设计的大地艺术作品"落下的天空"中也采用了类似的釉面瓷片做装饰，在光线的照射下形成了色彩斑斓的流动图案，如图 2.57 所示。

同样钟爱马赛克的还有巴西景观设计师布雷·马克斯。1970 年，他设计了科帕卡帕海滨大道，他用当地出产的棕、黑、白三色马赛克在人行道上铺出了精彩图案，如图 2.58 所示。

图 2.58　科帕卡帕海滨大道

### 2.4.5　非常规材料在景观设计中的应用

图 2.59　The Bagel Garden

非常规材料应用到景观设计中是一大创造，玛萨·舒瓦茨是运用材料的先锋人物。她别出心裁地选用全新的景观材料，使作品有强烈的视觉冲击力。早在 20 世纪 70 年代末，在波士顿私家花园里，她就把烤好的面包整齐地排列在花园的小径和地面上，取名"The Bagel Garden"，发表在美国的专业杂志上，开始引人注目（图 2.59）。80 年代中期，她与彼得·沃克合作设计的怀特海德学院拼和园，把法国的巴洛克花园和日本古典园林"拼接"在一起，并"种"上了修剪过的塑料植物，这一作品给她带来了广泛的赞誉。此外，她的轮胎糖果园、瑞欧购物中心庭院的镀金青蛙也广为人知。作为景观设计师，舒瓦茨一直以来对探索新材料和非常规材料有着浓厚的兴趣，就像波谱艺术家，她喜爱那些在日常生活中接触和发现的材料。

当越来越多的废弃地进入景观设计的范畴，设计师们别具一格地发现了废旧材料的价值。将废旧材料应用到景观中现在变得越来越普遍。如德国北杜伊斯堡风景公园是针对钢铁厂的改造，改造中保留工厂中的构筑物，部分构筑物被赋予新的使用功能。高大的混凝土构筑物用作攀爬训练的设施（图 2.60），原先拥有巨大体量的煤气罐现被改造成一座水上救援训练中心，工厂留下的金属框架作为攀援植物的支架，废弃的高架铁路改造成为公园的步行道，由废弃铁板铺成的"金属广场"（图 2.61），用炉渣铺装的林荫广场等。同样的设计手法在彼得·拉兹（Peter Latz）设计的港口岛公园，理查德·哈格（Richard Haag）设计的西雅图煤气厂公园，卡尔·鲍尔（Karl Baue）设计的海尔布隆市砖瓦厂公园以及韩国的首尔公园多有应用。在国内，广东中山岐江公园开创了本类设计的先例。设计中两个分别反映不同时代的钢结构和水泥框架船坞被原地保留，一个红砖烟囱和两个水塔，也就地保留，大型的龙门吊和变压器，大量的机器被结合在场地设计之中。除了大量机器经艺术和工艺修饰而被完整地保留外，大部分机器被选取了部分机体保留下来，经过再生设计后的钢被用作铺地材料，这些机器的保留和再生设计均体现了节约思想。

图 2.60　混凝土构筑物用作攀爬训练的设施　　　　图 2.61　废弃铁板铺成的"金属广场"

**思考练习：**

1. 选择优秀设计案例，从点、线、面、体进行构成分析，思考其中形式美法则的应用。

2. 寻找色彩和材料运用比较独特的案例。

推荐：剑桥中心屋顶花园、纽约亚克博亚维茨广场、巴黎拉·维莱特公园、伯纳特公园。

# 第 3 章　景观设计基本要素

● **教学目标：**

　　本章主要介绍了景观设计中运用到的基本要素，包括地形、园路、铺装、水体、植物、建筑及构筑物，通过本章内容的学习，熟练地掌握专业基础知识，为今后的景观设计实践提供技术支持。

## 3.1　地形

### 3.1.1　地形的类型

　　地形就是地表的外观，是景观的基底和骨架，地形地貌是景观设计最基本的场地和基础。造景必相地立基，方可得体。本节所讲的地形是从景观范围来将地形分类为平坦地形、凸地形、山脊、凹地形、谷地等。

#### 1. 平坦地形

　　平坦地形的定义，就是指任何土地的基面应在视觉上与水平面相平行（图 3.1）。尽管理论上如此，而实际上在外部环境中，并无这种绝对完全水平的地形统一体。这是因为所有地形都有不同程度的甚至是难以觉察的坡度。

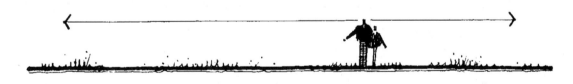

图 3.1　平坦地形

　　平坦地形是所有地形中最简明、最稳定的地形，具有静态、稳定、中性的特征，给人舒适和踏实的感觉。这种地形在景观中应用较多。为了组织群众进行文体活动及游览风景，便于接纳和疏散群众，可作为集散的广场、观赏景色的停留地点、活动场所等。公园必须设置一定比例的平地，平地过少就难以满足广大群众的活动要求。

#### 2. 凸地形

　　此地形比周围环境的地形高，视线开阔，具有延伸性，空间呈发散状，此类地形称凸地形。凸地形的表现形式有丘陵、山峦以及小山峰等。它是现存地形中，最具抗拒重力同时又代表权力和力量的因素。一方面，它可组织成为观景之地，另一方面，因地形高处的景物突出明显，又可成为造景之地，如图 3.2 所示。

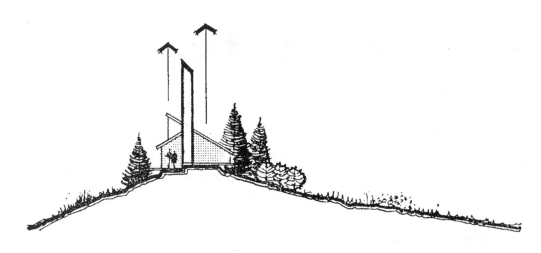

图 3.2   凸地形

### 3. 凹地形

此地形比周围环境的地形低，视线通常较封闭，且封闭程度决定于凹地形的绝对标高、脊线范围、坡面角、树木和建筑高度等，空间呈集聚性。凹地形在景观中被称为碗状洼地，此类型比周围环境的地势低，有内向性和保护感、隔离感，视线通常较封闭，空间呈积聚性，易形成孤立感和私密感（图 3.3）。它并非是一片实地，而是不折不扣的空间。当其与凸地形相连接时，它可完善地形布局。

凹地形的形成，一般有两种形式，一是地面某一区域的泥土被挖掘而形成，二是两片凸地形并排在一起而形成。凹地形乃是景观中的基础空间，我们的大多数活动都在其间占有一席之地。它们是户外空间的基础结构。在凹地形中，空间制约的程度取决于周围坡度的陡峭和高度，以及空间的宽度。凹地形是一个具有内向性和不受外界干扰的空间。它可将处于该空间中任何人的注意力集中在其中心或底层。凹地形通常给人一种侵害感、封闭感和私密感。在某种程度上也可起到不受外界侵犯的作用。

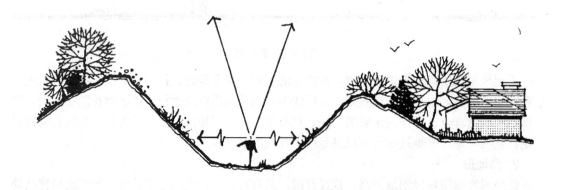

图 3.3   凹地形

#### 4. 山脊

山脊是连续的线性凸起型地形，有明显的方向性和流线（图 3.4）。可以这样说，脊地就是凸地形"深化"的变体，与凸地形相类似，脊地可以限定户外空间边缘，调节其坡上和周围环境中的小气候；脊地也能提供一个具有外倾于周围景观的制高点。沿脊线有许多视野供给点，而所有脊地终点景观的视野效果最佳。设计游览路线时往往要顺应地形所具有的方向性和流线，路线和山脊线相抵或垂直容易使游览过于疲劳。

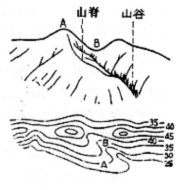

图 3.4　山脊与山谷

#### 5. 谷地

谷地是一系列连续和线性的凹形地貌，其空间特性和山脊地形正好相反，与凹地形相似（图 3.4）。谷地在景观中也是一个低点，具有实空间的功能，可进行多种活动。但它也与脊地相似，也呈线状，也具有方向性。凹地形坡面既可观景，也可布置景物。

### 3.1.2　地形的景观功能

#### 1. 分割空间

地形可以划分和组织空间，构成整个场地的空间骨架，并且可以组织、控制和引导人的流线和视线，使空间感受丰富多变，形成优美景观。利用地形划分空间应从功能、地形条件和造景方面考虑，可以运用地面区域、坡面和天际线来限制外部空间，形成"可使用"或"视野圈"，可观察到空间界限，形成显著的空间轮廓，在此基础上划分功能分区，增加植物、水体、建筑等造景，形成完整的私密空间、半私密空间或公共空间。

#### 2. 控制视线

利用填充垂直平面的方式，地形能在景观中将视线导向某一特定点，影响某一固定点的可视景物和可见范围，形成连续观赏或景观序列，以及完全封闭通向不悦景物的视线。通过对地形进行高差上的设计能够阻挡不悦的事物或者延伸视线至有趣的事物。

#### 3. 影响导游路线和速度

地形可被用在外部环境中，影响行人和车辆运行的方向、速度和节奏。在设计中地形可以改变运动的频率。如果设计的某一部分，要求人们快速通过的话，那么在此就应使用水平地形；如果是要求人们缓缓地走过某一空间的话，那么，斜坡地面或一系列水平高度变化，就应在此加以使用。山坡和土丘形成障碍或阻挡，可迫使行人在其四周行走，或者穿越空间。

#### 4. 改善小气候

地形在景观中可改善小气候，从采光方面来说，朝南坡向的区域受到冬季阳光的直接照射，可使该区域温度升高。一些地形如凹地形、脊地或土丘等，可用来阻挡刮向某一场所的冬季寒风。地形也可被用来收集和引导夏季风。

#### 5. 美学功能

地表的类型、地形的大小不同能够直接影响景观的韵味，如凸、凹地形的坡面可作为景物的背景，通过凹地形、凸地形的大小和间距的变化形成空间的律动。地形不仅可被组合成各种不同的形状，而且还能在阳光和气候的影响下产生不同的视觉效应。

### 3.1.3  地形的利用和改造

#### 1. 地形的利用

在景观设计时，要充分利用原有的地形地貌，考虑生态学的观点，营造符合当地生态环境的自然景观，减少对其环境的干扰和破坏。同时，可以减少土石方量的开挖，节约经济成本。因此，要充分考虑应用地形特点，是安排布置好其他景观元素的基础。

在地形设计中首先必须考虑的是对原地形的综合利用。寻找最合适的场地，让场地启发规划方式，提取所有的场地潜在价值。结合基地调查和分析的结果，合理安排各种坡度要求的内容，使之与基地地形条件相吻合，利用现状地形稍加改造即成原景。

#### 2. 地形的改造

景观要结合地形造景，不同的地形、地貌对不同景观的形成、使用功能的实现和植物的生长等均有一定程度的影响，在原有地形、地貌无法满足使用功能和不利于表达设计意图时，就需要对地形加以整理和改造。在对地形进行改造时应遵循以下设计原则：

（1）因地制宜

地貌是景观的骨架，因地制宜地利用原有地貌是景观地貌设计的重要原则。因地制宜原则的体现可概括为"利用为主，改造为辅"，实质上，在地貌设计中，对原有地形的利用是改造的基础，改造是利用的手段，完全不改造的利用和全面改造都是不多见的。

（2）满足景观使用功能要求

游人在景观中进行的各种游憩活动对空间环境有着不同的要求，地貌设计要尽可能为游人创造出游憩活动所需要的不同地貌环境，同时，为使不同性质的活动不相互干扰，可利用地貌的变化来分隔空间。

（3）满足景观的要求

设计应以优美的景观来丰富游人的游憩活动，所以在地貌设计中，应力求创造出游憩活动广场、水面、山林等开敞、郁闭或半开敞的空间境域，以便形成丰富的景观层次，使布局更趋完美。

（4）符合景观工程的要求

地貌设计在满足使用和景观需要的同时，必须使其符合景观工程上的要求。如山高与坡度的关系、各类广场的排水坡度、水岸坡度的合理稳定性等问题，都需严格地推敲，以免发生如陆地内涝、水面泛溢或枯竭、岸坡崩塌等工程事故。

（5）创造适合景观植物生长的种植环境

丰富的地貌，可形成不同的小环境，从而有利于不同生态习性的景观植物生长。植物有不耐荫、喜光、耐湿、耐旱等类型，根据景观需要，在景观中各自适宜的环境中配置，或与其他景观素材结合配置，构成意趣不同的景观。如山体的南坡宜种植喜光树种，北坡可选择耐荫、耐湿的植物种植，水边及池中可选择耐湿、沼生、水生等植物配置。

在地貌处理上，对长有古树名木的位置，应保持它们原有的地形标高，以免树木遭到破坏。地面标高过低或土质不良的地方均不利于植物的生长。

## 3.2　园路

### 3.2.1　园路的类型

园路是指观赏景观的行走路线，是景观的动线。园路起着导游的作用，它组织着景观的展开和游人观赏程序，并具有构景作用。

**1. 按其性质和功能分类**

（1）主干道

主干道联系全园，必须考虑通行、生产、消防、救护、游览车辆的要求，宽 7～8m。主干道贯通整个景观联系主要出入口与各景观区的中心、各主要广场、主要建筑、主要景点，园路两侧种植高大乔木，形成浓郁的林荫,乔木间的间隙可构成欣赏两侧风景的景窗(图 3.5)。

图 3.5　主干道　　　　　　　　　　　　图 3.6　游步道

（2）次干道

次干道散布于各景观区之内，沟通景区内各景点、建筑，两侧绿化以绿篱、花坛为主。通轻型车辆及人力车，路宽一般为 3～4m。（图 3.7）。

（a）　　　　　　　　　　　　　　　（b）

图 3.7　次干道

（3）游步道

游步道路宽应满足两人行走，约 1.2～2m 范围，小径可为 0.8～1m。游步道是近年来最为流行的足底按摩健身方式。通过行走卵石路上按摩足底穴位既达到健身目的，同时又不失为一个好的景观（图 3.6）。

**2. 按路面材料分类**

（1）整体路面

整体路面是指整体浇筑、铺设的路面，常采用水泥混凝土、沥青混凝土等材料。具有平整、耐压、耐磨、整体性好的特点。利用彩色沥青混凝土，通过拉毛、喷砂、水磨、斩剁等工艺，可做成色彩丰富的各种仿木、仿石或图案式的整体路面（图 3.8）。

（a） （b）

**图 3.8 整体路面**

沥青铺装具有良好的环境普遍性，良好的平坦性和弹性，物理性能不稳定、不美观，可加入颜料或骨料透水性处理。

混凝土铺装是最朴实的材料，也可以创造出许多质感和色彩搭配，是一种廉价物美使用方便的铺地材料。适用于人行道、车行道、步行道、游乐场、停车场等地面装饰。具有良好的平坦性，尺寸规模可选择性，良好的物理性能，但弹性低，易裂缝，不美观，可加入矿物颜料彩色水泥、彩色水磨石地面铺装等。

（2）块材路面

块材路面是指利用规则或不规则的各种天然、人工块材铺筑的路面。材料包括强度较高、耐磨性好的花岗岩、青石板等石材，还有地面砖、预制混凝土块等。块材路面是园路中最常使用的路面类型（图 3.9）。

（a） （b）

**图 3.9 块材路面**

利用形状、色彩、质地各异的块材，通过不同大小、方向的组合，可构成丰富的图案，不仅具有很好的装饰性，还能增加路面防滑、减少反光的物理性能。

天然石材，种类繁多，质地良好，色彩丰富，表现力强，各项物理性能良好，易于各类自然景观元素相协调，营造不同环境氛围。

花岗岩是高档铺装材料，耐磨性好，具有高雅、华贵的效果，但成本高、投资大。

毛面铺地石是以手工打制为主，在产品表面打造出自然断面、剁斧条纹面、点状如荔枝表皮面或菠萝表皮面效果。材质以花岗石为主。

机刨条纹石，在室外石材的应用中，为了防滑并增加三维效果，有剁斧石、机刨石、火烧石等做法。

瓷砖（陶板砖、釉面砖）种类繁多，质地良好，色彩丰富，适用于不规则空间和复杂的地形，但承载力不强，缺乏个性艺术性，优点是物理性能好，种类丰富。

（3）碎料路面

碎料路面是指利用碎（砾）石、卵石、砖瓦砾、陶瓷片、天然石材、小料石等碎料拼砌铺设的路面（图 3.10）。主要用于庭院路、游憩步道。由于材料细小，类型丰富，可拼合成各种精巧的图案，能形成观赏较高的景观路面，传统的花街铺地即是一例。

（a）　　　　　　　　　　　　　　　　　（b）

图 3.10　碎料路面

砂石地面，具有较强的可塑性和象征性，可做成"枯山水"表现水的意向，与石景、水景结合可产生丰富的空间意境。

卵石地面，是景观铺装中常用的一种材料，适宜铺设在水边或林间场地和道路。其铺设风格较为多样，可以利用不同的色彩和形状做出较为随意的拼花，形成活泼、自然的风格，形状不规则多样化，适宜创造流动感。

木质铺装，木材作为室外铺装材料，适用范围有限。木质铺装给人以自然、柔和、舒适的感觉，但容易腐烂、枯朽，需经过特殊的防腐处理。

（4）特殊路面

在实际园路工程中，路面类型并无绝对分类，往往块材路面、碎料路面互有补充，通过肌理、色彩、规则、硬质与软质等的结合，形成丰富多变园路类型（图 3.11）。

（a）

（b）

图 3.11　特殊路面

### 3.2.2　园路的功能布局

园路作为景观的脉络，是联系各景区、景点的纽带，在景观中起着极其重要的作用。公园道路的布局要根据公园绿地内容和游人的容量大小来决定，还要主次分明，因地制宜。如山水公园的园路要环绕山水，但不应与水平行。因为依山面水，活动人次多，设施内容多；平地公园的园路要弯曲柔和，密度可大，但不要形成方格网状。园路的功能布局应注意以下几方面：

#### 1. 园路的交通性及游览性

园路的组织交通功能应服从于游览要求，不以便捷为准则，而是根据地形的要求和景点的分布等因素来进行设置。

#### 2. 园路的布局应主次分明

园路在景观中是一个系统，应从全园的总体着眼，做到主次分明，同时园路的方向性要强，并起到"循游"和"回流"的作用，主要道路不仅在铺装上和宽度上有别于次要道路，而且在风景的组织上要给游人留下深刻的印象。

#### 3. 因地制宜

景观道路系统必须根据地形地貌决定其形式。根据地形道路可设成带状、环状等，从游览的角度，园路最好设成环状。以避免走回头路，或走进死胡同。

#### 4. 疏密适当

园路的疏密和景区的性质、园内的地形游人的多少有关。一般安静休息区密度可小，文化活动区及各类展览区可大，游人多的地方可大，游人少的地方可小。总的说园路不宜过密。园路过密不但增加了投资，而且造成绿地分割过碎。一般情况下，道路的比重可控制在公园总面积的 10%～12%左右。

#### 5. 曲折迂回

园路要求曲折迂回有两方面的原因，一方面，是地下的要求，地形复杂，有山、有水、有大树，或有高大的建筑物。另一方面，是功能和艺术的要求。为了增加游览路程，组织景观自然景色，使道路在平面上有适当的曲折，竖向上随地形有起伏。为了扩大景象空间，使空间层次丰富，形成时开时闭的辗转多变、含蓄多趣的空间景象。

### 6. 园路交叉口的处理

减少交叉口的数量，交叉口路面应分出主次；两条主要园路相交时，尽量正交，不能正交时，交角不宜过小并应交于一点，为避免游人过于拥挤，可形成小广场；两条道路成丁字形相交时，在道路交点处可布置对景；山路与山下主路交界时，一般不宜正交，有庄严气氛的要求时，可设纪念性建筑；凡道路交叉所形成的角度，其转角均要圆滑；两条相反方向的曲线路相遇时，在交接处要有相当距离的直线，切忌呈"S"形；在一眼所能见到的距离内道路的一侧不宜出现两个或两个以上的道路交叉口，尽量避免多条道路交接在一起，如果避免不了则需要在交接处形成一个广场。

### 7. 园路与建筑

与建筑相连的道路，一般情况下可将道路适当加宽或分出小路与建筑相连。游人量较大的主要建筑，可在建筑前形成集散广场，道路可通过广场与建筑相连。

### 8. 山地景观道路

山地景观道路受地形的限制，宽度不宜过大，一般大路宽 2～3 m，小路则不大于 1.2 m。当道路坡度在 6%以内的时候，则可按一般道路处理，超过 6%～10%的时候，就应沿着等高线做成盘山道以减小坡度。山道台阶每 15～20 级最好有一段平坦的路面让人们在其间休息。地面场地稍大的地面还可设一定的设施供人们休息眺望。盘山道来回曲折可以变换游人的视点和视角，使游人的视线产生变化，有利于组织风景画面。盘山道的路面常做成向内倾斜的单面坡，使游人行走有舒适安全的感觉。

山路的布置还要根据山的体量、高度、地形变化、建筑安排、绿化种植等综合安排。较大的山，山路应分出主次。主路可形成盘山路，次路可随地随形取其方便，小路则是穿越林间的羊肠小路。

### 9. 山地台阶

山地台阶是为解决景观地形的高差而设的。除了具有使用功能以外，还有美化装饰的功能，特别是山地台阶的外形轮廓具有节奏感，常可作为小景。台阶通常附设于建筑出入口、水旁、岸壁和山路。台阶依材料分有石、钢筋混凝土、塑石等，用天然石块砌成的台阶富有自然风格，用钢筋混凝土板做的外挑楼梯台阶空透轻巧，用塑石做的台阶色彩丰富，如与花台、水池、假山、挡土墙、栏杆结合的台阶，更可为景观增色。台阶的尺度要适宜，一般踏面的宽度为 30～38cm，高度为 10～15cm。

## 3.2.3　园路的景观设计

园路的设计应与地形、水体、植物、建筑物、铺装场地及其他设施结合，形成完整的风景构图，创造连续展示景观的空间或欣赏前方景物的透视线。园路的设计应主次分明、组织交通、疏密有致、曲折有序。为了组织风景，延长旅游路线，扩大空间，使园路在空间上有适当的曲折，较好的设计是根据地形的起伏，周围功能的要求，使主路与水面若即若离。同时，路也可以作为景的一部分来创造。

**1. 园路的设计原则**

（1）回环性原则

景观中的道路多为四通八达的环形路，游人从任何一点出发都能遍游全园，不走回头路。

（2）疏密适度原则

园路的疏密度同景观的规模、性质有关，在公园内道路大体占总面积 10%～12%，在动物园、植物园或小游园内，道路网的密度可以稍大，但不宜超过 25%。

（3）因景筑路原则

园路与景相通，所以，在景观中使用因景筑路的布局原则。

（4）曲折性原则

景观随地形地貌和景物而曲折起伏，若隐若现。

**2. 园路设计的要点**

（1）弯道的处理

路的转折应衔接通顺，符合游人的行为规律。园路遇到建筑、山、水、树、陡坡等障碍，必然会产生弯道。弯道有组织景观的作用，弯曲弧度要大，外侧高，内侧低，外侧应设栏杆，以防发生事故。

（2）园路交叉口处理

两条主干道相交时应做扩大处理，做正交方式，形成小广场，以方便行车、行人。小路应斜交，但不应交叉太多。两个交叉口不宜太近，要主次分明，相交角度不宜太近，要主次分明，相交角度不宜太小，两条道路交叉可以成十字形，也可以斜交但要使道路的中心线交叉于一点，斜角道路的对顶角最好相等，以求美观。"丁"字交叉口时视线的交点，可点缀风景。应避免多条道路交于一点，因为这样易使游人迷失方向，应在交叉口设指示牌。多条道路相交时，应在端口处适当地扩大场地做成小广场，这样有利于交通，可以减少游人过于拥挤。

## 3.3 铺装

### 3.3.1 铺装的类型

铺装是用各种材料进行地面铺砌装饰，包括园路、广场、活动场地、建筑地坪等的铺装。铺装在环境景观中占有极其重要的地位和作用，它是改善开放空间环境最直接、最有效的手段。铺装景观强烈的视觉效果让人们产生独特的感受，给人们留下深刻的印象，满足人们对美感的深层次心理需求，它可以营造温馨宜人的气氛，使开放空间更具人情味与情趣，吸引人们驻足，进行各种公共活动，使街路空间成为人们喜爱的城市高质量生活空间。同时，铺装还可以通过特殊的色彩、质感和构形加强路面的可辨识性，划分不同性质的交通区间，对交通进行诱导和各种暗示，从而进一步提高城市道路交通的安全性能。

**1. 从应用类型上分类**

铺装从应用类型上可分为广场铺装、商业街铺装、人行道道路铺装、停车场铺装、台阶和坡道铺装等几类。

（1）广场铺装

现代的广场中大多数是公共性质的广场，可分为集会广场（政治广场、市政广场、宗教广场等)、纪念广场 (陵园广场、陵墓广场等)、交通广场 (站前广场、交通广场等)、商业广场 (集市广场等)、文化娱乐休闲广场 (音乐广场、街心广场等)、儿童游戏广场、建筑广场等。在进行广场铺装的设计中应从把整个广场作为一个整体来进行整体性图案设计,统一广场的各要素,塑造广场空间感,注意对广场的边缘进行铺装处理,使广场边界明显区分,形成完整的广场空间。

集会广场中硬质铺装的面积很大,较少大面积绿化,且不易有过多的高差变化,色彩上应选择纯度高、明度低的颜色,材料质感一般比较粗糙,要突出一种庄严、质朴的感觉(图 3.12)。

图 3.12　集会广场铺装

图 3.13　纪念广场铺装

纪念广场的铺装应突出严肃、静穆的氛围,将人们的视线引到"纪念"的中心,常采用向心的图案布局排列铺装材料(图 3.13)。

交通广场的铺装应耐压、耐磨、变形小、不易破坏,可以加强交通广场的装饰性,采用色彩明度高一些的材料,图案的设计也可以相对轻松、活泼。

商业广场的铺装要结合周围的商业氛围,色彩上可以选择亮丽一些的色调,材质以光洁材料为主,粗糙为辅,应考虑一定的弹性,缓解行走的疲劳感,铺装图案应当富有变化,体现现代商业热闹、活力的特点。

文化娱乐休闲广场的铺装应因地制宜,与周围场地的环境相协调,不必拘泥于形式。

儿童游戏广场的铺装应根据环境的景观特点进行设计,根据儿童的年龄、心理、生理及行为特点进行一些有针对性的设计,应色彩鲜明,尽量减少不必要的障碍物以及踏步、台阶的设置,多采用坡道形式,铺装尽量选择比较柔软的材料。

建筑广场的铺装需要结合建筑整体的风格、形式来进行设计,对材质、纹理、色彩的要求比较高。

(2) 商业街铺装

在商业街中,铺装尺度要亲切、和谐,使人们可以与空间环境对话,完全的放松和随意。铺装色彩要注意与建筑相协调,可以采用一种有统一感的主色调铺装强化街道景观的连续性和整体性,铺装细部设计色彩要亮丽、富于变化,以体现商业街的繁华景象。

(3) 人行道道路铺装

对人行道铺装的基本要求是能够提供有一定强度、耐磨、防滑、舒适、美观的路面。在潮湿的天气能防滑,便于排水,在有坡之处即使在恶劣气候条件下也安全,同时造价低廉,有方向感与方位感,有明确的边界,有合适的色彩、尺度与质感。色彩要考虑当地气候与周围环境；尺度应与人行道宽度、所在地区位置有正确的关系；质感要注意场地的大小，大面积的可粗糙些，小面积的不可太粗糙（图3.14）。

图3.14　人行道铺装

图3.15　停车场铺装

（4）停车场铺装

常用的停车场的铺装材料有嵌草砖、植草格、透水砖等。停车场的铺装应考虑材料的耐久性和耐磨性要求（图3.15）。

（5）台阶和坡道铺装

台阶踏步前沿的防滑条心在铺装上应通过颜色或材质的明显变化加以区分和界定。台阶和坡道表面的铺装要求防滑。

**2. 根据铺装的材质分类**

根据铺装的材质可以分为柔性铺装和刚性铺装。

（1）柔性铺装

柔性道路是各种材料完全压实在一起而形成的，会将交通荷载传递给下面的图层。这些材料利用它们天然的弹性阻荷载作用下轻微移动，因此，在设计中应该考虑限制道路边缘的方法，防止道路结构的松散和变形。常用的材料有砾石、沥青、嵌草混凝土、砖等（图3.16）。

（2）刚性铺装

刚性道路是指现浇混凝土及预制构件所铺成的道路，有着相同的几何路面，通常要求混凝土地基上铺一层砂浆，以形成一个坚固的平台，尤其是对那些细长的或易碎的铺地材料。不管是天然石块还是人造石块，松脆材料和几何铺装材料的配置及加固依赖于这个稳固的基础。常用的材料有石材、沥青混凝土、水泥混凝土等（图3.17）。

图3.16　嵌草混凝土

图3.17　刚性铺装

## 3.3.2　铺装的作用

地面铺装作为交通视线诱导（包括人流、车流）的主要载体，在手法上表现为构图，其目的是方便使用者，提高对环境的识别性。在明晰了设计的目标后，可以放心地探讨地面铺装的作用、类型和手法。

### 1. 景观铺装的交通功能

（1）行车支撑

任何铺地的首要目的都是提供坚固、干燥、防滑的表面来承载交通，可以说，铺装的基本作用就是为车流、人流交通提供一个硬质的界面。景观铺装首先作为一种铺装形式而存在，是路面的一种。必须满足对路面结构性能和使用性能上的要求，保证车辆和行人安全、舒适的通行。铺装应具有足够的强度和适宜的刚度，良好的稳定性，较小的温度收缩变形，应该坚实、平整、稳定、耐久，有良好的抗滑能力，这是景观铺装最基本的功能。

（2）功能图示

铺装材料可以提供方向性，当地面被铺成一条带状或某种线型时，它便能指明前进的方向。道路的方向性是城市道路功能特性中很重要的部分，虽然通过线形的处理可以获得一定的方向感和方位感，但是对于有些路面来说，通过铺砌图案和色彩变化给人的方向感和方位感更为直接和更容易为使用者所接受。可辨识性是道路交通安全的重要内容，景观铺装可以有目的的运用材料、色彩等表面特征来划分不同性质的交通区间，就像一只外表涂有颜色的彩色铅笔要比只有文字标明其颜色的笔更容易从笔盒中找出来一样。我们利用铺装中色彩、材质、构形、高差等手段来表明哪里是车行道、人行道、公共汽车专用道、停车场、步行十字路口等，使人们一看便知道路的性质。

铺装材料可以通过引导视线将行人或车辆吸引在"轨道上"。刷在道路上的白字不会阻碍交通，用它们表现交通信号更容易让行人看到，所以，在道路上画黑白条纹做标记的方法很令人满意。景观铺装作为功能图示，将更有效地促进城市道路的交通安全。

铺装材料可以暗示游览的速度和节奏。没有人否定快捷的交通在城市生活中所占的地位，但必须反对的是交通的无限扩展以及对所有道路的侵入。当人们走在交通干道两侧较窄的人行道上时，总会有一丝不安。我们可以利用景观铺装的色彩变化、配合硬质隔断加强人车间的拦阻，界定人行道与车行道边界。

目前，所有车辆均追求安全、快速的行驶，但是车速越快，对路边景物的识别就越差。传统道路标志的警示作用随着车速的增加而失去原来的效果，因为驾驶员在高速行驶的车中往往看不清标志牌上的内容。但是人们对某些色彩却极为敏感，如红、橙、黄。色彩通过光的反射，刺激人的视觉神经系统，产生生理上的反应，进一步作用于人的心理，产生心理作用，使人获得某种暗示，做出快速反应。因此，在转弯处、分流合流处、人行横道、收费站等特殊场所，通过地面色彩变化警示司机和行人，可以获得很好的安全效果。

现代城市常采用绿化带诱导使用者的视线，增加行车安全。其实景观铺装也完全具有此功能，特别是在北方，该功能不会因季节变化而失效。

此外，在一些人车混行的街道，采用卵石、方石等材料进行地面铺装，可以有效地限制车速，加强了人车混行的安全性。

## 2. 景观铺装的环境艺术功能

（1）营造宜人的交往空间

第十六届国际道路会议总结报告中指出："城市中心交通拥挤加剧，公众对环境看法的改变，使城市道路规划方针和交通组织发生根本变化。"环境保护、人性化已成为考虑一切问题的决定因素。对于城市环境的破坏，现代交通是一个重要因素，改善交通环境已是大城市刻不容缓的工作。

城市街道除供交通之用外，还具有多方面的功能，它是城市居民的主要活动空间。汽车的发展使许多公共空间成为交通场所，人性的空间蜕变成仅为汽车服务的非人性空间。在社会、文化、精神生活方面，汽车剥夺了居民在城市空间活动的自由度、轻松感、亲切感和安全感，损害了城市与市民之间的相互作用和紧密联系，认同感降低，不安全和不安定感增强，失去了创造城市文化的活力。大量车流以其内在的方式默默地破坏着城市的生活，严重限制了人们自由聚集的权利。与交通的迫切要求相比，聚会、停下来闲谈、自由外出等活动显得十分不重要了。但是喜欢社会活动正是人们居住在城市而不离群索居的原因之一。人们需要良好的空间环境进行集会、休闲、娱乐、购物等一系列活动。因此，现代的城市道路不仅担负着城市的交通功能，还应促进人们在其中进行休闲生活，街道不再仅仅是为了通过，也是为了驻足，而只有当环境能够与人进行"对话"时，人们才能驻足倾听。

人们在公共空间中的户外活动可以划分为三种类型：必要性活动、自发性活动和社会性活动。必要性活动相对来说与外部环境关系不大，而自发性、娱乐性的户外活动以及大部分的社会性活动都特别依赖于户外空间的质量。当条件不佳时，这些有特殊魅力的活动就会消失，而在条件适宜的环境中，它们就会健康的发展。景观铺装的环境艺术功能能够充分满足人们对城市生活质量深层次的需求，为人们创造优雅舒适的景观环境，营造温馨适宜的交往空间，创造生活情趣，大大提高人们的生活质量。

（2）建筑物与环境的连接体

地面是建筑物与环境之间的连接体。具有各种颜色与质感的建筑耸立于地面上，如果地面是一大片光滑、平坦的灰色柏油底板，建筑之间将呈现彼此相分离的松散状态，而地面也像建筑一样不能吸引人们的视线。城市中能够起到连接与结合作用的最有效方法之一是地面的格局。地面应与建筑具有同等的景观作用，景观铺装能够使建筑物与周围环境巧妙地结合起来，浑然一体、别具一格。

（3）美化城市形象

公共空间的形象往往代表着城市的形象，城市的形象又反映着一个城市的政治、经济、文化和技术的发展水平。城市公共空间景观质量的优劣将对人们的精神文明产生很大的影响。对生活在城市中的人们来说，公共空间景观质量的提高可以增强市民的自豪感和凝聚力，促进城市物质文明和精神文明建设的良性发展。对外地的旅游者和公出办事的人员来说，由于他们在一个城市停留时间较短，而大量时间在城市公共空间中度过，一些有个性的独具特色的铺装可以有效地烘托公共空间环境的气氛，创造出赏心悦目的景观，这些景观成了城市的象征，代表了整个城市，给外来人员以最直接的感受，从某种意义上讲这些公共空间的形象就是游客心目中这个城市的形象。相信到过哈尔滨的人都会记得那条欧式风格建筑荟萃、独具特色的欧式花岗岩方石铺筑的百年老街（1900 年建筑），其道理就在于此。

### 3.3.3　铺装设计的原则

在景观铺装的设计中，在关注人类社会自身发展的同时，也要重视自然环境和人文环境的发展规律，有意识地进入与环境互动关系的良性循环，创造共生的景观环境。因此，在景观铺装设计中，必须要依据的原则如下。

#### 1. 以人为本的原则

"以人为本"是指设计要以人的需要作为出发点和终极目标，作为城市环境设施中的一类，景观铺装是为广大普通大众所使用的，实用性是它存在的前提，不仅要求景观铺装的技术与工艺性能良好，而且还应体现出能与使用者生理及心理特征相适应的程度，将自身和周围环境相联系是人类的本能，这种场所感不能忽视，它是铺装设计中必须考虑的一个原则。进一步讲，就是要在铺装设计中充分利用这一原则——以人为本的原则。人们的习惯、行为、性格、爱好都对如何选择铺装具有一定的决定作用，在铺装设计中要充分考虑他们的不同要求，反映各种不同的观念，老年人动作迟缓，感觉能力下降，会选择安全和安静的道路；而儿童喜欢快走，没有危险意识，会毫无目的地乱跑，所有人都有抄近路的心理，因此，在景观铺装中应注重安全性、便利性、舒适性等，这样才能为人们提供最佳的服务。

路面铺装是否有令人愉悦的色彩、让人耳目一新的创意和图案、是否和环境协调、是否有舒适的质感、对于行人是否安全等，都是铺装设计时需要考虑的重要内容之一，这也最能表现"设计以人为本"这一主题。

#### 2. 文化保护的原则

景观环境是一个交流和沟通的媒介，展现着明确与不明确的符号，这些符号是一个公共区域可以辨识的标志物，是特定的文化产物，一个成功的景观环境设计应该是利用一些该城市及其文化来恰当地表达出当地的文化气息。

城市景观铺装可以从细节上发扬城市文化，突出城市形象，城市的景观环境中那些具有历史意义的场所往往给人们留下较深刻的印象，也为城市建立独特的个性奠定了基础。这是因为那些具有历史意义场所中的建筑形式、空间尺度、色彩、符号以及生活方式等，恰恰与隐藏在全体市民心中的、驾驭其行为并产生地域文化认同的社会价值观相吻合。因此容易引起市民的共鸣，能够唤起市民对过去的回忆，产生文化认同感。在今天城市的建设中，受到现代建筑运动洗礼过的欧美国家越来越重视尊重、继承和保护历史。文化是有地域性的，对文化的地域性古人已有所重视和强调。

铺装的材料选择、图案形式、铺砌方法都可以与城市的既有传统相结合。与当地的地形、气候、生活习俗紧密地结合起来，在无形中将当地的文化、人文环境融入景观设计当中，使得城市的文化得到更好的宣扬。

#### 3. 协调尚美的原则

铺装应该充分考虑周围建筑的特点与风格，在铺装形式、色彩、质感、尺度设计上与建筑物相协调，保证城市整体景观的统一，体现城市空间的整体性。在各种不同性质的铺装中，要选择一种主要使用者的视觉特性作为依据。如广场、步行街、商业街里行人多，应以步行者视觉要求为主，在有大量自行车的路段，铺装设计要注意骑车者的视觉特点，交通干道、快速路主要通行机动车，铺装设计要充分考虑到行车速度的影响。只有这样才能形成具有当代风格的道路铺装景色，才能抓住人们的注意力。

#### 4. 生态平衡的原则

铺装设计应该把握人与环境之间的有机协调关系，对周围环境给予足够的尊重，这就是生态性原则。园路的铺装设计也是其中一个重要方面。它涉及很多内容，一方面是是否采用环保的铺装材料，包括材料来源是否破坏环境、材料本身是否有害，另一方面是否采取环保的铺装形式。在现有的条件下，为了更好地保护生态环境，设计者应该以一种更为负责的态度去设计形态，用更简洁、长久的方法使产品可能地延长其使用寿命，尽量减少硬质铺装材料的使用，增加有镂空形式的铺装，并积极地运用各种生态材料，在材料的选用方面，可考虑易回收、低污染、对人体无害的材料，更提倡对再生材料的使用。

## 3.4 水体

### 3.4.1 水体的类型

一个城市会因山而有势，因水而显灵。为表现自然，水体设计是景观设计中最主要因素之一。不论哪一种类型的景观，水是最富有生气的因素，无水不活。喜水是人类的天性。水体设计是景观设计的重点和难点。水的形态多样，千变万化。水体的形式相当丰富，可做如下划分：

#### 1. 按水体的形式分类

（1）自然式的水体

自然式的水体，是保持天然的或模仿天然形状的江、河、湖、溪、涧、泉、瀑等。自然式的水体指岸形曲折，富于自然变化，它的形态更加不拘一格，灵活多变（图3.18）。

（2）规则式的水体

规则式的水体，人工开凿成的几何形状的水面，如规则式水池、运河、水渠、方潭、水井，以及几何体的喷泉、叠水、花坛、花架、铺地、园灯等小品组合成景。规则式讲究对称严整，岸线轮廓均为几何形，水景类型以整形水池、壁泉、整形瀑布及运河为主，规则式水体富于秩序感易于成为视觉中心。但处理不当显得呆板，所以规则式水体常设喷泉、壁泉等，使水体更加生动（图3.19）。

图3.18 自然式水体　　　　　　　　　　　　图3.19 规则式水体

（3）混合式的水体

混合式的水体，顾名思义就是前两者的结合，选用规则式的岸形，局部用自然式水体打破人工的线条。

### 2. 按水流状态分类

（1）平静的水体

平静的水体，包含了大型水面、中小型水面和景观泳池三大类。大型水面可分为天然湖泊、人工湖；中小型水体可分为公园主体水景和小水面；景观泳池又可分为人造沙滩式和规则泳池式两类（图 3.20）。

图 3.20　平静水体

图 3.21　流动水体

（2）流动的水体

流动的水体分为大型河川、中小型河渠及溪流（图 3.21）。

（3）跌落的水体

跌落的水体分为水帘瀑布、跌水和滚槛（指水流越过下面阻碍的横石翻滚而下的水景）（图 3.22）。

（a）

（b）

图 3.22　跌落的水体

（4）喷涌的水体

喷涌的水体可分为单喷（指由下而上弹孔喷射的喷泉）、组合喷水（指由多个单喷组成一定的图形）以及复合喷水（指采用多层次、多方位和多种水态组成的综合体复合喷泉）（图3.23、图3.24、图3.25）。

图 3.23　单喷　　　　　　　图 3.24　组合喷水　　　　　　　图 3.25　复合喷水

### 3. 按水体的使用功能分类

观赏的水体可以较小，主要为构景之用，水面有波光倒影，又能成为风景透视线，水体可设岛、堤、桥、点石、雕塑、喷泉、种植水生植物等，岸边可做不同处理，构成不同的景色。

开展水上活动的水体，一般需要较大的水面，适当的水深，清洁的水质，水底及岸边最好有一层砂土，岸坡要平缓。

## 3.4.2　水体的特性

水体之所以成为设计者以及观赏者都喜爱的景观要素，除了水是大自然中本身普遍存在的之外，还与水本身的特征分不开。

### 1. 水具有独特的质感

水本身是无色透明液体，具有其他要素无法比拟的质感。主要表现在水的"柔"性，与其他要素相比，山是"实"，水是"虚"，山是"刚"，水是"柔"，水与其他要素相比具备独特的"柔"性，即所谓的"柔情似水"。水独特的质感还表现在水的洁净，水清澈见底而无丝毫的躲藏，水的质感表现在水的柔性和水的清澈。

### 2. 水具有丰富的形式

水是无色透明的液体，水本身无形。但其形式却多变，随外界而变。在大自然中，有江、河、湖、海、潭、溪流、山涧、瀑布、泉水、池塘等。水的形态取决于盛水容器的形状，因此，盛水容器的不同，决定了水的形式的不同。 水体大者如浩瀚之海，小者如盆、如珠；大者波澜壮阔，小者如珍珠，晶莹剔透。不同的水面给人以不同的想象和感受。

### 3. 水具有多变的状态

水因重力和受外界的影响，呈现出四种不同的动静状态：

①平静的水体，安详、朴实。

②水因重力影响呈现流动，奔涌向前，毫无畏惧。

③水因压力向上喷涌，水花四溅。

④水因重力而下跌，形成诸如湖泊、溪涧、喷泉、瀑布等不同的水的状态。

水因气候的变化也呈见多变的状态。液态是水的常态，另外还有固态和气态。不同的状态形成不同的境界。水多变的状态与动静两宜都给景观空间增加了丰富多彩的内容。

#### 4. 水具有自然的音响

运动着的水，无论是流动、跌落、喷涌还是撞击，都会发出各自的音响。水还可与其他要素结合发出自然的音响，如惊涛拍岸、雨打芭蕉等，都是自然赋予人类最美的音响。利用水的音响，通过人工配置能形成景点，如无锡寄啸山庄的"八音涧"。

#### 5. 水具有虚涵的意境

水具有透明而虚涵的特性。表面清澈，呈现倒影，能带给人亦真亦幻的迷人境界，体现出"天光云影共徘徊"的意境。

总之，水具有其他要素无可比拟的审美特性。在景观设计中，通过对景物的恰当安排，充分体现水体的特征，充分发挥景观的魅力，予景观以更深的感染力。

### 3.4.3 水体的作用

#### 1. 基底作用

大面积的水面视线开阔、坦荡，有托浮岸畔和水中景观的基底作用。当进行大面积的水体景观营造时，要在大水面的视线开阔之处，利用水面的基底作用，在水面其上的陆地上充分营造其他非水体景观，并使之倒映在水中。而且要将水中的倒影与景物本身作为一个整体进行设计，综合造景，充分利用水面的基底作用。

#### 2. 焦点作用

喷涌的喷泉、跌落的瀑布等动态水体的形态和声响能引起人们的注意，吸引住人们的视线。部分水体所创造的景观能形成一定的视线焦点。将水景安排在向心空间的焦点上、轴线的焦点上、空间的醒目处或视线容易集中的地方，水景就有了突出并成为焦点的功效。如动态水景：喷泉、瀑布、跌水、水帘、水墙、壁泉等，其水的流动形态和声响均能吸引游人的注意力。充分发挥此类水景的焦点作用，形成景观中的局部小景或主景。

#### 3. 系带作用

水面具有将不同的景观空间、景点连接起来产生整体感的作用；将水作为一种关联因素又具有使散落的景点统一起来的作用，前者称为线型系带作用，后者称为面型系带作用。在景观中利用线型的水体，将不同的景观空间、景点连接起来，形成一定的风景序列，或者利用线型水体将散落的景点统一起来，充分发挥水体的系带作用来创建完整的水体景观。此类水体多见于溪、涧、河流等。

当众零散的景点均以水面为构图要素时，水面就会起到统一的作用。另外，有的设计并没有大的水面而只是在不同的空间中重复安排水这一主题，以加强各空间之间的联系。

水还具有将不同平面形状和大小的水面统一在一个整体之中的能力。无论是动态的水还是静态的水，当其经过不同形状和大小的、位置错落的容器时，由于它们都含有水这一共同而又唯一的因素而产生了整体的统一。如南京瞻园，不同的水域空间中形成不同的景观，最终形成一个整体。

#### 4. 用水面限定空间和控制实现

用水面限定空间、划分空间有一种自然形成的感觉，使得人们的行为和视线不知不觉地在一种较为亲切的气氛下得到了控制，这无疑比过多地、单单地使用墙体、绿篱等手段生硬地分隔空间、阻挡穿行要略胜一筹。由于水面只是平面上的限定，故能保证视觉上的连续性和渗透性。

另外，也常利用水面的行为限制和视觉渗透来控制视距，获得相对完美的构图；或利用水面产生的强迫视距达到突出或渲染景物的艺术效果。

### 3.4.4　水景设计

我们从以下几个方面探讨水体的设计手法：

#### 1. 溪涧及河流（动态的水）

溪涧及河流都属于流动水体。由山间至山麓，集山水而下，汇集成了溪流、山涧和河流，一般溪浅而阔，涧深而狭。景观中的溪涧，应左右弯曲，萦回于岩石山林间，环绕亭榭，穿岩入洞，有分有合，有收有放，构成大小不同的水面与宽窄各异的水流。对溪涧的源头，一般做隐蔽处理，使游者不知源在何处，流向何方，成为循流追流中展开景区的线索。凡急水奔流的水体都为岩岸，以免水土流失。静水或缓流的岸可以是草岸或卵石浅滩（图 3.26）。

**图 3.26　卵石浅滩**

#### 2. 池塘（静态的水）

池塘属于平静水体，有规则式和自然式。池塘的位置可结合建筑、道路、广场、平台、花坛、雕塑、假山石、起伏的地形及平地等布置。自然式水池在景观中常依地形而建，是扩展空间的良好办法。

目的：扩展空间，攫取倒影造成"虚幻之境"。

运用水面的光影效果，水面的倒影做借景，能丰富景物的层次，扩大视觉空间，能增强空间的韵味，从而产生一种朦胧虚幻的美感。

注意：在种植上不能让水生植物占据整个水面，以免妨碍倒影的产生；选用水生植物，种类宜简不宜杂。

### 3. 瀑布（动态的水）

瀑布是水的落差造成的，是自然界的壮观景色。瀑布的形式有直落式、跌落式、散落式、水帘式、薄膜式以及喷射式等。按瀑布的大小有宽瀑、细瀑、高瀑、短瀑以及各种混合型的涧瀑等。人造瀑布虽无自然瀑布的气势，但只要形神具备，就有自然之趣。

### 4. 潭（静态的水）

潭即深水池。作为风景名胜的潭，必须具有奇丽的景观和诗一般的情调。因潭景著名的风景区不下数十个。潭给人的情趣不同于溪、涧、河流、池塘，是人工水景中不可缺少的题材。同为潭各有成因，各具景观，无一雷同。

### 5. 泉（动态的水）

泉来自地下或山麓，有温泉与冷泉之分。我国泉源相当丰富，仅温泉就有 1000 多处，大都辟作休疗养胜地，许多冷泉的泉水富含对人体有益的矿物质和微量元素，已经开发成饮用水，或做高档饮料，而大部分冷泉水都用来煮茶。

大型喷泉在景观中常做主景，布置在主副轴的交点上，在城市中也可布置在交通绿岛的中心和公共建筑前庭的中心。小型喷泉常用在自然式小水体的构图重心上，给平静的水面增加动感，活跃环境气氛。

作为游览胜地的泉水，即泉源丰富，其味甘洌，清洌见底，也可供品茗者。泉作为景观欣赏，可分为：山泉、涌泉、喷泉及间歇泉等形式。

现代景观中应用较多的是喷泉、壁泉、地泉和涌泉。喷泉的喷水方式有喷水式、溢水式、溅水式三种类型。

设计主要原则：

①多风处，使用短而粗的水柱。

②弱风处，可造成高远和戏剧性的喷水效果。

③大型喷泉在景观中常用作主题，不止在正负轴线的交点上，城市中可布置在交通绿岛中心和公共建筑前庭中心；小型喷泉在自然式小水体构图重心上。

## 3.4.5　水岸处理

景观中水岸的处理直接影响到水景的面貌。

### 1. 水岸的形式

草岸：适用于水位比较稳定的水体，如池塘和沟渠等。

假山石驳岸：将山石犬牙交错、参差不齐地布置在岸边，形成一种自然入画的景观效果。

石砌斜坡：石砌护坡坚固且具有亲水性。适用于水位涨落不定或暴涨暴落的水体。

垂直驳岸：以石料、砖、混凝土等砌筑的整形驳岸，垂直上下。

阶梯状台地驳岸：将高岸修筑成阶梯式台地，既可使高差降低，又能适用水位涨落。

混凝土斜坡：大多用于水位不稳定的水体，也可作为游泳区的底层。

挑檐式驳岸：能产生陆地在水面上的漂移感。

### 2. 水岸设计的基本要素

最小的干扰，在驳岸的稳固前提下，水际的处理越简单越好。

保持水流平稳，避免阻碍水流和波浪运动。

使驳岸成斜坡状，并根据需要加以固定，在水流湍急或破坏性冲击力下可以起缓冲作用。

利用码头为直码头或可自动调节的浮码头等提供船只进入适宜水区的通道。

做最坏条件下的设计，考虑到记录在案的最高水位和最大风速对驳岸的推击力。

预防洪水，保持防洪能力的最低限度为50年一遇。

使用栏杆、防滑路面、浮标、路灯、标牌等方式促进安全。应用耐恶劣气候和耐水性强的材料。

防止污染源进入水体，污染源应被截流和处理或提前过滤。

**3. 景物的安排**

水面四周可设亭、廊、榭等景观建筑以点缀风景。景观建筑的体形宜轻巧，色彩应淡雅，风格要一致，景观建筑之间要互相呼应。

沿水道路不宜完全与水面平行，应时近时远，若即若离，道路铺装应尽量淡化。

沿水边的植物种植应高于水位以上，以免被水淹没。植物的整体风格要与水景的风格相协调。

## 3.5  景观植物

### 3.5.1  植物的分类

植物是景观营造的主要素材，景观绿化能否达到实用、经济、美观的效果，在很大程度上取决于景观植物的选择和配置。

景观植物种类繁多，形态各异。自然界的植物按各自的形态、习性分类为：

**1. 乔木**

乔木是指树身高大的木本植物，由根部生成独立的主干，树干和树冠有明显区分，分枝点在2m以上，树高3m以上的植物，通常高度在5m以上。

乔木是植物景观营造的骨干材料，形体高大，枝叶繁茂，绿量大，生长年限长，景观效果突出，在植物造景中占有举足轻重的地位。如木棉、松树、玉兰、白桦等（图3.27）。

(a)                                    (b)

**图3.27  乔本**

乔木按冬季或夏季落叶与否又分为落叶乔木和常绿乔木。

以观赏特性为依据可把乔木分为常绿类、落叶类、观花类、观果类、观叶类、观枝干类、观树形类等。

可依其高度而分为伟乔（31m 以上）、大乔（21～30m）、中乔（11～20m）、小乔（6～10m）四级。

### 2. 灌木

灌木是指那些植体矮小，没有明显的主干、呈丛生状态的树木，一般可分为观花、观果、观枝干等几类，是矮小丛生的木本植物。常见灌木有玫瑰、杜鹃、牡丹、女贞、紫叶小檗、黄杨、铺地柏、连翘、迎春、月季等（图 3.28、图 3.29）。

图 3.28 自然生长的灌木　　　　图 3.29 修剪整形的灌木

### 3. 藤本植物

藤本植物也称为攀援植物，其自身不能直立生长，需要依附它物或匍匐地面生长的木本或草本植物，根据其习性可分为缠绕类、卷攀类、吸附类、蔓生类。

（1）缠绕类

通过缠绕在其他支持物上生长，如牵牛、使君子、西番莲（图 3.30）。

图 3.30 缠绕类植物　　　　图 3.31 卷攀类植物

（2）卷攀类

依靠卷须攀援到其他物体上，如葡萄、炮仗花和苦瓜、丝瓜等瓜类植物（图 3.31）。

（3）吸附类

依靠气生根或吸盘的吸附作用而攀援的种类，如常春藤、凌霄、合果芋、龟背竹、爬墙虎、绿萝等（图 3.32）。

图 3.32　爬墙虎

图 3.33　紫藤

（4）蔓生类

这类藤本植物没有特殊的攀援器官，攀援能力较弱，主要是因为其枝蔓木质化较弱，不够硬挺、下垂，如野蔷薇、天门冬、三角梅、软枝黄蝉、紫藤等（图 3.33）。

### 4. 竹类

竹类属于禾本科的常绿乔木或灌木，干木质浑圆，中空而有节，皮多为翠绿色，也有呈方形、实心及其他颜色和形状的竹，如紫竹、金竹、方竹、罗汉竹等。

### 5. 花卉

花卉是指姿态优美、花色艳丽、花香郁馥，具有观赏价值的草本和木本植物，以草本植物为主，是景观中重要的造景材料，包括一、二年生花卉和多年生花卉，有常绿的，也有冬枯的。花卉种类繁多，色彩、株型、花期变化很大。常见的花卉有金盏菊、花叶羽衣甘蓝、波斯菊、百合、长春花、雏菊、翠菊、长生菊、凤仙花、鸡冠花、桔梗、美人蕉、郁金香、兰花、太阳花、一串红、水仙、睡莲、芍药、玉簪、萱草等。

### 6. 草坪和地被

地被植物指用于覆盖地面的矮小植物，既有草本植物，也包括一些低矮的灌木和藤本植物，高度一般不超过 0.5m。如高羊茅、狗牙根、天鹅绒草、结缕草、马尼拉草、冬麦草、四季青草、三叶草等。

草坪是地被的一种。草坪是指草本植物经人工建植后形成的具有美化和观赏效果，或能供人休闲、游乐和适度体育运动的坪状草地，草坪是可以形成各种人工草地的生长低矮、叶片稠密、叶色美观、耐践踏的多年生草本植物。按照草坪的用途，可分为以下几种类型：

（1）游憩性草坪

一般建植于医院、疗养院、机关、学校、住宅区、家庭庭院、公园及其他大型绿地之中，供人们工作，面积可大可小，允许人们入内活动，管理比较粗放（图 3.34）。

图 3.34 游憩性草坪

图 3.35 观赏性草坪

（2）观赏性草坪

绿地中专供观赏用的草坪，不能入内游乐。也可称装饰性草坪，如铺设在广场、道路两边或分车带、雕像、喷泉或建筑物前以及花坛周围，独立构成景观或对其他景物起装饰陪衬作用的草坪（图 3.35）。

（3）运动场草坪

运动场草坪是指专供开展体育运动的草坪，如高尔夫球场草坪、足球场草坪、网球场草坪、赛马场草坪、垒球场草坪、滚木球场草坪、橄榄球场草坪、射击场草坪等。此类草坪应采用韧性强、耐践踏，并能耐频繁修剪的草种，管理要求精细，形成均匀整齐的平面。

（4）护坡草坪

这类草坪主要是为了固土护坡，不让黄土裸露，从而达到保护生态环境的目的，兼有美化作用。这类草坪的主要目的是发挥其保护和改善生态环境的功能，要求选择的草种适应性强、根系发达、草层紧密、抗旱、抗寒、抗病虫害能力强，一般面积较大，管理粗放。

（5）其他草坪

它是指一些特殊场所应用的草，如停车场草坪、人行道草坪。建植时多用空心砖铺设停车场或路面，在空心砖内填土建植草坪，这类草坪要求草种适应能力强、耐践踏和干旱。

**7. 水生植物**

水生植物是指生长在水中、沼泽或岸边潮湿地带的植物。在景观营造和水体绿化中，根据其生态习性、适生环境和生长方式，可以将水生植物分为挺水植物、浮叶植物、沉水植物以及岸边耐湿植物四类。

（1）挺水型水生植物

挺水型水生植物指茎叶挺出水面的水生植物。挺水型水生植物植株高大，花色艳丽，绝大多数有茎、叶之分，直立挺拔，下部或基部沉于水中，根或地茎扎入泥中生长发育，上部植株挺出水面。挺水型植物种类繁多，常见的有荷花、菖蒲、黄花鸢尾、千屈菜、香蒲、慈姑、风车草、荸荠、水芹、水葱等。

（2）浮叶型水生植物

浮叶型水生植物是指叶浮于水面的水生植物，浮叶型水生植的根状茎发达，花大，色艳，无明显的地上茎或茎细弱不能直立，而它们的体内通常贮藏有大量的气体，使叶片或植株能漂浮于水面上。常见的有王莲、萍蓬草、荇菜、睡莲、凤眼莲、红菱等。

（3）沉水型水生植物

沉水型水生植物是指整个植株全部没入水中，或仅有少许叶尖或花朵露出水面的水生植物，通气组织特别发达，利于在水中空气极度缺乏的环境中进行气体交换。对水质有一定的要求，因为水质会影响其对弱光的利用。花小，花期短，以观叶为主。它们能够在白天制造氧气，有利于平衡水中的化学成分和促进鱼类的生长。常见的有金鱼藻、红蝴蝶、香蕉草等、

（4）岸边耐湿植物

岸边耐湿植物主要指生长于岸边潮湿环境中的植物，有的甚至根系长期浸泡在水中也能生长，如落羽松、水松、红树、水杉、池杉、垂柳、旱柳、黄菖蒲、萱草、落新妇等。

### 3.5.2　植物的功能

植物在景观设计中主要发挥以下三种功能：

#### 1. 建造功能

建造功能指的是植物能在景观中充当像建筑物的地面、天花板、墙面等限制和组织空间的因素。植物的建造功能包括限制空间、障景作用、控制室外空间的隐私性，以及形成空间序列和视线序列。

空间感是指由地平面、垂直面以及顶平面单独或共同组合成的具有实在的或暗示性的范围围合。植物可以用于空间中的任何一个平面。

在地平面上以不同高度和不同种类的地被或矮灌木来暗示空间的边界。在此情形中，植物虽不是以垂直面上的实体来限制空间，但它确实在较低的水平面上筑起了一道范围。一块草坪和一片地被植物之间的交界处，虽不具有实体的视线屏障，但却暗示着空间范围的不同。

在垂直面上，植物通过几种方式影响着空间感。

通过树干来暗示空间（虚空间），树干如同直立于外部空间中的支柱，它们多是以暗示的方式，而不仅仅是以实体来限制着空间，其空间封闭程度随树干的大小、疏密以及种植形式而不同。树干越多，空间围合感越强。

植物的叶丛影响着空间的围合，叶丛的疏密度和分枝的高度影响着空间的闭合感。阔叶或针叶越浓密，体积越大，围合感越强。落叶植物的封闭程度，随季节变化而不同。夏季，浓密树叶的叶丛能形成一个闭合的空间，从而给人以内向的隔离感；在冬季，同样的空间，会比夏季显得更空旷，空间显得更大。

通过植物限制可以改变一个空间的顶平面。植物的枝叶犹如室外空间的天花板，限制了伸向天空的视线，并影响垂直面上的尺度。当然，此间也存在着许多可变因素，如季节、枝叶密度以及树木本身的种植形式。

空间的三个构成面（地平面、垂直面、顶平面）在室外环境中以各种变化方式互相组合，形成各种不同的空间形式。但不论在何种情况下，空间的封闭度是随围合植物的高矮大小、株距密度以及观赏者与周围植物的相对位置而变化的。例如，当围合植物高大、枝叶密集、株距紧凑并与观赏者距离近时，会显得空间非常封闭。

除此（运用植物材料造出各种具有特色的空间）之外，它们也能用植物构成相互联系的空间序列。在发挥这些作用的同时，植物一方面改变空间顶平面的遮盖，另一方面有选择性地引导和阻止空间序列的视线。

植物引导视线，设计师能利用植物来调节空间范围内的所有方面，从而能创造出丰富多彩的空间序列。

景观植物障景，植物材料如直立的屏障，能控制人们的视线，将所需的美景收于眼底，

而将俗物障之于视线以外。障景的效果依景观的要求而定，若使用不通透植物，能完全屏障视线通过，而使用不同程度的通透植物，则能达到漏景的效果。

与障景功能大致相似的作用是控制私密的功能。利用植物形成垂直空间和半私密性空间。私密性控制就是利用阻挡人们视线高度的植物对明确的所限区域的围合。私密控制的目的就是将空间与其环境隔离开。

私密控制与障景二者间的区别在于，前者围合并分割一个独立的空间，从而封闭了所有出入空间的视线。而障景则是慎重种植植物屏障，有选择地屏障视线。私密空间杜绝任何在封闭空间内的自由穿行，而障景允许在植物屏障内自由穿行。在进行私密场所或居民住宅的设计时，往往要考虑到私密控制。

由于植物具有屏蔽视线的作用，因而私密控制的程度，将直接受植物的影响。如果植物的高度高于 2m，则空间的私密感最强。齐胸高的植物能提供部分私密性（当人坐于地上时，则具有完全的私密感）。而齐腰的植物是不能提供私密性的，即使有，也是微乎其微的。

设计师仅借助于植物材料就能建造出许多类型不同的空间。简而言之，景观设计师借助于植物材料作为空间限制的因素，能够建造出许多类型不同的空间。在运用植物构成室外空间时，设计师应首先明确设计目的和空间性质（开旷、封闭、隐密、雄伟等），然后才能相应地选取和组织设计所要求的植物。

**2. 观赏功能**

观赏功能指的是依照景观植物的大小、形态、色彩和质地等特征来充当景观中的视线焦点。也就是说，景观植物因其外表特征而发挥其观赏功能。

观赏功能包括作为景点、限制观赏线、完善其他设计要素并在景观中作为观赏点和景物的背景。

在一个设计方案中，植物材料不仅从建筑学的角度上被运用于限制空间、建立空间序列、屏障视线以及提供空间的私密性，而且还有许多美学功能。

植物的美学功能主要涉及其观赏特性，包括植物的大小、色彩、形态、质地以及总体布局和与周围环境的关系等，都能影响设计的美学特征。

（1）植物的大小

植物的大小是植物最重要的观赏特性之一，因此，在为设计选择植物素材时，应首先对其大小进行推敲。

植物的大小直接影响着空间的范围、结构关系以及设计的构思与布局。植物的大小是所有植物材料的特性中最重要、最引人注意的特征之一。若从远距离观赏，这一特性就更为突出。植物的大小是种植设计布局的骨架，而植物的其他特性则为其提供细节和小情趣。一个布局中的植物大小和高度，能使整个布局显示出统一性和多样性。如果在一个小型花园布局中，所有植物都同样大小，那么布局虽然出现统一性，但同时也产生单调感。另一方面，若将植物的高度做出些变化，能使整个布局丰富多彩，从远处看去，植物高低错落有致。因此，植物的大小应该成为种植设计创作中首先考虑的观赏特性，其他特性，都是依照已定的植物大小来加以选用。

（2）植物的形状

每一种形状的景观植物都具有自己特有的性质，以及独特的设计应用。主要有以下几种形态：

　　①圆柱形。该类植物通过引导视线向上的方式，突出了空间的垂直面。当与较低矮的圆球形植物种植在一起时，对比十分强烈。在设计时应谨慎使用该种植物，如果用得数量过多，会造出过多的视线焦点，使构图"跳跃"破碎。

　　②圆球形。该类植物是植物类型中为数最多的种类之一，因而在设计布局中，该类植物最多。在引导视线方面既无方向性，也无倾向性。在整个构图中，随便使用圆球形植物都不会破坏设计的统一性。圆球形植物外形圆柔温和，可以调和其他外形较强烈形体，也可以和其他曲线形的因素相互配合、呼应，如波浪起伏的地形。

　　③瓶插形。该类植物可以构建枝下私密性空间。

　　④风致形（垂枝形）。该类植物能充分表现出植物优美的姿态。垂枝形植物具有明显的悬垂或下弯的枝条。在设计中，它们能起到将视线引向地面的作用，因此，可以在引导视线向上的树形之后，用垂枝植物。垂枝植物还可种于一泓水弯之岸边，以配合波动起伏的涟漪。

　　⑤金字塔形（圆锥形）。该类植物总体轮廓分明和特殊，往往作为视觉景观的重点。特别是与较矮的圆球形植物配植在一起，对比尤为醒目。

　　⑥椭圆形。该类植物能为植物群体和空间提供一种垂直感和高度感。

　　⑦不规则形。该类植物可作为孤植树，放在突出的设计位置上，构成独特的景观效果。一般来说，无论在何种景观中，一次只宜放一棵这种类型的植物，这样方能避免产生杂乱的景象。

　　（3）景观植物的色彩

　　植物的色彩是继植物的大小、形态之后，最引人注目的观赏特性。

　　植物的色彩可以被看作是情感的象征，这是因为色彩直接影响着一个室外空间的气氛和情感。鲜艳的色彩给人以轻快、欢乐的感觉，而深暗的色彩则给人异常郁闷的感觉。由于色彩易于被人看见，因而它也是构图的重要因素，在景观中，植物色彩的变化，有时在相当远的地方就能被注意到。

　　植物配植中的色彩组合，应与其他观赏特性相协调。植物的色彩应在设计中起到突出植物的尺度和形态的作用。如一株植物以大小或形态为设计中的主景时，同时也应具备夺目的色彩。

　　在设计中，最好是在布局中使用一系列能色相变化的绿色植物，使在构图上有丰富层次的视觉效果。此外，绿色也不都相同。深绿色能使空间显得恬静、安详，但若过多使用，则会带来阴森沉闷感。而且深色调植物有移向观赏者的趋势，在一个视线末端，深色似乎会缩短观赏者与被观赏景物之间的距离。同样，一个空间中的深色植物居多，会使人感到空间比实际窄小。浅绿色植物能使一个空间产生明亮、轻快感。浅绿色植物除在视觉上有漂离观赏者的感觉外，同时给人欢欣、愉快和兴奋感。当我们在组合各种色度的绿色植物时，一般说来，深色植物通常安排在底层，使构图稳定，浅色安排在上层使构图轻快。在有些情况下，深色植物可以作为浅色或鲜艳色彩材料的衬托背景。

　　植物的色彩在室外空间设计中能发挥众多的功能。常认为植物的色彩足以影响设计的多样性、统一性，以及空间的情调和感受。植物色彩与其他植物视觉特点一样，可以相互配合运用，以达到设计的目的。

　　（4）树叶的类型

　　树叶类型包括树叶的形状和持续性。并与植物的色彩在某种程度上有关系。在温带地区，基本的树叶类型有针叶常绿、阔叶落叶、阔叶常绿三种，每一种类型各有其特性，在设计上，也各有其相关的功能。

在大陆型气候带中，无论就数量上还是对周围各种环境的适应能力而言，落叶植物最占优势。落叶植物有一些特殊的功能，其中最显著的功能之一便是突出强调了季节的变化。另外，它们的枝干在冬季凋零光秃后，呈现出独特现象。针叶常绿通常显得端庄厚重，布局中用以表现稳重、沉实的视觉特征。在一个植物组合的空间内，常绿针叶树可造成一种郁闷、沉思的气氛，所以应记住，在任何一个场所，都不应过多地种植该种植物，原因是该种植物会使一个设计产生悲哀、阴森的感觉。针叶常绿植物的一个显著特征，就是其树叶无明显变化，色彩相对常绿。与落叶植物相比较，在结构上针叶常绿植物更稳定。因此，它们会使某一布局显示出永久性，构成一个永恒的环境。落叶植物与常绿植物应保持一定比例的平衡关系。将它们有效地组合起来，从而在视觉上相互补充。

景观植物对建筑物有软化作用：无论何种状态、质地的植物，都比那些呆板、生硬的建筑物和无植被的环境更显得柔和，比没有植物的空间更诱人、更富有人情味，景观植物对景观有聚焦强调作用；景观植物对建筑物有统一协调作用，植物的统一作用，就是充当一条普通的导线，将环境中所有不同的成分从视觉上连接在一起。

### 3. 生态环境功能

环境功能指的是景观植物能改善小气候、防治水土流失、涵养水源、防风、减噪、遮阴等功能，另外可以提供生物栖息、繁衍、觅食的生存空间。

植物是生态环境的主体，在改善空气质量、除尘降温、增湿防风、蓄水防洪以及维护生态平衡、改善生态环境中起着主导和不可替代的作用。所以我们要了解植物的生态习性，合理运用植物造景，充分发挥植物的生态效益，来改善我们的生存环境。

（1）调节气温，增加湿度

树木有浓密的树冠，太阳光辐射到树冠时，有 20%～25%的热量反射回天空，35%被树冠吸收，植物可以通过叶片蒸发大量水分来提高空气湿度，从而调节城市气温。夏季树荫下的气温会较无绿地处低 3～5 度，较建筑物下可低 10 度左右。

（2）净化空气

①制造氧气。绿色植物进行光合作用，是大气中二氧化碳的天然消费者和氧气的制造者，起着使空气中二氧化碳和氧气相对平衡稳定的作用。

②滞尘。植物的躯干、枝叶外表粗糙，在小枝、叶子上生长着绒毛，叶缘锯齿和叶脉凹凸，或是一些树木分泌一些黏液，都能对空气中的尘土有很好的黏附作用。

③杀菌。植物对于其生存环境中的细菌等病原微生物具有不同程度的灭杀和抑制作用。绿色植物体内有许多酶的催化剂，具有解毒能力，有机污染渗入植物体后，可被酶改变原有面貌而使毒性减轻。如香樟、黄连木、侧柏、圆柏、松、大叶黄杨、胡桃、合欢、石榴、枣树、枇杷、石楠、麻叶绣球、栾树、臭椿、茉莉、野菊花、兰花、丁香、紫薇等。

（3）通风和防风

植物通过阻挡、引导、转向和渗透等方式来控制风速及其方向。树种的不同，高度的差异，叶密度和叶大小的不同，孤植还是成行成排种植，都影响着风的大小和方向。另外，用植物构成的防风林带可以有效地阻挡冬季寒风或海风的侵袭。

（4）减噪

减弱噪音是通过枝叶的反射，阻止声波穿过。减噪作用的大小，取决于树种的特性。叶片大又有坚硬结构的或叶片像鳞片状重叠的树木防噪效果好；在冬季仍留有枯叶的落叶树种类防噪效果好；有复层结构和枯枝落叶层的林带有好的防噪效果。

（5）保持水土

树木的树冠部分是雨水的收集器，截留了一部分降水使其蒸发回到大气中，还可以防止暴风雨冲击土壤表层，草地覆盖地表阻挡流水冲刷，植物减少了地表径流，它们的根系固紧土壤颗粒，阻止土壤与水分流失；植物还加强了水分的下渗，增加了土壤的保水能力。

### 3.5.3 植物景观设计

植被是景观设计的重要素材之一。景观设计中的素材包括草坪，灌木和各种大、小乔木等。巧妙合理地运用植被不仅可以成功营造出人们熟悉喜欢的各种空间，还可以改善住户的局部气候环境，使住户和朋友邻里在舒适愉悦的环境里完成交谈、驻足聊天、照看小孩等活动。

在进行植物设计中需要遵循符合景观绿地的性质和功能要求、考虑景观艺术的需要、选择适合的植物种类、满足植物生态要求、种植的密度和搭配合理等一般原则。本小节植物景观设计包括乔灌木、花卉、垂直绿化、水生植物、草坪五个方面的种植设计。

**1. 乔灌木的种植设计**

（1）孤植

孤植是利用树冠、树形特别优美的乔木树种，单独种植形成一个空间或图面的主要景物的配置形式。乔木的孤立种植类型，孤植的树木称孤植树或孤立树，同一树种两三株紧密栽植在一起（株距不超过 1.5m）。远看和单株栽植的效果相同的也称孤植树。孤植树的主要功能是构图艺术上的需要，常作为局部空旷地段的主景，也可蔽荫。孤植树主要表现植物的个体美，呈现挺拔繁茂、雄伟壮观的植物景观。

孤植树要求树形优美、姿态奇异或者花、叶颜色独特，有较高的观赏价值。适宜的树种：①体形高大者。如银杏、悬铃木、国槐等，给人以雄伟、浑厚的艺术感染。②轮廓清晰、端庄富于变化，姿态优美，树枝具有丰富的线条。如雪松、南洋杉、合欢、垂柳、白桦、朴树、白皮松、黄山松、鸡爪槭等。③开花繁茂，色彩艳丽的树木。如凤凰木、木棉、梅花、木兰、海棠、樱花、碧桃、山楂、木瓜、紫薇等，开花时给人以华丽、浓艳、绚丽缤纷的感觉。④浓郁芳香、果实累累。如白兰、桂花、梅花给人以暗香浮动、沁人心扉的美感。苹果、山楂、柿树则有果实累累、丰厚收益的喜悦。⑤叶形或叶色奇特者。乌桕、枫香、黄栌、银杏、无患子、红叶李、鸡爪槭等有霜叶照明、秋光明静的艺术感染。

孤植树是景观种植构图中的主景。因而四周要空旷，使树木能够向四周伸展。在孤植树的四周要安排最适宜观赏的视距。在树高的 3～10 倍距离内，不要有别的景物阻挡视线。常布置在以下地点：①开朗大草坪或山谷空地草地的构图重心上。以草地做背景，突出树木的姿态、色彩，并与周围的树群、景物取得均衡、呼应。②开朗水边。如湖畔、河畔、江畔，以明朗的水色为背景，同时还可以使游人在树冠的庇荫下欣赏远景。如南方水边常见到的大榕树，北方桥头、岸边多见的大柳树。③在可以在透视辽阔远景的高地、山冈、山坡、山顶上配置孤植树，一方面可供游人乘凉、眺望；另一方面，很好地丰富山冈、高地的天际线。

如黄山的迎客松。④在桥头、自然园路、河溪转弯处配置孤植树，使景观更具自然趣味。⑤建筑院落或广场中心配置孤植树，使景观更富生命活力。

作为丰富天际线以及种植在水边的孤植树，必须选用体形巨大、轮廓丰富、色彩与蓝天、绿水有对比的树种，如榕树、枫香、漆树、银杏、乌桕、白皮松、国槐等。小型林地、草地的中央，孤植树的体形应是小巧玲珑、色彩艳丽、线条优美的树种，如红叶李、玉兰、碧桃、梅花等。在背景为密林或草地的场合，最好应用花木或彩叶树为孤植树。姿态、线条色彩突出的孤植树，常作为自然式景观的诱导树、焦点树，如桥头、道路转弯等。与假山石相配的孤植树，应是原产我国盘曲苍古的传统树种，姿态、线条与透漏生奇的山石调和一致，如黑松、罗汉松、梅花、紫薇等。为尽快达到孤植树的景观效果，设计时应尽可能利用绿地中已有的成年大树或百年大树。

（2）对植

乔木和灌木以相互呼应的情态种植在构图轴线的两侧称对植。对植在空间构图上只做配景。对植分规则式对植和自然式对植两种。

①规则式对植。经常应用在规则式构图中，园门、进出口的两侧以及街道两旁的行道树是属于对称栽植的延续和发展。其最简单的形式是用两棵大小、形态相同的乔灌木栽植在构图中轴线两侧。树种统一，与对称轴线的垂直距离相等。

②自然式对植。多用在自然式景观进出口两侧以及桥头、石级蹬道、建筑物门口、河流进出口。非对称栽植时，同一树种的体形大小、姿态要有差异。与对称轴线的垂直距离，大单株的距离要近，小单株的距离要远。左右呼应，彼此取得动势均衡。

（3）行植

乔木和灌木按一定的株行距成行成排地种植称行植。行植宜选用树冠形体比较整齐的树种，形成的景观整齐、单纯、气势宏大，行植具有施工、管理方便的优点。

（4）丛植

两株到十几株乔木或灌木成丛地种植在一起称为丛植，丛植而成的集合体称为树丛。树丛是绿地中重点布置的一种种植类型——在景观种植中占总种植面积的 25%～30%。丛植以反映树木群体美的综合形象为主，构成树丛的树木彼此间既有统一的联系又有各自的变化，既存在于统一的构图中又表现出个体美。树丛的配置地点几乎可以是景观中的任何地段。

树丛在功能上除作为组成景观空间构图的骨架外，在景观中还常做主景，起吸引游人视线、诱导方向、对景作用。在古典园林中，树丛常与山石组合，设置在廊亭或房屋之角，起装饰配景和障景的作用。树丛还可与孤植树一样，配置在草地的边缘，道路的两侧，水边、道路的交叉处。

树丛可由单一树种组成单纯树丛，也可由两种以上乔灌木搭配栽植，还可与花卉、山石相结合。庇荫用的树丛可采用树种相同、树冠开展的高大乔木。树丛下安置座椅、山石、雕塑小品，供游人停留玩赏。具体配置形式如下：

①两株配合。两株配合要遵循矛盾统一、对比均衡的法则，使形成对立统一。最好采用同一树种，或外形十分相似的两个树种。在姿态、大小上要有差异，形成对比，明画家龚贤说："有株一丛，必一仰一伏，一倚一直，一向左一向右……"两株树的间距应小于两树冠径之和，过大就形成分离而不能成为一个和谐统一的整体。

②三株配合。最好为同一树种或相似的两个树种，一般不采用三个树种。配置时树木的

大小、姿态应有对比差异。同一树种，大单株和小单株为一组，中单株为另一组。两小组在动势上要有呼应，成为不可分割的一个整体。两种树木相配，最好同为常绿或落叶，或同为乔木或灌木，小单株和大单株为一组，或大单株与中单株为一组，这样使两小组既有变化又有统一。

三株树的配合最忌将三株树栽在同一直线上，或栽成等边三角形。若大单株为一组，中小单株为一组，也显得过于呆板。

③四株配合。四株树的配合仍采用姿态、大小不同的同一树种，或最多为两个树种，最好同为乔木或灌木呈 3:1 分组，大单株和小单株都不能单独成为一组。最基本的平面形式为不等边四边形或不等边三角形。

④五株树丛组合。可以是一个树种或两个树种，分成 3:2 或 4:1 两组，若为两个树种，其中一组为两株或三株，分在两个组内，三株一组的组合原则与三株树丛的组合相同，两株一组的组合原则与两株树丛的组合相同。但是两组之间的距离不能太远，彼此之间也要有呼应和均衡。平面布置可以是不等边三角形、不等边四边形或不等边五边形。

⑤六株以上的配合。六株以上的配合实际上就是二株、三株、四株、五株配合的几个基本形式的相互组合。《芥子园画传》中有"以五株既熟，则千株万株可以类推，交搭巧妙，在此转关"之说。

几个树丛组合在一起，称为树丛组。道路可从丛间通过。用树丛组合成小空场或草地的半闭锁空间，便于休息和娱乐。树丛组也常设在林缘、山谷等地的入口处对植或成为夹景起装饰作用。

（5）群植

由 20～30 株以上的乔灌木混合栽植的群体。树群与树丛的不同点在于植株数量多，种植面积大，所表现的是群体美，对单株要求不严格。树群的规模不可过大，一般长度不大于 60m，长宽比不大于 3:1，树种不宜过多。树群常与树丛共同组成景观的骨架，布置在林缘、草地、水滨、小岛等地成为主景。几个树群组合的树群组，常成为小花园、小植物园的主要构图，在绿地中应用很广，占较大的比重，是景观立体栽植的重要种植类型。

树群可以分为单纯树群和混交树群两类。

单纯树群由同一种树木组成，林下常用阴生多年生花卉做地被植物。

混交树群由大小乔、灌木和多年生花卉组合而成。混交树群在外貌上要有季相变化，有春花、秋实、夏茂、冬绿四季景观变化。树群内部的组合必须符合生态要求。东、南、西三面为阳性树木，北面和乔木的下方是阴生或半阴生树木，林下是阴生多年生花卉。从观赏的角度讲，常绿树在中央做背景，落叶树在外缘，叶、花艳丽的在景观的最外层。整个树群高低参差，林冠线起伏错落，水平轮廓有丰富的曲折变化。

（6）林植

林植是植物大面积成林状布置，具有一定的密度和群落外貌。

（7）绿篱

绿篱是由灌木成行密植而成，当高度超过成人的高度（2 m 以上）代替围墙的作用时，称之为绿墙。绿篱可以起防护作用，绿篱可以分隔、组织空间，为花境、花坛镶边，做雕塑、喷泉、花境的背景。还可遮挡不美的物体，做其他建筑的屏障物。

①类型。

依形式分，有不加人工修剪的自然式和人工修剪整形的规则式。

依观赏特性分，有绿篱、花篱、果篱、刺篱。

依绿篱的高度分，有高篱（1.5 m 以上）、中篱（1 m 左右）、矮篱（1 m 以下）。

②植物材料。

绿篱植物应具有分枝强、枝繁叶茂、花果艳丽、经久不凋等特点。适于做绿篱的植物有很多。如大叶黄杨、女贞、侧柏、千头柏、海桐、小叶女贞、蔷薇、木槿、金钟花、凤尾竹、构骨等。

## 2. 花卉种植设计

（1）花坛

花坛是在一定几何形体的种植床内，种植花卉植物构成艳丽的色彩和美丽的图案。花坛欣赏的不是个体花卉的线条美，而是花卉群体的造型美、色彩美。在景观中花坛常作出入口的装饰，广场的构图中心，建筑的陪衬，道路两旁、转角和树坛边缘的装饰。

①类型。

按植物材料的组成不同。可分为花丛式花坛和模纹式花坛两种。

花丛式花坛（盛花花坛）是利用高低不同的花卉植物，配置成立体的花丛，以花卉本身或者群体的色彩为主题，当花卉盛开的时候，有层次、有节奏地表现出花卉本身群体的色彩效果。花丛式花坛的植物主要选用草花为主，要求开花繁茂、花期一致、花期较长、花色艳丽、花序分布成水平展开，开花时枝叶全为花序所掩盖。一般都采用观赏价值较高的一、二年生花卉。如三色堇、金盏菊、鸡冠花、一串红、半支莲、雏菊、翠菊等。花丛式花坛外形可以丰富，但内部种植应力求简洁。

模纹花坛（镶嵌花坛），应用不同色彩的观叶植物和花叶兼美的花卉植物互相对比所组成的各种华丽复杂的图案、纹样、文字、肖像，是模纹花坛所表现的主题。模纹花坛所选用的花卉植物要求细而密、繁而短、萌发性强、极耐修剪、植株短小的观叶植物。一般常用雀舌黄杨、五色苋、石莲花、景天、四季海棠等。模纹花坛外形简单但内部纹样丰富。此类花坛常布置在绿地的重点装饰地段、大型建筑的正前方或利用倾斜地面组成各种图徽、时钟、日历、标语、口号等。

按规划布置方式不同可分为独立花坛、花坛群、带状花坛三类。

独立花坛是一个独立存在的花坛，它常是一个局部构图的主体或构图中心。它的形状可以是圆形、椭圆形、多边形等，也可以是多面对称的几何图形。其形式可以是花丛式、模纹式、标题式等。独立花坛面积不宜太大，否则远处的花卉就会模糊不清。模纹花坛在许多情况下还可做突出处理，如在花坛的中央做一个瓶饰、雕像或用常绿树装饰中心。

花坛群是由多个花坛组成一个不可分割的构图主体。花坛群的配置一般为对称排列。单面对称是许多花坛对称排列在中轴线的两侧。多面对称是多个花坛对称排列在多个相交轴线的两侧。花坛群的构图中心是独立花坛、水池、喷泉、雕塑等。花坛群与独立花坛相比，游人可以进入观赏，艺术感染力更强。国外的沉床花坛群，布置在凹地，有更强的艺术效果（图3.36）。

图 3.36　花坛群　　　　　　　　　　　　　图 3.37　带状花坛

带状花坛的形状是长带形的，其长度与宽度之比大于 3。带状花坛是一个连续构图，游人的视线是运动的。带状花坛可以做主景，布置在道路的中央。也可以做配景，为观赏草坪镶边，布置在道路的两侧，起装饰美化作用，在建筑物的墙基，掩映建筑与道路所形成的呆板的直角（图 3.37）。

②花坛的布置与设计。

平面布置。花坛的位置要适中，其轴线应与建筑、广场的轴线一致，在道路的交叉口可与主要轴线相重和。花坛的外形、风格均应与地形、建筑相统一而又有对比的变化，使之活泼、自然。一般在建筑物前和广场内是圆形或多边形，沿道路和草地边缘是带状花坛。

高度及边缘装饰。通常花坛种植床应高出地面 7～10 cm，最好有 4%～10%的斜坡以利排水。草花的土层厚度为 20 cm，灌木 40 cm。边缘装饰的高度一般为 10～15 cm，大型的不超过 30 厘米。边缘装饰的纹样有多种多样，材料有砖、水泥浇注、钢筋焊接等。

③花坛设计图的制作。

花坛设计图通常有总平面图和施工图组成，复杂的要有立面图和断面图。

总体平面图：绘出花坛的位置及周围的环境，图面比例尺要求 1:500～1000。图中画出建筑物的边界、道路、广场、草坪及花坛的平面轮廓。地形复杂的要有地形图。

花坛施工图：施工图的比例一般为 1:20～50，一般较大的花丛式花坛常用 1:50，而精细的模纹花坛是 1:20～30。图中画出图案、纹样，标出各种纹样所用的植物名称，并注明数量。没有几何轨迹的，最好将图案绘制到方格纸上，以便施工放样。单轴对称的可绘制半个花坛，多轴对称的可绘制 1/4 个花坛。立面图与施工平面图的要求一样。情况复杂的要做出断面图。

（2）花境

花境是景观中从规则式构图到自然式构图的一种过渡半自然式种植形式。它的平面布置和平面轮廓是规则式的，而内部种植则是自然式的。花境表现的主题是观赏植物本身特有的自然美，以及花卉自然组合的群体美。它的构图形式既不是色彩，也不是纹样，而是植物群落的自然景观。花境与花坛的区别在于地上部花卉材料的选择和栽种形式。花坛是以一、二年生花卉为主，做规则式种植，花境是以多年生花卉为主，做自然式种植。花境在外形上有别于自然曲线的花丛和带状花坛。

①类型。

花境依设计方式的不同可分为单面观赏花境和双面观赏花境。

单面观赏花境。游人仅从一侧观赏的花境。一般布置在建筑物和绿篱的前面以及道路的边缘。以建筑物及绿篱为背景，其高度可以稍微超过游人的视线，但不能高于背景物。一般宽度为 2～3 m。

双面观赏花境。花境的两侧都可供游人观赏。一般设置在道路、广场、草地的中央，没有背景。以植物形成中间高两侧低。中间高的部分不超过游人的视线（花灌木花境除外），花境一般布置成长方形或狭长的带形。

②花境的布置和设计。

花境的平面布置：花境是连续风景构图，因此，总是沿着游览线或道路来布置。其布置的场合很多。

建筑物的墙基，也可称之为基础栽植。以墙面为背景的单面观赏花境其色彩、植株的高度均应与建筑取得协调。当建筑的高度不超过 4～6 层的时候，在建筑物与道路之间的空地上，用花境作为基础栽植，可以缓和建筑与地面所形成的夹角的强烈对比。当超过 6 层以上时，花境起不到应有的作用。同时花境与建筑的高度对比悬殊，在装饰上也不相称。

以植篱、树墙为背景，花境可以装饰植篱和树墙单调的立面基部，二者交相辉映。

在交通道路布置中，花境的装饰性是从属于道路的。在公园花路的布置上，以花境的观赏性为主。

花架、绿廊、游廊本身就是一个良好的游览线，与花境配合可以大大提高景观的风景效果。

花境的平面设计与花坛的设计相同。花境的种植施工图一般不需要立面图，只需要平面图，比例为 1:40～50，在平面图上把花卉所占的位置用线条包围起来，标出名称、数量，或直接写上学名。

③花境植物的选择。

花境植物应该是花期长、花叶兼美、管理简易、适应性强、能够露地越冬的多年生花卉。因此，所有的宿根花卉、球根花卉、花灌木都可以作为花境的种植材料。花境所表现的是植物群落的水平和垂直综合的自然景观。因此，花卉植物的生物学特性和花境的艺术构图对植物都有要求。

花期配和：要求四季美观，能不必经常更换而陆续开花，随不同季节交替变化。

体形配合：使不同大小、高矮、形态互相参差，形成一定的变化，杂而不乱。花境的花卉植物通常是 5～6 种或 10 多种自然混合而成。

色彩配合：植物间的色彩配合要有主次。植物与背景的色彩配合应要对比协调。

（3）花台

将花卉种植在高出地面的台座上。类似花坛，但面积较小。花台是古典园林中特有的花坛形式。

花台在古典园林中，常布置在庭院的中央、两侧、角落，或与建筑物相连而设于墙基、窗下。现代景观，花台布置得非常灵活，在道路的边缘、广场的中间、立交桥的桥头、商店的门口等。在建筑物的正前方还可以布置不同高低的组合花台。

花台的形式因环境、风格而异。有盆景式，即以松、竹、梅、杜鹃、牡丹等传统花卉为主，配饰以山石小草，着重于花卉的姿态、风韵，不追求色彩的华丽。花坛式以栽植草花做整形式布置，多选择株形较矮，繁密匍匐或枝叶下垂于台壁的花卉，如芍药、萱草、玉簪、鸢尾、兰花、天门冬、玉带草、牡丹、杜鹃、迎春等。因花台面积较小，一般只种 1~4 种花。

（4）花丛、花群、花地

几株至十几株花卉成丛栽植在一起称为花丛。花丛可以布置在大树脚下、岩石旁、小溪边、自然式的草坪中、悬崖上等。花丛所表现的不仅在于它的色彩美，而且还有它的姿态美。适合做花丛的花卉很多，如小菊、芍药、鸢尾、石竹、百合、萱草等。

花群是由几十株乃至几百株花卉种植在一起，形成一群。花群可以布置在林缘、自然式的草地内、草地边缘、水边或山坡上。

花地所占的面积更大，远远超过花群，所形成的景色十分壮观。在景观中常布置在坡地上、林缘、林中空地以及疏林草地内。

**3. 垂直绿化的种植设计**

垂直绿化又称攀缘绿化，是利用藤本攀缘植物向建筑物垂直面或棚架攀附生长的一种绿化方式。垂直绿化具有充分利用空间、机动灵活、简单易行的特点，不论是高大的建筑，还是低矮的栏杆、棚架、篱笆以及房屋的墙壁、门窗、阳台等都可以进行垂直绿化。可以沿建筑栽植，也可以用花盆、花池、木箱进行种植。

（1）垂直绿化的形式

①立面式（方栅式）：成行种植攀缘植物，形成直立的绿化立面，如常见的墙壁、方栅栏、竹篱、阳台等。

②棚架式：利用攀缘植物造成水平和垂直的绿面，如房前屋后的豆棚瓜架，这种形式形成的绿荫效果好，便于人们活动、休息。

③绿廊式：沿屋檐、道路搭棚架、立支柱栽植攀缘植物，使绿化棚架构成绿廊，廊下供人们活动。

垂直绿化还可结合各类小品建筑进行组合，如灯柱、台座、树干、山石门廊等，使这些无生命的建筑小品富有活力。

（2）植物材料

用于垂直绿化的植物材料，应具备攀附能力强、适应性强、管理粗放、花叶繁茂等特点。常用的攀缘植物有下列几类：

①缠绕类：茎干本身螺旋状缠绕上升，如金银花、五味子、紫藤、牵牛花、蛇葡萄、三叶木通、猕猴桃等。

②攀附类：借助于感应器官变态的叶、叶柄、卷须、枝条等攀缘生长，如爬山虎、常春藤、凌霄、葡萄等。

③钩刺类：变态的钩刺附属其他物体帮助上升，如木香、蔷薇等。

**4. 水生植物种植设计**

水生植物的设计应考虑以下几方面：

（1）创造水生植物生长环境

一般来说水生植物对环境条件要求不很苛刻。但是水生植物（尤其是荷花）需要在静水条件下生长，在流动的水中和水位变化大的情况下生长不良。

（2）与周围环境相协调

根据不同的立地条件、不同的环境，选用适宜的水生植物，结合游鱼、水鸟、涉禽等动态景观，呈现各具特色有多彩的水体景观。

一般水面景观低于人的视线，与岸边景观相呼应，可以观赏所形成的倒影。对水生植物的配置应考虑水面的镜面作用。水生植物不能过于拥挤，一般占水面的 1/3～2/5 为宜，以免影响水面的倒影效果及水体本身的美学效果。

（3）控制水生植物蔓延程度

一般水生植物要留有充足的水面，不妨碍水上的活动。为了控制水生植物的生长，常需在水下安置一些设施。

### 5. 草坪种植设计

草坪指人工栽培、养护的多年生草本植物所形成的致密似毡的植物群体。

（1）草坪的分类

①依草坪的用途分类。

观赏草坪：以观赏为主要目的，封闭管理，不许游人进入。要求茎叶细、观赏价值高，观赏期长。

游憩草坪：供游人游憩、散步、小型体育锻炼的场所。面积较大，分布于大片平坦或山丘起伏地段、树丛、树群之间。要求草坪耐践踏、茎叶不易污染。

体育运动草坪：供足球、网球、高尔夫球等运动的场地。要求耐践踏、表面平整、草高在 4～6 cm，并有均匀的弹性。

疏林草坪：在森林公园、风景区等地稀疏乔木林下布置的草坪。

防护性草坪：在坡地、岸边、公路旁为防止水土流失而铺设的草坪。

飞机场草坪：用于机场的水土保持及明确标志。

牧草地：多设在大型风景区、森林公园，为食草动物的基地。

②依草坪植物组合分类。

单纯草坪：以一种草种组成的草坪，要求叶丛低矮、稠密、叶色整齐美观。但养护管理要求精细，花费人工较多。

混合草坪：两种以上草种混合而成，可优势互补，能延长草坪的绿色期，提高草坪的使用效率和功能。

缀花草坪：混种有花丛的草坪，花丛一般不超过草坪总面积的 1/3。缀花草坪主要用于观赏草坪、疏林草坪、游憩草坪和防护性草坪。

③依规划布置分类。

自然式草坪：平面构图为曲线，充分利用自然地形的起伏，造成具有开朗或闭锁的原野草地风光。多用于游憩草坪和疏林草坪。

规则式草坪：在外形上具有整齐的几何轮廓，平面构图为直线，一般多用于规则式的景观中，或做花坛、道路的边饰物，布置在雕像、纪念碑、建筑物的周围起衬托作用。地形平坦，多用于观赏草坪。

（2）草坪草种的选择

①草坪植物的特性。

耐践踏性：指单位面积内每天最多允许践踏的次数。

抗性：草坪的抗旱性、抗寒性、耐热性、抗裂性等。

绿色期：绿色期是北方景观设计比较关心的问题，关系到草坪的观赏特性和观赏期。

②草种的选择。

优良草种应具有繁殖容易、生长快、能迅速形成草皮并布满地面、耐践踏、耐修剪、绿色期长、适应性强等特点。草种的选择应根据不同的用途，不同的立地条件，选择不同的草种。常用草种可分为两大类。

冷季型草种：主要分布在寒温带、温带及暖温带地区。生长发育的最适温度为 15～24 度，其主要特征是耐寒，喜湿润冷凉的气候，抗热性差，春、秋两季生长旺盛，夏季生长缓慢，呈半休眠状态。常见的本类草种有草地早熟禾、小羊胡子草、匍匐剪股颖、匍茎剪股颖等。

暖季型草种：主要分布在热带、亚热带地区，生长适宜温度为 26～32 度，其主要特征为早春开始返青复苏，入夏后生长旺盛，霜打后茎叶枯萎退绿，耐寒性差。常见的草种有结缕草、中华结缕草、细叶结缕草、野牛草、狗牙根等。

## 3.6 景观建筑

### 3.6.1 建筑与环境的关系

景观建筑是指为游人提供休憩活动，造型优美，与周围景色相和谐的建筑物。景观建筑能构成并限定室外空间，组织游览路线，影响视线，改善小气候以及能影响毗邻景观的功能。常见的景观建筑的种类有亭、廊、水榭、花架、楼阁、舫、厅堂以及塔等。建筑小品虽属景观中的小型艺术装饰品，但其影响之深、作用之大、感受之浓的确胜过其他景物。景观建筑对提高游人的生活情趣和美化环境起着重要的作用，成为广大游人所喜闻乐见的点睛之笔。建筑小品的地位如同一个人的肢体与五官，它能使景观这个躯干表现出无穷的活力、个性与美感。

**1. 建筑小品在景观中的作用**

（1）满足使用功能的要求

景观建筑的布局首先要满足功能要求，如满足人们休息、游览、文化、娱乐、宣传等活动要求。必须因地制宜，综合考虑。

景观中人流集中的主要建筑，如文化娱乐场所、体育建筑应靠近园内出入口、主要道路或广场，不要影响其他游览区的活动。

餐厅、茶室、照相等服务设施在交通方便、易于发现，但又不占据园中主要景观的位置。展览室、陈列室宜设在风景优美、环境幽静的地方。

亭、廊、榭等点景建筑应设在环境优美、有景可赏，并能控制和装点风景的地方。

景观厕所应分布均匀，要半隐半现，又要方便出入。

景观管理建筑应布置在园内僻静处，既方便管理又不与游览路线相混合。

温室、苗圃、生产管理用地要选择地势高燥、通风良好、水源充足的地方。

（2）满足景观造景的需要

建筑作为艺术品，它本身具有审美价值，由于其色彩、质感、肌理、尺度、造型的特点，加之成功的布置，本身就是景观环境中的一景。运用建筑小品的装饰性能够提高景观要素的观赏价值，满足人们的审美要求，给人以艺术的享受和美感。

在功能与造景之间，其取舍的原则是当有明显的功能要求的时候，如餐厅、茶室、园务管理、景观厕所等，游览观赏从属于功能。当有明显的观赏要求时，如亭、廊、榭等点景建筑的时候，功能要求从属于游览观赏。功能和观赏二者兼具的时候，在满足功能的基础上，尽量加强庭院、建筑外部的游览观赏性。园景构图中心关系密切的既为植物和山水，在造景的过程中，要注意建筑与植物的关系。

古典建筑端庄典雅，以油松、翠兰松、竹、梅、桂、玉兰等传统树种相配。

现代建筑轻盈潇洒，与雪松、草地明快活泼的风格相一致。

景观建筑常常是景观的构图中心，但是往往显得呆板，无生命和动感。以树木、花草在自然状态下的形态、色彩、四季变化动态来改变呆板、静态、单纯的建筑。以树木多变的树冠线来调整建筑平直的天际线。以植物的搭配层次来满足总体的虚实关系。

在造景与基址的利用上要巧于构思，不同的基址有不同的环境和不同的景观。同一基址，造同样的建筑，构思方法不同，造景效果也不同。

山顶——凌空眺望，有豪放平远的感觉。

水边——近水楼台，有漂浮水面的意境。

山间——峰回路转，有忽隐忽现、豁然开朗的景色。道路转折形成对景，吸引和引导游人参观游览。

（3）注重建筑室内外的相互渗透，与自然环境的有机结合

建筑在景观空间中能够把外界的景色组织起来，在景观空间中形成无形的纽带，引导人们由一个空间进入另一个空间，起着导向和组织空间画面的构图作用；能在各个不同角度都构成完美的景色，具有诗情画意。建筑还起着分隔空间与联系空间的作用。建筑除具有组景、观赏作用外，还通常与环境结合创造一种艺术情趣，使景观整体更具感染力。

景观建筑的室内外互相渗透，与自然环境有机结合，不但可以使空间富于变化，活泼自然，而且可以就地取材，减少土石方，节约投资。

**2. 基本手法**

从古到今人们做了许多尝试，如古代的空廊、水榭、亭子、窗景，现代的落地长窗、旋转餐厅等。其基本手法有以下几种。

（1）将自然材料引入室内

如虎皮墙、石柱、木纹纸、山石散置、摆设盆花、盆景、悬垂植物、瓶插鲜花。将室外水面引入室内，在室内设自然式水池，模拟山泉、山池（图 3.38）。

（2）空间过渡

将景观空间或者建筑空间延伸到对方的空间，如曲廊、回廊，从主体建筑伸出，穿过景观空间连接更多的建筑（图 3.39）。

（3）空间融合与渗透

将景观空间与建筑融合在一起，例如，在室内建造小型的自然景物，古典园林的天井、漏窗、空廊、半廊和回廊，现代景观的落地窗、四面厅、水厅等。

图 3.38　将自然引入室内　　　　　　　　　图 3.39　空间联系与过渡

### 3.6.2　景观建筑的类型

#### 1. 游憩类

游憩类建筑分为科普展览建筑、文体游乐建筑、游览观光建筑、建筑小品四类。科普展览建筑是指供历史文物、文学艺术、摄影、绘画、科普等展览的设施，文体游乐建筑包括园艺室、健美房、康乐厅等。此类建筑如果营建得巧妙，通常会带来出人意料的效果。游览观光建筑是供人休息赏景的场所，而且本身也是经典或称为构图中心，景观建筑的主要形式包括亭、廊、榭、舫、厅堂、楼阁等。

（1）亭

亭是景观中最常见的一种景观建筑。亭在景观中有显著的点景作用，多布置于主要的观景点和风景点上，它是增加自然山水美感的重要点缀，设计中常运用对景、借景、框景等手法。亭的形式很多，从平面上分有圆形、长方形、三角形、四角形、六角形、八角形、扇形等。从屋顶形式上分有单檐、重檐、三重檐、钻尖顶、平顶、歇山顶等。从位置上分有山亭、半山亭、桥亭、沿水亭、廊亭等。

常见亭子的布局形式有以下几种：

①山地设亭。山上建亭通常选择山巅、山脊等视线较开阔的地方。根据观景和构景的需要，山上建亭可起到控制景区范围和协调山势轮廓的作用。

②临水建亭。水面是构成丰富多变的风景画面的重要因素，在水边设亭，一可以观赏水面景色，二可以丰富水景效果。水面设亭，一般尽量贴近水面，突出水中为三面或四面环水。水面设亭在体量上应根据水面大小确定，小水面宜小，做配景宜小；大水面宜大，做主景宜大，甚至可以以亭组出现以强调景观。水面亭也可设在桥上，与桥身协调构景。

③平地建亭。平地建亭，或设于路口，或设于花间、林下，或设于主体建筑的一侧，也可设于主要景区途中做一种标志和点缀，只要亭在造型、材料、色彩等方面与周围环境相协调，就可创造出优美的景色。

（2）廊

廊是建筑物前后的出廊，是室内外过渡的空间，是连接建筑之间的有顶建筑物。可供人在内行走，起导游作用，也可停留休息赏景，廊同时也是划分空间、组成景区的重要手段，本身也可成为园中之景。现在廊可作为公园中长形的休息、赏景的建筑，也是和亭台楼阁组成建筑群的一部分。在功能上除了休息、赏景、遮阳、避雨、导游、组织划分空间之外，还常设有宣传、小卖、摄影内容。

①廊的形式。按断面形式分为双面画廊（有柱无墙）、单面半廊（一面开敞，一面沿墙设各式漏窗门洞）、暖廊（北方有此种，在廊柱间装花格窗扇）、复廊（廊中设有漏窗墙，两面都可通行）、层廊（常用于地形变化之处，连接上层建筑，古典园林也常以假山通道做上下连接）五种；按位置可分为爬山廊、廊桥、堤廊三种；按平面可分为直廊、曲廊、围廊三种。

②廊的设计。从总体上应是自由开朗的平面布局，活泼多变的体型，易于表达景观建筑的气氛和性格，使人感到新颖、舒畅。

廊是长形观景建筑物，因此考虑游览路线上的动观效果成为主要因素，是廊设计成败的关键。廊的各种组成，如墙、门、洞等是根据廊外的各种自然景观，通过廊内游览观赏路线来布置安排的，以形成廊的对景、框景，空间的动与静、延伸与穿插，道路的曲折迂回。

廊从空间上可以说是"间"的重复，要充分注意这种特点，有规律的重复，有组织的变化，形成韵律，产生美感。

廊从立面上，突出表现了"虚实"的对比变化，从总体上说是以虚为主，这主要还是功能上的要求，廊作为休息赏景建筑，需要开阔的视野。廊又是景色的一部分，需要和自然空间互相延伸，融化于自然环境中。

（3）水榭

榭在景观中应用极为广泛，以水榭居多，临水建筑，用平台深入水面，以提供身临水面之上的开阔视野。水榭立面较为开敞、造型简洁，与环境协调。现存古典园林中的水榭实例表现出的基本形式为：在水边架起一个平台，平台一半伸入水中，一半架于岸边，平台四周以低平的栏杆围绕，平台上建一个木构架的单体建筑，建筑的平面形式通常为长方形，临水一面特别开敞，屋顶常做成卷棚歇山式样，檐角低平轻巧。景观中，水榭的功能上有了更多内容，形式上也有了很大变化，但水榭的基本特征仍然保留着。

水榭从平面上看，有一面临水、两面临水、三面临水、四面临水的形式；从剖面上看，有实心平台、悬空平台、挑出平台等形式。在对水榭进行设计时应注意以下几点：

①水榭与水面、池岸的关系。水榭尽可能突出水面；强调水平线条，与水体协调；尽可能贴近水面。

②水榭与景观整体空间的关系。水榭与环境的关系处理也是水榭设计的重要方面，水榭与环境关系主要体现在水榭的体量大小、外观造型上与环境的协调，进一步分析还可体现在水榭装饰装修、色彩运用等方面与环境的协调。水榭在造型、体量上应与所处环境协调统一。

（4）舫

舫也称旱船，不系舟。舫是仿照船的造型建在景观水面上的建筑物，供游玩宴饮、观赏水景之用。舫是古人从现实生活中模拟、提炼出来的建筑形象，身处其中宛如乘船荡漾于水面。舫的前半部多三面临水。舫像船而不能动，所以又名"不系舟"。中国江南水乡有一种画舫，专供游人在水面上荡漾游乐之用。江南修造园子多以水为中心，造园家创造出了一种类似画舫的建筑形象，游人身处其中，能取得仿佛置身舟楫的效果。这样就产生了"舫"这种景观建筑。

（5）厅堂

厅堂是古时会客、治事、礼祭的建筑。一般坐北向南，体型高大，居景观中的重要位置，成为全园的主体建筑。常与廊、亭、楼、阁结合。厅堂是景观中的主要建筑。"堂者，当也。为当正向阳之屋。以取堂堂高显之义。"厅堂大致可分为一般厅堂、鸳鸯厅和四面厅三种。鸳鸯厅是在内部用屏风、门罩、隔扇分为前后两部分，但仍以南向为主。四面厅在景观中广泛运用，四周为画廊、长窗、隔扇，不做墙壁，可以坐于厅中观看四面景色。

（6）楼阁

楼阁与堂相似，但比堂高出一层，阁的四周都要开窗，是造型较轻巧的建筑物。楼阁在景观中的作用是赏景和控制风景视线，它常成为全园艺术构图的中心，成为该园的标志。如颐和园的佛香阁。阁是景观中的高层建筑，与楼一样，均是登高望远、游憩赏景的建筑。

**2. 服务类**

景观中的服务类建筑包括餐厅、酒吧、茶室、接待室等，这类建筑对人流集散、功能要求、服务游客、建筑形象要求较高。

## 3.7　景观环境设施

### 3.7.1　功能性设施

设施景观主要指各种材质的公共艺术雕塑或者与艺术化的公共设施如垃圾箱、座椅、公用电话、指示牌、路标等。它们作为城市中的景观的一些小元素是不太引人注意的，但是它们却又是城市生活中不可或缺的设施，是现代室外环境的一个重要组成部分，有人又称它们是"城市家具"。还有一些大的设施在人们生活中也扮演着重要角色，如运动场等。这些设施无论大小，它们都已经越来越成为城市整体环境的一部分，也是城市景观营建中不容忽视的环节，所以又被称为"设施景观"。

按照设施景观的服务用途，可以将景观分为五类。

**1. 休憩设施**

休憩设施如座椅、野外桌等。应根据环境特点确定相应的造型、材质，应与卫生设施、照明设施、花坛树木等配套设置，应与场所中人们的活动特点相适应。

**2. 服务设施**

服务设施如电话亭，滩亭、邮筒等。体量小，分布广，服务内容较单一，设置上灵活机动，在景观中并无构景的作用，只作为环境的活跃元素，在造型上应与环境相协调，做到既便于利用又不抢目，设置上应考虑与人行道（尤其是盲道）的关系，避免造成人流冲突、交通阻塞。

**3. 信息设施**

信息设施如路标、户外广告、导游图、公共时钟、指示牌等。户外广告应考虑对交通干扰、对行人构成的安全隐患因素。路标、导游图、公共时钟、指示牌等是一种重要的信息传播设施，是城市生活中不可缺少的内容，设计具有明确的识别性、地点位置合理、与环境相适应。

**4. 卫生设施**

卫生设施如饮用水栓、洗手洗脚设施、垃圾桶（烟灰缸）、公用厕所等。地面铺装材料要密实、透水。

### 5. 交通设施

交通设施如分隔墩、隔离墩、路障、候车亭、城市地铁站、自行车停放设施等。应从安全、舒适、便利性方面考虑，提高管理和使用效率。

## 3.7.2　景观小品

景观小品与设施是绿地专供休息、装饰、展示的构筑物，是构成景观不可缺少的组成部分，能使景观更富于表现力。

景观小品一般体形小，数量多，分布广，具有较强的装饰性，对景观的影响很大。主要有休憩、装饰、展示、服务、照明等几大类。

### 1. 休憩类景观小品

休憩类景观小品包括园凳、园椅、园桌、遮阳伞、遮阳罩等，它们直接影响到室外空间的舒适和愉快感。休憩类景观小品的主要目的是提供一个干净又稳固的地方，供人们休息、遮阳、等候、谈天、观赏、看书或用餐之用。由于休息设施多设置在室外，在功能上需要防水、防晒、防腐蚀，所以在材料上，多采用铸铁、不锈钢、防水木、石材等。

### 2. 装饰性景观小品

装饰性景观小品包括花钵、花盆、雕塑、花坛、旗杆、景墙、栏杆等。在景观中起到点缀作用的小品，装饰手法多样，内容丰富，在景观中起重要作用。

栏杆主要起防护、分隔和装饰美化的作用，坐凳式栏杆还可供游人休息。栏杆在绿地中一般不宜多设，即使设置也不宜过高。应该把防护、分隔的作用巧妙地与美化装饰结合起来。

### 3. 展示性景观小品

展示性景观小品包括指示牌、宣传廊、告示牌、解说牌等，用来进行精神文明教育和科普宣传、政策教育的设施，有接近群众、利用率高、灵活多样、占地少、造价低和美化环境的优点。一般常设在绿地的各种广场边、道路对景处或结合建筑、游廊、挡土墙等灵活布置。根据具体环境情况，可做直线形、曲线形或弧形，其断面形式有单面和双面，也有平面和立体展示之分。

### 4. 服务性景观小品

服务性景观小品包括售货亭、饮水台、洗手钵、垃圾箱、电话亭、公共厕所等，体量虽然不大，但与人们的游憩活动密切相关，为游人提供方便。它们融使用功能与艺术造景于一体，在景观中起着重要的作用。

饮水台分为开闭式及长流式两种。所用之水，需能为公众饮用，饮水台多设于广场中心、儿童游戏场中心、园路一隅，饮水台高度应在 500～900mm 之间。设置时需注意废水的排除问题。

洗手台一般设置在餐厅进口、游戏场或运动场旁或园路的一隅。

在用餐或长时间休憩、滞留的地方，要设置大型垃圾桶；在户外因容易积水，垃圾容易腐烂，桶的下部要设排水孔；垃圾桶色彩的选择要适合环境条件并有清洁感的颜色。

### 5. 照明用景观小品

灯具也是景观环境中常用的室外家具，主要是为了方便游人夜行，点亮夜晚，渲染景观效果。灯具种类很多，分为路灯、草坪灯、水下灯以及各种装饰灯具和照明器。

灯具选择与设计要遵守以下原则：

①功能齐备，光线舒适，能充分发挥照明功效。

②艺术性要强，灯具形态具有美感，光线设计要配合环境，形成亮部与阴影的对比，丰富空间的层次和立体感。

③与环境气氛相协调，用"光"与"影"来衬托自然美，并起到分割空间，变化氛围。

④保证安全，灯具线路开关乃至灯杆设置都要采取安全措施。

### 3.7.3　雕塑

景观雕塑是环境景观设计手法之一。古今中外许多著名的环境景观都是采用景观雕塑设计手法。有许多环境景观主体就是景观雕塑，并且用景观雕塑来定名这个环境。所以景观雕塑在环境景观设计中起着特殊而积极的作用。

雕塑有表现景观意境和主题，点缀装饰风景，丰富游览内容的作用。雕塑与景观有着密切的关系，历史上，雕塑一直作为景观中的装饰物而存在。景观雕塑在景观中应用很广，其主要作用就在于帮助表现主题、点缀装饰风景、丰富游览内容。雕塑在景观绿地中常做主景，被放置在景观构图的中轴点上及景观的重心上。景观雕塑的题材尽可能选择历史上、传统上、思想上与景观性质、地方特色相关联的题材。

#### 1．从题材上分类

（1）纪念性雕塑

凡是配合纪念性建筑，设立于纪念性广场和有历史纪念意义的林荫道，以及作为历史遗迹的装饰性圆雕和浮雕，皆可归纳为纪念性雕塑。纪念性景观雕塑最重要的特点是它在环境景观中处于中心或主导位置，起到控制和统帅全部环境的作用。所有环境要素和总平面设计都要服从雕塑的总立意（图 3.40）。

图 3.40　纪念性雕塑

图 3.41　抽象雕塑

（2）主题性雕塑

主题性雕塑通过雕塑在特定环境中揭示某些主题。主题性雕塑最重要的是雕塑选题要贴切，一般采用写实手法。同环境有机结合，可以充分发挥景观雕塑和环境的特殊作用（图 3.41）。

（3）装饰性雕塑

装饰性雕塑以雕塑作为环境主要构成要素，可丰富环境特色。城市雕塑作品中占了大多数的是装饰性雕塑作品，这类作品不刻意要求有特定的主题和内容，主要发挥着装饰和美化环境的作用。装饰性雕塑题材内容可以广泛构思，情调可以轻松活泼，风格可以自由多样。大部分都从属于环境和建筑，成为整体环境中的点缀和亮点（图 3.42）。

图 3.42　装饰性雕塑　　　　　　　　　　图 3.43　陈列性雕塑

（4）陈列性雕塑

陈列性雕塑是指以优秀的雕塑作品陈列成为环境的主题内容，大量的陈列性雕塑可组成艺术长廊或雕塑公园（图 3.43）。

**2. 景观雕塑的材料**

现代景观雕塑为了保证其耐久性，必须使用硬质材料，景观雕塑的材料有以下几种：

（1）石雕

石雕因材料的局限性不宜制作过于繁琐、纤细的造型。不同的石材有不同的表现力。

花岗岩是室外雕塑最常用的材料，也是最坚固的材料之一，耐候性好，使用年限长，花岗岩的毛石具有粗狂深沉、敦厚朴实的质感。

大理石抛光后具有滋润光洁、华美典雅、温柔细腻的质感。有些大理石在室外极易受雨水侵蚀、风化剥落。

其他石材如石灰岩、砂岩等均是良好的石雕材料。

（2）金属雕塑

古代青铜是铜锡合金，现代的青铜多用无锡青铜。铸青铜，可以铸出各种复杂形状的作品，耐久性强，可以充分保留塑造表面的任何细微变化。

不锈钢片、铜片、金属铝片，由于其质轻，有明快光泽的质感。适合于制作简洁、概括的形体，不宜制作造型复杂、表面细部微妙起伏的作品。可喷各种颜色的金属油漆，适用于装饰感强的作品。

（3）木雕

室内景观雕塑常用的材料，可以调出很繁复的花纹和玲珑剔透的层次。不耐风雨，需经常涂刷油漆等保护剂，不太适宜用作室外雕塑作品。

（4）砖雕

砖的烧制温度不高、硬度不强、质地细密，可雕刻出较复杂的形体造型。

（5）混凝土雕塑

混凝土雕塑的质感类似石材，也有金属铸造的造型效果，且造价较低，常用作石雕的代用材料。需用石膏或其他材料制成模具，采用钢筋混凝土的制作工艺进行浇注或预制。有的在表面施加各种石材质感。

（6）琉璃陶瓷雕塑

琉璃有相当的强度，耐雨水，耐风化，色彩鲜艳又不褪色。可表现各种风格的雕塑作品，琉璃在现代城市环境中仍会有良好的使用前景。但烧制条件较限制，大型作品须拼接，难以整体烧成。

（7）玻璃钢雕塑

玻璃钢，即纤维强化塑料，一般指用玻璃纤维增强不饱和聚酯、环氧树脂与酚醛树脂基体。以玻璃纤维或其制品做增强材料的增强塑料，称谓为玻璃纤维增强塑料，或称谓玻璃钢。质轻而硬，不导电，机械强度高，回收利用少，耐腐蚀。比重小而强度高，使用模具来制作，可表现不同风格的雕塑作品，体轻、工艺简便，可以防止各种材质的表面效果，但其在室外时间长就会有老化的问题。

**思考练习：**

1. 调研当地优秀的景观设计案例，分析其中设计要素的运用特点。

2. 调研当地的建材市场，进一步了解设计材料的属性。

3. 收集公共设施资料，依据功能性方法、人群限定方法等对资料进行深入分析，针对某一类型的景观小品拓展，尝试设计。

4. 查找铺装类型、水体的组织形式并临摹。

# 第4章　景观设计的理论支撑

● **教学目标：**

通过本章学习，使学生掌握景观设计的相关理论，能自觉地运用空间理论、环境行为心理学、人机工程学、景观生态学等理论进行景观设计。

## 4.1　空间

空间是由一个物体同感觉它的人之间产生的相互关系所形成的。因此，凡从事与空间艺术相关的领域，设计者无不为创造适宜于人的空间而不懈努力。建筑师巧妙地运用各种材料围合出丰富变换的内部空间和外部空间；城市规划师灵活地组合不同的功能用地以形成富有魅力的城市空间；景观设计师则是综合利用一切有生命的材料创造出振奋人心的能使人从机器般的建筑、城市中解脱出来的空间。人在这些空间中体会到不同的感受，从而满足了不同的需求。

### 4.1.1　空间的界定

有效空间的创造必须有明确的限定，而且限定物的尺度、形状、特征决定空间的特质。一片空地，若无参照尺度，就成不了空间（图4.1）。

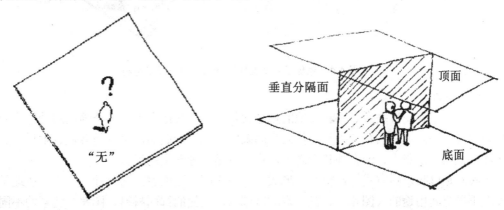

图 4.1　"无"参照的空地成不了空间　　　　图 4.2　空间界定的三要素

### 1. 空间界定的三要素

所有的空间，无论是界定的还是自由的，都由三个空间界定要素组成：底面、顶面以及垂直的空间分隔面（图4.2）。人所感知的空间是由地平面（底）、垂直面（墙）以及顶平面（顶）（图4.3，图4.4）单独或共同组合而成的具有实在的或暗示性的范围围合。

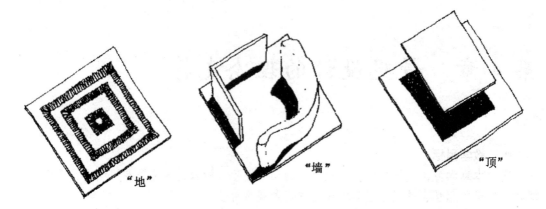

图 4.3　人所感知的空间地、墙、顶

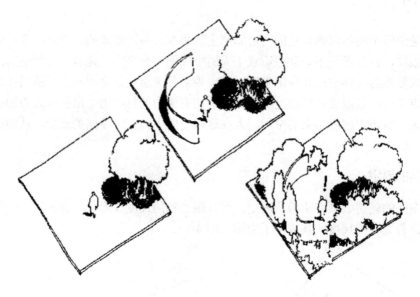

图 4.4　添加了空间实体进行围合便形成了空间

（1）底面

底面与用地安排关系紧密。场地的规划就是安排放在地面上的各个地块的功能，同时也要确立每个功能地块的相互关系。作为空间限定物之一的底面，可以是砖块、木材、石材、水体、植物、混凝土、沥青等其中之一，也可以是多种元素的组合。

底面是以暗示的方式界定空间，形成的是虚空间。因为底面的尺寸、形式、质地是用来表现不同空间用途的（图 4.5）。在一定的区域内，底面的饰面材料、图案、色彩的不同，暗示了不同的空间用途，底面是界定用途的平面。

（2）顶面

塑造空间的顶面可以是开阔无垠的天空、高大的树冠、形式各异的顶棚等，顶面的限定物的形式、高度、图案、硬度、透明度、反射率、吸音能力、质地、颜色等都会对它们所限定的空间特征产生明显的影响（图 4.6）。

图 4.5　底面的尺寸、形式、质地被用来表现用途

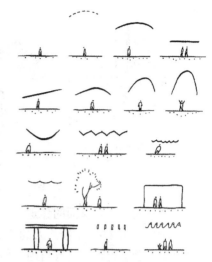

图 4.6　空间顶面的界定

（3）垂直面

垂直因素是空间限定三要素中最显眼且易于控制的，在创造室外空间的过程中具有重要的作用。如利用砌石墙体或分枝点较低的树丛可有效地界定室外空间。场地空间的容积是由垂直围合的程度来决定的（图 4.7）。垂直限定物决定了空间围合的程度与种类（图 4.8）。

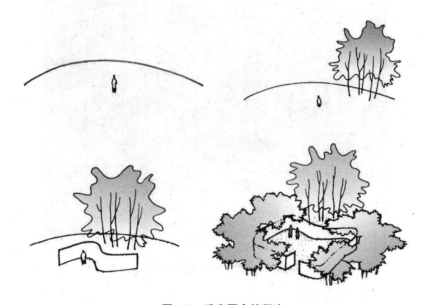

图 4.7　垂直围合的程度

**2．空间界定的方式**

空间感是指由地平面（底）、垂直面（墙）以及顶平面（顶）单独或共同组合而成的具有实在的或暗示性的范围围合。因界定因素及其组合方式的不同，可界定出不同特质的空间，空间的界定主要有以下几种方式。

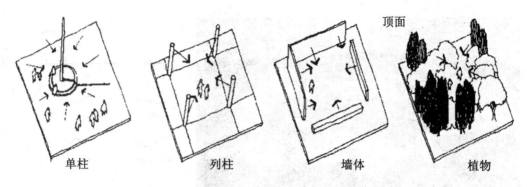

图 4.8　垂直限定的不同决定空间围合的程度

（1）围——垂直面的界定

"围"（图 4.9）空间给人的感觉比较封闭。由于人的行为多为水平方向的，所以在"围"空间中人会觉得行动不够自由，但却有安定、私密之感。围，只是水平方向的围合，顶面还是空的，可伸展到无限远的地方，因此，往往又会产生神奇之感。围合之物越高，越有封闭感、私密感和神奇感。

图 4.9　围——垂直面的界定

（2）覆盖——顶平面的界定

覆盖（图 4.10）所形成的空间给人含蓄、暧昧之感，因为它只有顶平面，人可以自由地出入其间。景观中常常采用这种形式，如常见的"亭"以及现代常用的张拉膜。这种空间正符合审美的自在、随机特征，常能引发人们的想象和审美，因为从心理学上说，人的行为基本上以横向为主，覆盖空间具有的水平方向的自由性满足了人们行为习惯的需要，具有进一步升华为美的形象或成为一种审美符号的可能。

图 4.10　覆盖——顶平面的界定

（3）凸出

图 4.11 所示的凸起部分限定出了一个空间，成为凸出空间。凸出空间同样是一种想象空间，因为当人水平行走到边界处必须做向上的运动，从而对于人的行为和情态具有显现性。也正因为如此，常见的如舞台、司令台、祭坛等做成凸出的形态。

（4）凹入

图 4.11 所示的凹进部分限定出了一个空间，成为凹入空间。类似于凸出空间，凹入空间的存在，也同样有想象的成分。不过，凹入与凸出两者在情态上是不同的，凹入空间往往比较隐蔽、含蓄，两者正好一露一藏。这两种空间的限定度随着凸起与凹进的程度而变化，凸出或凹进得越多，空间的限定感越强。

图 4.11　凸出与凹入——郑州大学临水平台

（5）架起

图 4.12 所示的架起空间的限定，与凸出相似，可视为把凸出空间的下部解放出来。为满足人的活动需求，被解放的下部空间通常必须达到人在其中活动的高度，从而使得架起部分的限定度比较高，而其下部空间往往感觉不到被上部空间覆盖着，限定度较低。上部的架起空间在审美上往往产生活泼多变的感觉，在游乐性的空间中较常见。

**图 4.12　架起（VSB 公司花园）**

（6）设立

设立空间与以上几个空间都不同。从图 4.13 中可以看到，所谓设立，是将一个实心的物体设在中间，物体的水平占有范围甚小，物体四周的空间是该"设立物"所限定的空间。常见的纪念碑就是这种空间。这类空间的形成较为含蓄，而且空间的"界"是不稳定的，时大时小。空间范围随设立物本身的大小和强弱而定。空间限定程度随着与"设立物"的距离而变，离"设立物"越远，空间的限定越弱；反之越强。有人把这种空间说成"负空间"，从而与"围"这种"正空间"相对立。

（7）肌理变化——底平面的界定

如图 4.14 所示，在一个既不凸出又不凹进，上无覆盖物，周围也没有"围"之物的平面上，若要限定一个空间范围，

**图 4.13　设立**

可以利用地面上的图案形成一种特殊的空间感。这种限定更具有感觉性，以心理的高层次语言限定出空间。公园或风景中，常利用地面材料的肌理变化来限定出空间，别有情趣。

图 4.14　底面的肌理变化

### 4.1.2　景观空间的界定

景观空间，是指人所在的空间，旨在为人的游憩而塑造空间。可以理解为由天空、山石、水体、植物、建筑、地面与道路等所构成的全景空间（Whole Space）。格式塔心理学（Gestalt Psychology）认为视觉感知的空间总是全景的，而不只是景观空间。景观空间的构成方式和空间限定要素的特殊性决定了空间的特性和形式。景观空间的界定有以下几种方式。

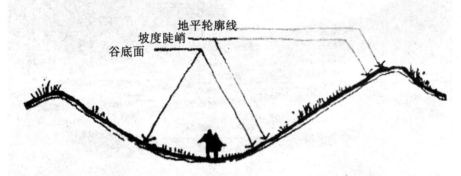

图 4.15　地形的三个可变因素影像空间感

**1. 以地形地貌分隔空间**

地形的三个可变因素——谷底面范围、封闭斜坡的坡度和地平轮廓线影响着空间感（图 4.15）。地平轮廓线和观察者的相对位置、高度和距离都可影响空间的视野以及可观察到的空间界限。在这些界限内的可视区域，往往就称为"视野图"，空间因观察者及地平线的位置变化而出现扩大或收缩感。

地形除能限制空间外，它还能影响一个空间的气氛：平坦、起伏平缓的地形能给人以美的享受和轻松感，陡峭、崎岖的地形极易引起兴奋感或恣纵感（图 4.16）。

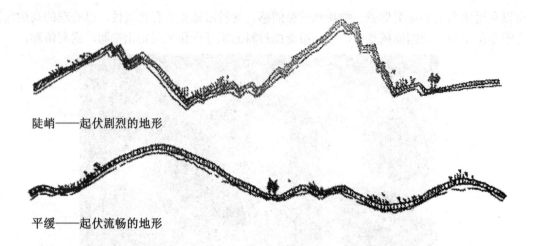

陡峭——起伏剧烈的地形

平缓——起伏流畅的地形

**图 4.16　地形影响空间氛围**

### 2. 利用植物材料分隔

空间植物能在景观中充当像建筑物的地面、天花板、墙面等限制和组织空间的因素。在地平面上，植物可以不同高度和不同种类的地被植物或矮灌木来暗示空间的边界。草坪和地被植物之间的交界处，虽不具有实体的视线屏障，但却暗示着空间范围的不同（图 4.17）。在垂直面上，植物能通过几种方式影响着空间感：树干如同直立于外部空间中的支柱，以暗示的方式限制着空间，其空间封闭程度随树干的大小、疏密以及种植形式而不同；植物叶丛的疏密度和分枝的高度也影响着空间的闭合感（图 4.18）。

**图 4.17　地被暗示空间边界的不同**

图 4.18　树干的大小、疏密影响空间围合　　　　　图 4.19　植物空间组织受多因素影响

在顶平面上，植物的枝叶犹如室外空间的天花板，限制了伸向天空的视线，并影响着垂直面上的尺度（图 4.19）。植物空间宜闭则闭、宜漏则漏，并应结合地形的高低起伏，构成富有韵律的天际线和林缘线。可利用植物形成障景、夹景或漏景等。此外，植物空间的组织还受到季节、枝叶密度以及树木本身的种植形式等可变因素的影响。

### 3. 以水体分隔空间

水体是景观的重要物质要素，能为景观空间增添生动活泼的气氛，形成开朗的空间和透景线。用水面限定空间、划分空间比只使用墙体、绿篱等手段生硬地分隔空间、阻挡穿行要来得自然、亲切，由于水面只是平面上的限定，能保证视觉上的连续性和渗透性，使得人们的行为和视线不知不觉地在一种较亲切的气氛下得到了控制（图 4.20）。

图 4.20　水面界定空间

### 4. 以建筑和构筑物分隔

空间以景墙、廊架、构架、假山石、桥、建筑等要素界定的空间可形成封闭、半开敞、开敞、垂直、覆盖空间等不同的空间形式。如图 4.21 所示的中国古典园林空间，多以建筑物为空间界定物，以水体为构景主体，妙用山石、花木、门窗，使得空间的联系、转换和过渡达到炉火纯青的境界。通常，利用建筑和构筑物或其组合形式分隔空间，在空间的序列、层次和时间的延续中，具有时空的统一性、广延性和无限性。

### 5. 以道路分隔空间

中外景观以道路为界限划分成若干各具特色的空间，又以道路为各空间的联系纽带。地势平坦的公园尤其是规则式的布局，大都利用道路划分出草坪、疏林、密林、游乐区等不同空间。此外，通过道路场地的不同铺装形成的不同地平面肌理也能起到分隔空间的作用（图 4.22）。

如上所述，景观空间的界定物和界定方式多

图 4.21　苏州拙政园的小飞虹

种多样，实践中既要灵活应用更要擅长于综合利用，才能达到完美效果。

图 4.22　道路分隔空间

### 4.1.3　景观空间的特性

#### 1. 空间的开闭

空间的开闭取决于围合空间竖向要素的高度、密实性和连续性。竖向要素是空间的分隔者、屏障、挡板和背景，包括建筑、墙体、山石、植物等。

空间的开闭程度取决于围合的竖向要素的密实性与连续性，如实墙完全分隔，形成封闭空间；带有漏窗的隔墙使得空间相互渗透；双面空廊则使空间通透。此外，通过竖向要素屏蔽近处的或景观中突兀的要素，能够把远景、地平线或茫茫苍穹等这类广阔的要素展现出来。因此，竖向要素可将区域伸展至表面上的无穷远处。

外部空间设计就是熟练地运用封闭与开敞这两个词汇创造出怡人的环境。空间的围合质量与封闭性有关，主要反映在垂直要素的高度、密实度和连续性等方面。

高度分为相对高度和绝对高度，绝对高度是指墙的实际高度，当墙低于人的视线时空间较开阔，高于视线时空间较封闭。空间的封闭程度由这两种因素综合决定。

（1）墙的高度

墙的高度（图 4.23）和人体工学有密切的关系：

达到 30 cm 高度：作为墙壁只是勉强达到区别领域的程度，它刚好是憩坐或搁脚的高度；

当达到 60～90 cm 时：在视觉上有一定的连续性，还没有达到封闭性程度，刚好是希望凭靠休息的大致尺寸；

当达到 1.2～1.8 m 时：身体的大部分逐渐看不到了，便会产生出一种安心感；

当大于 1.8 米时，人就完全看不到了，一下子产生出封闭性。

相对高度是指墙的实际高度和视距的比值，通常用视角或高宽比 D/H 表示。当 D<3H 时，人会产生井底之蛙的感觉。

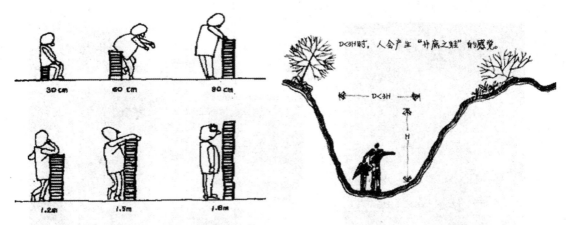

图 4.23　不同墙高影响空间开闭感　　　　　图 4.24　空间的 D<3H 时

（2）墙的连续性和密实度

影响空间封闭性的另一因素是墙的连续性和密实度，同样的高度，墙越空透，围合的效果就越差，内外渗透就越强。

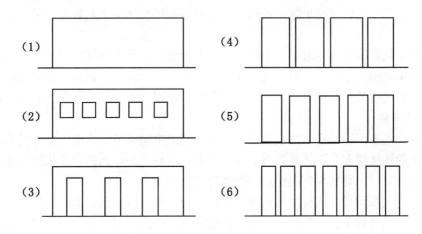

图 4.25　墙的密实程度与空间的封闭性

## 2. 空间的尺度

众所周知，与人密切相关的各种空间的尺度极大地影响着人的情感与行为。人们在室外环境体验到的是一系列相互联系的空间，尺度上从巨大到微小。不同尺度的空间可以提供不同的用途，人们会为那些适合自己需要的空间所吸引，而对于那些看来与人们想象中的用途不相适合的空间会产生排斥，或者至少对其不感兴趣。因此，空间尺度应合乎空间的使用功能和氛围。

空间尺度除了要符合空间的使用要求外，还要符合其艺术要求，即营造不同的空间氛围。大尺度空间给人气势磅礴之感，感染力强，使人肃然起敬，如政治空间或纪念性空间，象征着财富与权力，比如法国的凡尔赛宫苑、北京天安门广场（图 4.26）；小尺度空间则营造舒适宜人亲切的空间氛围，在这种空间中交谈、漫步、坐憩常使人感到舒坦、自在，比如江南的私家园林（图 4.27）、居住区组团的绿地空间。

图 4.26　天安门广场

图 4.27　苏州网师园

### 3. 空间层次

宋代词人欧阳修的诗句"庭院深深深几许？帘幕无重数"所描述的庭院空间可被"译"成视觉语言，即空间层次在于限定物的适当安排。利用空间层次的处理，可形成小中见大的的效果。

景观就空间层次可分为近景、中景、远景及全景。近景是视域范围较小的单独景物；中景是目视所及范围的景致；远景是辽阔空间伸向远处的景致；全景是一定区域范围内的所有景色。合理的安排前景、中景、远景，可以丰富景观空间层次，给人深远的感受。

### 4. 空间序列

不同的景观界面构成多样的空间类型，而不同的空间类型应组成一个有机整体，并给游人展现丰富的连续景观，这就是景观的动态序列。景观空间序列的建立如同写文章一样，有头有尾，有开有合，有低潮有高潮，有发展也有转折。

空间序列关系到景观的整体结构和布局的全局性问题。根据人的行为活动、知觉心理特征、时间与自然气候条件的变化与差异，有效组织游览路线和观赏点，可以形成连续、完整和谐而多变的动态空间序列。

## 4.1.4　景观空间处理

外部空间设计的重点就是为人提供活动的空间。人的活动空间分为运动空间和停滞空间。运动空间希望平坦、无障碍物、宽阔，而且多是巧妙地过渡到停滞空间。停滞空间要有目的的为人们设置长椅、遮阳设施或绿荫、景观以及照明灯具等。外部空间设计要尽可能赋予该空间以明确的用途。

表 4.1　外部空间设计的用途和功能

| 性质区别 | 外部的 | 半外部的（或半内部的） | 内部的 |
|---|---|---|---|
| | 公共的 | 半公共的（或私用的） | 私用的 |
| 人数不同 | 多数集合的 | 中数集合的 | 少数集合的 |
| 动静之分 | 嘈杂的、娱乐的 | 中间性的 | 宁静的、艺术的 |
| | 动的、体育的 | 中间性的 | 静的、艺术的 |

### 1. 根据用途和功能来确定空间的领域

景观空间处理应从单个空间本身和不同空间之间的关系两方面去考虑。单个空间的处理中应注意空间的大小和尺度、封闭性、构成方式、构成要素的特征（形、色彩、质感等）以及空间所表达的意义或所具有的性格等内容。大尺度的空间气势壮观，感染力强，常使人肃然起敬，多见于宏伟的自然景观和纪念性空间。小尺度的空间较亲切宜人，适合于大多数活动的开展。多个空间的处理则应以空间的对比、渗透、层次、序列等关系为主。多个空间的组织必须综合考虑空间的整体关系，合理安排游览路线，注意空间的起承转合，从而创造出富有特色的空间序列。为加强景深与空间层次，可采用空间分割、借景、空间对比、空间的贯通与渗透等手段。这里仅介绍空间的对比，空间的序列、渗透等见 5.2 节和 5.3 节。

### 2. 景观空间的对比

空间的对比是丰富空间之间的关系，形成空间变化的重要手段，将两个存在差异的空间布置在一起，由于大小、明暗、动静、纵深与广阔，简洁与丰富等特征的对比，从而使这些特征更加突出。

大小的对比：在大小对比中，其主要矛盾是"小"。景观中的小空间有低矮的游廊、小的亭榭、不大的小院等，小空间还能由树木、山石、墙垣所环绕而成。在景观环境中，游廊、亭轩的坐凳，树荫覆盖下的一块草地，靠近叠石、墙垣的座椅都是人们乐于停留的地方。景观中小空间一般处于大空间的边界地带，以敞口对着大空间，从而取得空间的连通和较大的进深。小空间能够衬托和突出主体空间，适合于人们在游赏心理上的需要，使人们在游园过程中产生归属感。

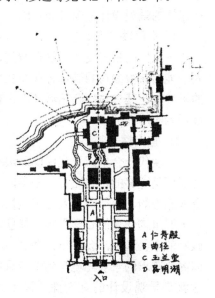

图 4.28　颐和园东部局部平面

北京皇家园林，由于规模宏大，利用"以大衬小"的空间处理手法就进一步丰富了"层次"。在大的山水自然空间的周围划分出许多较小的空间，并以小景观的形式表现出来。如颐和园（图 4.28），其主入口位于园的东部，入院后首先来到以建筑围合而成的、气氛庄严的三合院——仁寿殿前院。经过一段曲径便进入玉澜堂前院——方正又封闭的四合院，待穿过这些空间院落而达到昆明湖畔，顷刻间大自然的湖光山色全呈眼底，这时，人的视野如脱缰之马，可以纵横于无边无际的原野。

没有对比，就没有参照，空间就会单调、索然无味，大而不见其深，阔而不见其广。中国传统园林艺术的创作过程每时每刻都在进行由小到大的转化，以有限的面积营造无限的空间。

## 4.2　景观设计与人的环境行为

景观的设计总是与人的环境行为有着密切的联系，设计师在长期的设计思考过程中会发现，设计的景观与人的联系往往比景观本身更为重要。以一个景观座椅为例，在人们还没有靠近座椅的时候，它只是某时某地的一个标记；当人们走近座椅，并看清楚它时，它与人的联系就开始产生，人们愿意在座椅上小憩片刻或是在座椅上与朋友交谈，座椅还是它本身，但是因为它与人产生了联系，便有了新的内涵。从心理学角度看，人的环境行为学对于景观设计的理论更新起到了一定的作用，把设计师的一些思维感觉提到理论的高度加以分析与阐明。这并不是说没有环境行为学的理论认知，就做不出好的设计，而是让设计师在掌握这些必要的知识的同时，对设计的思路有更多的启发，对问题的分析有更好的见解，对设计的方法能够不断改进。

### 4.2.1　景观设计应满足人的需求

一个好的景观设计不仅仅能够为人们创造高品质的生活居住环境，同时能够帮助人们塑造一种新的生活意识，让人与自然、人与人的关系更加和谐。下面结合环境行为学研究，分析怎样的景观设计是令人满意的。

**1. 实用性**

一个好的景观设计不仅有游赏、娱乐的功能，而且还应有供人们使用、参与的功能，使人们能够获得参与的满足感和充实感。例如，花园中的园艺设施，可以提供给游人自己动手的机会，让其参与到园艺活动中，在欣赏的同时也参与了其中。这是景观设计要满足人的环境行为实用性需求。

**2. 宜人性**

在现代社会里，景观仅仅局限于经济实用功能还是不够的，它还必须是美的、动人的、令人愉悦的，必须满足人的审美需求以及人们对美好事物热爱的心理需求。抓住人们对景观微妙的审美过程，会对设计师创造一个符合人们内心需求的景观环境起到十分重要的作用。这就是景观设计的宜人性要满足人的环境行为。

**3. 领域性**

在个人化的空间环境中，人需要能够占有和控制一定的空间领域。心理学家认为，领域

**图 4.29　私密性**

不仅提供相对的安全感与便于沟通的信息，还表明了占有者的身份与对所占领域的权利象征。所以，领域性作为环境空间的属性之一，古已有之，无处不在。景观设计应该尊重人的这种个人空间，使人获得稳定感和安全感。例如，私人庭院里，常见的绿色屏障给家庭中的各个区域进行了空间限制，从而使家庭成员获得了相关的领域性。这是景观设计要满足人的环境行为对于领域性的需求。

**4. 私密性**

私密性是人们作为一个个体对空间环境最基本的要求，它表达了人们对生活的一种心理需求，是作为人被尊重、享受自由的基本表现。在竞争激烈、匆匆忙忙的社会环境中，特别是在繁华的城市中，人类极其向往拥有一块远离喧嚣的清静之地。而这种要求在景观设计中利用大自然中的自然要素很容易得到满足（图 4.29），例如，一些布局合理的绿色植物就可以提供私密，在植物营造的清静环境中，人们可以读书、交谈、休息。

### 5. 公共性

人们在需要私密性空间的同时，有时也需要自由开阔的公共空间。环境心理学家曾提出社会向心与社会离心的空间概念，绿地也可分绿地向心空间和绿地离心空间。前者如城市广场、公园、居住区中心绿地等，广场上要设置冠荫树，公园草坪要尽量开放，草坪不能一览无余，要有遮阳避雨的地方，居住区绿地中的植物品种要尽量选择观赏价值较高的观叶、观花、观果植物等。这些设计思路都是倾向于使人相对聚集，促进人与人相互交往，并进而去寻求更丰富的信息。

综上所述，景观设计在影响人的环境行为的同时，还要满足人对于其实用性、宜人性、领域性、私密性、公共性等诸多要求。

### 4.2.2　环境行为心理学相关研究成果

现代心理学正在走向生活的各个方面，心理学理论成为社会和自然科学必不可少的基础，也是现代设计的基础。因此，越来越多的设计师开始重视设计的心理特点与心理规律，使用者也开始意识到设计产品心理感受的意义和价值。现今，关于环境行为心理学的相关研究已经取得一定成果。

#### 1. 视知觉与吸引注意设计

景观设计也是以人的视觉为基本出发点的。设计者与观众（受众）接受、了解、鉴赏设计信息之间的信息交流，大部分是通过视知觉来实现。从视知觉心理原理来分析，首先是要引起观众的注意，使他们主动去接受设计信息。注意是一种人类基本心理过程，它是人们了解自然、社会的基础。这种心理活动对某个对象的指向和集中——注意——是现代信息设计中首要的设计要素。在景观设计中是指利用标示性的景观设计引导观众（图 4.30）。

图 4.30　视知觉与吸引注意设计

#### 2. 色彩心理效应与情感设计

现代设计师关注色彩，研究色彩是为了把色彩作为一种重要的具有表现力的设计因素来使用。色彩能唤起各种联想、情绪，表达感情甚至影响正常的生理感受。色彩的情感效应和情感表现力，在实验心理学领域已经取得丰硕的成果。

色彩具有象征意义和情感效应是一个不需争议的事实，色彩情感设计在景观设计中，由于观众不同、景区功能不同，有不同的体现形式（图 4.31）。如设计森林公园时，按功能划分为游憩林、观赏林、儿童活动林、老年活动林、情侣休闲林、疗养保健林等。

图 4.31　色彩心理效应与情感设计

### 3. 光和影与形式美感设计

光是宇宙中的一个要素，是生命的一个基本构成部分，是人的感官所能得到的一种最辉煌和最壮观的经验。为了有效地调动观众的光感这种感觉经验，参与到理想的设计心理效果中去，设计师采用了许多方法进行研究和实践（图 4.32）。在建筑、绘画、影视、广告等艺术中，光与影的设计技巧很受设计师的重视。

在景观美学价值中，光和影的作用在一些杂记中时有所见，但专门研究景观中光和影的美学价值还很少涉及。当然，也没有人对此进行系统关注，虽然光和影在景观美学价值中具有魔棒式的作用。

**图 4.32　光和影与形式美感设计**

在景观中的色彩美，主要通过光来结合反映，光和影的美学价值也就是景观本身与色彩、天气、地形的综合体现。景观中的光有直射光、反射光、折射光等。光线透过林梢、薄雾、水汽有时会产生梦幻般的色彩和气氛，凡是见过的人均会有些感受。树木、山峦、云彩通过光线会在人的视觉中产生许多影子，这些阴影、投影也会有神奇的美学艺术感染力。虽然这些奇妙景致并不是恒常的，也不是人人可以遇到的，如佛光就是大自然中光和影的杰作。

### 4. 空间感与距离设计

**图 4.33　空间感与距离设计**

空间是现代设计观念体系中一个重要概念,它不等同于空间感,后者是前者的视知和感受。设计中的空间和距离也像前述色彩、光和影一样具有情感表现力。比如我们常提到温暖的空间,寒冷的空间,舒展的空间,亲密的空间,欢乐的空间,压抑的空间等就是描述空间的情感表现功能。设计师必须对空间特征的心理反应加以研究。人们对空间的感受过程及感受体验与人的情绪、心理定势等相关(图 4.33)。一个简单的例证,两个陌生人同时相距 50cm 站立,在公共汽车上不会感到拥挤而可以接受,而在户外也许会感到太拥挤而反感。这种空间心理定势往往与人在社会生活环境中的距离要求有关。关于这种距离,心理学家赫尔(E. T. Hall)在 1966 年的研究中将此分为四类、八相,很有参考价值(详见表 4.2)。这个表是测算公园或风景区环境容量的心理学理论依据。同时也是对一些公共设施进行设计时不可不重视的技术参数。

表 4.2　景观设计的距离情感价值表

| 名　称 | 间　距 | 表　现 |
|---|---|---|
| 亲密距离<br>(0～45cm) | 接近相<br>(0～15cm) | 这是一种表达温柔、舒适、亲密以及激愤等强烈感情的距离,具有辐射热的感觉,这是在家庭居室和私密空间里会出现这样的人际距离。爱抚、保护或格斗的距离,能感觉到对方的呼吸、气味 |
| | 远方相<br>(15～45cm) | 可与对方接触握手 |
| 个体距离<br>(0.45～1.3m) | 接近相<br>(0.45～0.75m) | 这是亲近朋友和家庭成员之间谈话的距离,仍可与对方接触,这是在家庭餐桌上的人际距离 |
| | 远方相<br>(0.75～1.3m) | 可以清楚地看到细微表情的交谈 |
| 社会距离<br>(1.3～3.75m) | 接近相<br>(1.3～2.10m) | 在社会交往中,同事、朋友、熟人、邻居等之间日常交谈的距离 |
| | 远方相<br>(2.10～3.75m) | 交往不密切的距离,这在旅馆大堂休息处、小型会客室、洽谈室等处,会表现出这样的人际距离。对方全身都能看见,但面部细节被忽略,说话时声音要响,如觉得声音太大,双方的距离会自动缩短 |
| 公众距离<br>(>3.75m) | 接近相<br>(3.75～7.50m) | 主要表现在自然语言的讲课,单相交流的集会、演讲、正规而严肃地接待厅 |
| | 远方相(>7.50m) | 借助姿势和扩音器的讲演、大型会议室等处,会表现出这样的人际距离。完全属于公众场合,声音很大,且带夸张的腔调 |

### 5. 流行、习惯、传统、厌倦与社会文化设计

流行也许是一种时髦的语言,然而考察当今世界,流行无处不在。心理学研究显示,流行有其深刻的人类心理学基础。既然流行是人类的一种心理活动现象,所以,在现代设计中就不能不考虑流行对设计的影响,或者采用设计来引导流行。在景观设计中是否也有流行存在呢?观众对景观的追求是否有偏好,这些还没有人进行深入研究。

与流行相对的或者说流行的结果是习惯与传统。实际上一种流行被社会大众所接受、认同,并固定下来就形成了习惯。这种习惯与传统无时不在。设计师工作长久以后也会逐渐形

成各自的风格，实际上也是一种个人习惯和传统。因此，为了保证设计能引导流行，设计的先进性，设计师一方面要形成风格，另一方面又要突破习惯与传统。在这两者之间谋求一种平衡，这是对现代设计师的一种要求。另外，心理厌倦是流行不能成为习惯与传统的真正杀手。可能有一些设计成为流行之后，它的信息由于各种原因也许太超前，也许太落后，也许格调太低、太俗，只是在短时间内，小区域内流行，就被观众厌倦，从而流行夭折了。

另一种是广泛流行，经过实践检验这种设计的生命力不足，也就是它的美学、艺术、文化信息不符合人的心理需求，也使观众在满足短时间的新奇刺激之后，没有成为习惯和传统便遭到遗弃，这也是因为观众产生了厌倦。厌倦是观众对一种新设计、新产品失去新鲜感、陌生感，或者这种设计或产品信息能使观众产生美感，因而心理适应达到极致的现象。厌烦也是厌倦的另一种表现形式，是人类心理发展的必然，它无处不在，渗透到人们生活的各个方面，这是人类心理活动的一个普遍现象，也是人类不断追求进步的心理基础。设计者必须清楚地认识流行、习惯传统、厌倦这个规律，设计才不会落后于人类心理发展需求，把握住美学设计中社会文化设计的钥匙。

### 4.2.3　景观设计与人的感知

心理学中，环境认知就是研究人如何识别和理解环境。心理学家认为，人具有识别和理解环境，包括在环境中定向、定位和寻址的能力。人之所以能识别和理解环境，关键在于能在记忆中重视空间环境的形象。

景观的意境与内涵来自于人的感知和体验，全方位的感官体验可以从中带给人更深远的心灵与思想层次的升华，甚至可以带给人生理与心理上的治疗与康复，所以，设计者如何营造合理的感知体验方式成为景观设计的重要研究对象。

视觉、听觉、嗅觉、味觉、触觉是人在景观欣赏中重要的感知与体验形式和内容，它们各有不同的特点和需要，在设计中如何将每种感觉发挥极致而又令它们彼此合理的结合就成为研究的核心。

**1. 视觉景观的营造**

（1）视觉的特点

科学实践证明，人类利用各种感觉器官感知形、音、色、味、态等种种信息，83%的信息来自视觉，以视觉为最。在心理上视觉并不等于只是用眼睛看。视神经系统向大脑输送信息，大脑再加以分类、对比、联想，感觉和认知客观对象，而且和人的记忆、思维等心理活动有着紧密的联系，得到的是被经验过滤器进行整理、分类过的主观感觉。

（2）视觉景观的营造方法

在景观设计中空间变化丰富，大体上可分成五种类型：开敞空间、半开敞空间、完全封闭空间、覆盖空间和垂直空间。就开敞空间而言视觉上保持四周及顶部开敞，光线充足，这种空间中景物的高度应控制在 $0 \sim 50 cm$ 左右为佳；半开敞空间通常一面或多面部分封闭，开敞程度较小，可起分隔、遮蔽作用，视线局部受限制，视线指向封闭较小的开敞面，这个开敞面通常选取景色优美的区域，如果有观赏性的景物，视点与景物的距离在水平视角下最佳视距为景物宽度的 $1.2 \sim 1.5$ 倍，充当封闭的景物高度通常控制在 $50 cm$ 以上；完全封闭的空间四周、顶部均封闭，光线较黑暗，有被隔离感，视线无方向性，通常由树冠浓密的乔木、中小型乔木及灌木构成，隔离景物的高度应高于观赏者眼睛水平视线的高度；覆盖空间顶部覆盖、四周开敞，光线夏季阴暗，冬季明亮较开敞，视线在四周水平方向出入自由；垂直空间顶部开敞、空间垂直感的强弱取决于四周开敞的程度，景物越高，空间垂直感越强，垂直视角下的最佳视距为景物高度的 3～3.7 倍，小型景物则为高度的 3 倍。

在立面景观设计中，通常水平、竖向应形成有层次的空间，从而形成很好的视觉和心理的过渡与变化，如果有多个景物形成的空间层次可参考黄金分割的比例，即在游人停留休憩的景点设计形成 1:0.618 的视框。空间上还可通过"藏"与"露"、"曲"与"直"、"疏"与"密"的对比方法引人入胜，增加游人的好奇心，形成更多的小空间，视觉上可以让游人感觉眼前的空间比实际更大。如网师园的面积约 5400 m² 不算很大，但其游览路线是逆时针：北—西—南—东方向，视线依次形成郁闭—渐次开阔—完全开阔—较开阔的循环视廊，使得网师园中成功塑造出了深远而无穷的天地。

此外，时间与光影的变化也是影响视觉感受的重要因素，光影对于设计师来说是一种特别的造型手段。光具有影响一切视觉对象外表的特性，既能显现视觉对象的外貌，又能够遮蔽事物的外形，在若隐若现的过程中产生视觉空间感。有光与形态存在即会有阴影，阴影可以帮助人们感受物象的质感、形状。在光与阴影的强烈对比衬托下，可以强化物象的立体空间感。可以营造光影的手法有天光、云影、波光、植物、月光等，可以利用光影的虚实将几个空间连接起来，自然的形成动感变化与过渡。此外光影尤其在夜晚可以与道路交通结合引导游人的行进路线。空间的亮度分布具有明确的方向性与引导性，使人产生运动的欲望。亮度空间有其特有的视觉心理的提示性。色彩是视觉营造的又一个方面，色彩可以随时间变化而营造，如一天之中不同景点景物的营造可以配合早之朝霞、晚之夕阳、夜之月光等不同色彩的变换。也可根据春艳、夏浓、秋朗、冬凝的各异色调进行设计，尤其可以运用植物色彩的季节变化，如春季多以观赏植物花朵为主，夏季以观赏植物叶片为主，秋季以观赏植物果实为主，冬季以观赏植物茎杆为主。

景物的材质也是影响视觉感知的因素之一，粗糙的质感产生前进感，使空间显得比实际小，铺装材料细腻的质感则产生后退感，使空间显得比实际大。另外，景观人工雾也是景观视觉造景的一种表达手法，人造雾系统的造雾原理基于自然现象，如水蒸气、云和雾。可以随时随地生成这样的环境。人造雾作为一种景观，应该考虑以清新空气，模拟荒野山谷中的自然雾气为主，兼做降温、加湿和除尘。雾是悬浮在空气中的超细微雾粒，它可以像云烟一样随风而动，时隐时现，在视觉上创造出迷人、神秘感的风景效果。如黄山的云海、泰山的云天、峨眉山的烟云、江南水乡的晨雾无不让人感慨大自然的无穷视觉魅力。

**2. 听觉景观的营造**

（1）听觉的特点

人类感觉器官中 11%的信息来自听觉，声音的强弱用分贝来表示，不同的环境对分贝数的要求不同，在景观环境中，声音的声级一般在 40 分贝到 90 分贝之间，其中给听者感觉较好的声景的声级分贝在 40～65 分贝之间，大多数是一些自然声和人文社会声的声级。在景观空间中，大于 65 分贝的声音多数属于噪音了。

（2）听觉景观的营造方法

声景这个词最早是由芬兰地理学家格拉诺（Granoe）于 1929 年提出的，刚起步时的研究范围是以听者为中心的声环境，是人们所听到的声音，而不论人是否愿意听到声景。相对于"视觉景观"而言，是"听觉的景观"，其意义是"用耳朵捕捉的景观"或"听觉的风景"。声景观的设计就是运用声音的要素对空间的声音环境进行全面的规划和设计，并加强与总体景观的协调，让游人从"被动地听"到"主动地听""积极地去感受去联想"，从而提高游人对周围环境的关心程度，触发对环境的亲近感。声景的塑造方法有下面几种：

①风声的塑造可以通过风与植物来营造，比如种植松林、竹林、枫树林等，也可以利用景墙形成回音或假山的孔洞引入风。总之在景观的规划设计中有意识地利用自然之风和植物设计、种植搭配开辟通风廊道，能够营造很好的声音景观。

②水是景观中声景设计的主要对象，其形式变化多样，水声的营造大致可分为两种：第一种是通过溪流、涌泉、跌水、水滴或者雨点等塑造柔和、清淡优美的声音让游人沉浸于中，浮想联翩；第二种是浑厚磅礴、气势崇高的，如瀑布轰鸣声、海浪声或者各种喷泉。这些声音都给人一种震撼之美，崇高之美。

③动物声音的塑造是一道独特的风景，常常可以营造独特的气氛和含蓄的意境，如孟浩然"春眠不觉晓，处处闻啼鸟"，便是用鸟鸣声点出了春日"晴"与"晓"的意境。可以通过创造良好的自然环境来保留和吸引动物的栖居和聚集，如利用蜜源性植物或浆果类植物就可吸引昆虫与鸟类，或者采用科学的人工放养的方式来创造一定数量种群的动物，形成稳定的生态小环境。

④适当区域内人活动的声音，如演奏、演出、教堂钟声、音乐声、聚会聊天声音等。对于景观有负面影响的噪音可以通过营造风声、水声、鸟鸣声、虫叫声等将其弱化，还可以通过一定景物围合与隔离控制噪音，最佳隔离距离为距离噪声声源 12m 左右。

### 3. 嗅觉景观的营造方法

（1）嗅觉景观的特点

人类感觉器官中 3.5%的信息来自嗅觉，而香景是指在人们在环境中所感受到的，包括人工的和自然的气味，包括用鼻子这一感觉器官所能感受到令人愉悦的气味，也包括通过嗅觉器官对人体起到有益作用的气味，并且有一定的体验感觉。嗅觉在一定程度上可以刺激和影响人的情绪与记忆。

（2）嗅觉景观的营造方法

嗅觉景观主要的营造手法是芳香类植物的运用，如茉莉、素馨、丁香、圆锥绣球、合欢、桂花、海桐、栀子、木荷、九里香等。各种花香含有益于人体健康的不同的挥发性香分子，与人们的嗅觉细胞接触后，会产生不同的化学反应，对人们情绪的影响也不同。花香通过人的嗅觉神经传导到大脑皮层，有利于改善人的情绪。例如，杉树、柏树散发的香味中含有落菇、柠檬菇等天然物质，具有松弛精神，稳定情绪，使血压下降的作用；茉莉花开在夏季，其花香具有理气、解郁、增强抵抗力等作用；米兰具有提神健脾等作用；桂花具有提神、消除疲劳、理气平喘的作用。据测试，经常置身于优美、芬芳、静谧的树林、花丛中，可使人的皮肤温度降低 1℃~2℃，脉搏每分钟平均减少 4~8 次，呼吸慢且均匀，血流减缓，心脏负担减轻，使人的嗅觉、听觉和思维活动的灵敏感增强。并且不同人对某种香味都有自己心理和记忆上的感觉，有助于人思考、交流、冥想、康复等。在嗅觉景观塑造过程中应注意以下几个方面：

①布局上根据设计场地风向及气候状况结合参考风玫瑰标进行合理搭配，一般布置在频率较高的上风向位置，以夏季风为主导，并结合周围的建筑物、山体地形等。

②根据场地设计的"动"与"静"的功能分区进行因地制宜的搭配，如在"动"的活动

区，应选择茉莉、紫罗兰等使人兴奋的种类；而在"静"的休息区中，应选择荷花、薰衣草等使人镇静的种类。

③注意芳香植物量的搭配，芳香植物在应用时根据空间的大小，同一花期或者季节内应控制浓香植物的种类，以避免香气混杂。在一定时期内可确定 1～2 种芳香植物为主要的香气来源，其他芳香植物的量应控制。同时应注意四季、昼夜香味的变化。

④警惕有毒植物与花粉过敏，如夹竹桃、郁金香、夜来香、柳树、紫藤等。

**4. 味觉景观的营造方法**

（1）味觉景观的特点

人类感觉器官中 1%的信息来自味觉，它包括酸、甜、苦、辣、咸 5 种基本味觉，它们是食物直接刺激味蕾产生的。味觉享受带给个体心理的满足已经成为最主要的、经常性的生活激励，使人心神愉悦、安闲知足，内心会有一种亲切感。味觉与景观是互动的，一方面，味觉让人在品尝味道的同时联想到食物的景观状态，另一方面，人在景观中观察到食物状态时又联想到了各种的味道。所以，味觉不仅是生理适应的问题，也是心理呈现的象征。味觉所引发的不单是口腹之欲，同时还包含着很多欲望和记忆，是一种精神上的超越和享受。

（2）味觉景观的营造方法

景观中的味觉感受通常是通过景观环境的一些体验行为和饮食活动相结合实现的，选择可供人食用的植物品种或是具有食物意向、作为食品原料的植物品种等，营造特定氛围，也可同时建设种植、采摘区域或开辟味觉园。可参考种植的植物有茶叶、薄荷、罗勒、薰衣草、迷迭香、白兰、柠檬、茉莉花、依兰香、槟榔、金银花、丁香、佛手、金橘等。自然是味觉感知体验。在此驱动下，味觉感知的功能被进一步提升、拓展，各种新奇的味觉感受带来的满足成为个体心理平衡的调节剂、兴奋剂、麻醉剂，味觉刺激的满足已经成为了人们现实生活中极为重要的生活体验和幸福感的主要来源。

**5. 触觉景观的营造方法**

（1）触觉景观的特点

人类感觉器官中 1.5%的信息来自触觉，触觉是身体最早发展的感觉器官，软、硬、冷、热、粗、细、钝、锐、燥、湿、黏、腻都是一种触觉的反应，而触觉的感官功能则是由人体的皮肤知觉所致，皮肤所支配的知觉，传达出更多的讯息。在一定程度上，触觉会影响到人的心理感觉。触摸到硬物时，人们普遍会产生稳定和严厉等感觉。同时，粗糙的物体会使人联想到困难，而手持重物则使人感觉周围的环境似乎也变得沉重起来。

（2）触觉景观的营造方法

在设计中，用触觉对材料的不同感受，尽可能多地创造可以充分接触的氛围和空间，并设法唤起使用者的兴趣去触摸、去感受，让公众与植物、水体、铺装等景观元素亲密接触，通过吸引公众动手参与，并调动其积极性，以达到人与景观环境交流沟通的最佳效果。设计时可考虑在使用者有可能触摸到的地方，如扶手、座椅等，使用触感舒适温暖的材料；种植枝叶具有特殊手感或柔软下垂的、无刺无毒的、形态有趣的、频繁触摸不会受伤的植物品种等；用不同质感的铺装标示不同使用功能的空间，用同样的铺装材质加上图案提示预定的行进路线；园路尽量使用平坦防滑、有弹性及方便轮椅活动的铺装材料。可用作触觉体验的植物有：桂花、腊梅、栀子花、含笑、丁香、枇杷、无花果、花石榴、果梅、八角金盘、银杏、马褂木、杜仲、七叶树等。同时，用作触觉的景物存在有利于人体康复的机能，如药用植物、含矿物质的水、药物矿物质为主的土壤等，都可以通过触摸来使人康复。

景观艺术的魅力与内涵在于对鉴赏者情感激发和理念联想，五种感官"视觉、听觉、嗅觉、味觉、触觉"成为人内心的感知、体验与外界景观的桥梁，五种感官各有特点且彼此关联成为互动，使景观环境更具有吸引力和亲和力，增加了景观的游赏性，而景观也将会成为人们休闲、娱乐、交流的舒适空间场所，更好地为人民服务，也必将使景观更加有声有色、鸟语花香、有情有味，成为感知、体验、康复的空间。

## 4.3 人机工程学在景观设计中的应用

### 4.3.1 人机工程学的研究内容

人机工程学研究人在某种工作环境中的解剖学、生理学和心理学等方面的各种因素，研究机器及环境的相互作用，研究在工作、家庭生活中和休假时怎样统一考虑工作效率、人的健康、安全和舒适等问题的学科。

人机工程学的研究有理论和应用两个方面，总趋势侧重于应用。由于各国的国情不同，其学科研究的侧重点也不同。例如，美国侧重于工程和人际关系的研究；法国侧重于劳动生理学方面的研究；苏联注重于工程心理学的研究；保加利亚则偏重于人体测量方面的研究；而捷克、印度等国家则注重劳动卫生学方面的研究。一般来说，工业化程度不高的国家，大多从人体测量、环境因素、作业强度和疲劳度入手，进而到感官知觉、运动操作特点、作业姿势等研究，再到操纵台面、显示设计、人机系统控制及人机学原理在实际设计中的应用等研究，最后到人机关系、人与生态关系、人与环境关系、人的特性模型、人际关系与组织团体行为等方面的研究。

下面以人机环境的基本研究方向为出发点，归纳了人机工程学的研究内容，主要有以下几个方面。

#### 1. 人机系统中人的因素的研究

主要研究对象是在环境设计中与人有关的问题，如人体形态特征参数、人的感知特征、反应特征、人在劳动中的生理、心理特征等。

研究的目的在于解决机械设备、工具、工作场所环境及用具的设计如何与人的生理、心理特征相适应，从而为使用者创造一个安全、舒适、健康、高效的工作环境。

#### 2. 人机系统的总体条件

人—机—环境是人机工程中的三大要素，其系统工作效能的高低首先取决于人机系统的总体设计，即在总体上使人—机—环境相适应，如机器功率大、效率高、人状态好、不易疲劳、环境轻松愉悦等。

研究的目的在于根据人的特征与机器的性能特点合理地分配功能，注意分工中取长补短，有机结合，使整体系统工作效率最优。

#### 3. 场所环境和信息传递装置的设计

场所环境一般包括：环境空间设计、座位设计、工作台或操作台设计及场所环境总体设计等，这些设计需要人的体能特点、心理学、生物力学和应用人体测量学的知识和数据。

研究场所环境的目的在于力求物质环境适合于人的生理、心理特点，使人以健康、舒服的姿态从事劳动和生活，既能高效工作生活，又感舒适且不易疲劳。人与机器及环境间的信息交流包括两个方面：显示器向人传递信息；控制器接受人发出的信息。显示器的设计包括视觉、听觉、触觉显示器的设计及多种显示器的组合等问题。控制器的设计包括操纵装置的形状、大小、颜色、位置及作用力等在人体测量学、解剖学、心理学、生物力学等方面的问题，同时，还需考虑人的习惯动作和定型动作，如左右手的习惯问题。

**4．环境因素与安全防护设计**

环境因素是指照明、微气候、色彩、噪声和振动等常见作业环境条件。设计者的基本任务就是要保证环境因素适合操作人员的工作要求，保护操作者的人身安全和身心健康，并使发生事故的概率降到最低。

人机工程学在景观设计中的应用主要是为在环境景观设计中考虑人的因素的设计提供人体参数；为环境景观设计中物的合理设计提供依据；为环境景观设计中关于环境因素的设计提供相关资料。

### 4.3.2　视觉因素在景观设计中的应用

视觉环境顾名思义是与眼睛观察有关的环境。首先，眼睛有观察事物和运动的特征；其次，色彩是物体外观的基本属性之一，是观察的基础；最后，照明是观察的基本条件，没有照明、没有光人的眼睛就不能观察到事物，人所接受的信息大概约 80%是由视觉环境传递的，所以说视觉环境对人—机—环境系统具有重要的意义。视觉一般具有以下的几种特征：

①眼睛沿水平方向运动比沿垂直方向运动快并且不易产生疲劳感，一般眼睛先看到水平方向的物体，后看到垂直方向的物体。

②视线的运动分方向习惯于从上到下，从左到右和顺时针方向。

③人眼对水平方向尺寸和比例的估计比对垂直方向的尺寸和比例的估计要迅速。

**1．总视觉特征与景观的设置**

（1）观赏点与景物的距离

景观中，观赏点与景物之间的距离，根据不同的景观类型，不同规模，而产生不同的视觉效果（如图 4.34）。

图 4.34　不同的距离下的视觉效果　　　　图 4.35　景观与建筑高度的协调

在大型的自然山水景观中，视距在 200m 以内，人眼可以看清主景中单体的建筑物；视距在 200～600m 之间，能看清单体建筑物的轮廓；视距在 600～1200m 之间，能看清建筑物群；视距大于 1200m，则只能大略识别建筑群的外形（如图 4.35）。

图 4.36    苏州宅园中的景观建筑

图 4.37    常见围栏的高度

在宅园的环境中，以苏州宅园（如图 4.36）为例，厅堂和假山之间的视距多在 30～35m；厅前空间较小，一般在 15m 左右。据统计，大型景物，合适视距为景物高度的 3.5 倍；小型景物的合适视距约为景物的 3 倍。一般地，以满足景观建筑、景观雕像的艺术形象连同周围景物能完整地被游人观赏。

（2）视高与景物的设置

栏杆：在景观建筑小品中，栏杆能丰富景观景致，起到分隔景观空间、组织疏导人流及划分活动范围的作用。一般来说，高栏杆在 1.5m 以上，中栏杆为 0.8～1.2m，低栏杆（示意性护栏）的高在 0.4m 以下（如图 4.37）。

绿篱：在景观绿地中，常以绿篱作为防范的边界，不让人们任意通行，或用其组织游人的游览路

图 4.38    道路旁的绿篱

线，起导游作用。有时还用来做花坛、花境、草坪的镶边（如图 4.38）。

绿墙：一般在视高（1.6m）以上，阻挡人们视线不能透过，株距为 1～1.5m，行距为 1.5～2m；高绿篱：高度在 1.2～1.6m，人们的视线可以通过，但其高度一般人不能跳跃而过；绿篱：高度在 0.5～1.2m，人们要比较费力才能跨越而过。株距一般为 0.3～0.5m，行距为 0.4～0.6m。矮绿篱：高度在 0.5m 以下，人们可以毫不费力地跨过去。

**2. 景观色彩环境设计**

在景观设计中，要注意色彩与环境气氛的协调、注重环境色调、环境配色（如图 4.39），可以利用景观色彩达到意想不到的效果。

**3. 景观光环境设计**

景观光环境设计的目的是给人以美的视觉景观的同时也带给人们精神上的愉悦，在具体的光环境设计中，统筹全局是首位的，其次，根据景观功能需要合理安排照明，创造美的视觉空间、层次、轮廓、形体以及细部表现，这一切都是围绕着创造有趣的景观空间展开的。在景观设计中光环境的设计要注重以下几个方面：

图 4.39　色彩搭配下的景观效果

（1）空间氛围的营造

室外环境中的个体和个体之间的空间存在着一定的互补关系，通过景观照明的引导，这些互补的物体协调利用照明可以更加突出占主导地位的空间环境，而让一部分区域处于阴影之中可以增加空间的尺度感和深度感，丰富空间的层次感。

（2）空间层次的表达

在环境照明设计中，层次可以是不同空间明暗、高低、远近、色调的对比与调和，也可以是同一空间不同元素的排列组合形体轮廓的塑造细部。

（3）质感的表现

在景观设计中，常利用大理石、毛石、金属、软质绿地等元素不同的质感来刺激人的大脑。

（4）形体、轮廓的塑造

物体被有明显方向性的光线照射时，就会有明、暗面以及一致的阴影，此种做法能展现物体形体的立体感，加强视觉效果但光的强度不能过于强烈，避免产生强烈的明暗对比，造成不舒服的感觉。在景观环境中，常用这种手法突出表现造型新颖的重点小品。

（5）自然光的利用

太阳光线，大自然的光线是最有活力、最健康的（如图 4.40）。

（a）　　　　　　　　　　　　　　　　（b）

图 4.40　结合光影、色彩形状等自然物在自然光下产生的扑朔迷离的效果

举例：祈望的景观——追悼长崎原子弹爆炸死难者日本和平纪念馆的照明设计。此纪念馆是追悼死难者和祈求和平的场所，纪念馆的主体建筑被埋设在地下，希望给祈祷者一个默默祈祷的空间，地面上有多处圆形水盘景观，承载着关乎原子弹爆炸的受害者生命需要的水，含有祭祀魂灵的意思，到了夜晚，70000 个象征着死难者人数的追悼灯在水盘上彻夜闪烁，沿着圆形水盘进入地下设计的墙壁（如图 4.41）。支柱回廊和缓步环游路都象征着祈愿集中的意思，是个表达对死难者的追悼之情和祈求未来和平的景观建筑。

祈望的空间，要求空间具有光的表象以慰藉祈求安宁的人们的心灵，在这里可以叫作康复之光，设计师营造了一个神圣的印象深刻的让人铭记的场景，另外水和环游性是这个几乎全部埋设在地下的建筑物照明设计的主题。因此，可以说这个方案的照明设计不仅丝毫没有损害这一设计理念，而且使其更具震撼力，更加视觉化了。

日暮时分来到这里，首先映入眼帘的是摇曳在水盘上的 70000 个光点，透过石板上小孔的光（光纤）在水面上摇曳，那小小的光点随着水面的微波，无限地变化着摇摆的表情，升华为治疗的光芒（如图 4.42）。

（a）　　　　　　　　（b）

图 4.41　水盘上光的设计给人的祈祷感

为了让整个环境空间摆脱单纯均一的照明效果，在地面上刻意描绘出地毯的光效应，使用可调节的地灯，让其发挥导入视线的效果，另外，在长长的巡走墙壁回廊空间，用连续不间断的间接光线只照射一侧的墙壁，营造幽深的氛围。

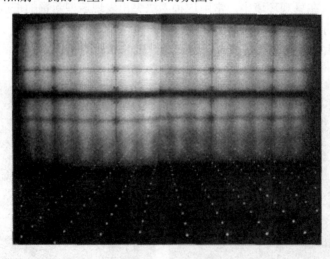

图 4.42　治疗的光芒

为了将人们的视线从地上入口引向地下空间，在通道阶梯的扶手里设置了间接照明，只有少数必需的地方采用不耀眼的地灯，在通常视野中极力避免出现耀眼的光线主追悼空间，照明采用了象征性的顶灯，使人们虽然位于地下，但仍能感知到云朵从天空飘过、太阳在日夜移动的自然景观。这里安装了由 $1m^2$，高达 9m 的灯管设计而成的 12 根光柱，增加了自然光的采光效果。白色光线的金属卤化灯，与周围暖色调的光线形成象征性的对比，白天被导入追悼空间的自然采光设计，到了夜晚反转表现为屋外的水盘和立着的光壁，这种对比显示出这个设计的单纯与明快，增强了整体的表现力。

### 4.3.3　听觉因素在景观设计中的应用

在环境景观设计中，创建良好的听觉环境也是很重要的一部分。在人们的工作和生活中，适宜的听觉环境，不仅能陶冶情操，使人的心情轻松、愉快，还能帮助消除疲劳，提高生活质量和工作效率，所以，设计师在环境设计时注意听觉环境的创建。

#### 1. 声音和环境相协调

不同的环境应该配上不同类型的声音。如学校、医院、住宅小区等需要较多安静空间的环境，声音配置不易较多，医院里需要安静不易嘈杂，但适当的时间和空间可以播放一段舒缓、柔美的音乐，安抚病人烦躁、焦急的心理，有助于病人康复。学校在课余时间里也可播放一些轻松、活泼的音乐，缓解学生的紧张和疲劳；有时也可播放一些激动人心、高昂的声音，激发学生的上进心和斗志。住宅小区里一般有不同的景观主题，甚至每一组团都有各自的景观主题，在休假日或黄昏，播放符合景观主题的音乐，一定会给小区的生活增色不少。

#### 2. 利用声音提高环境质量

不是所有的外界的声音都是噪音，我们应该充分利用声音的力量来美化我们的生活，让声音帮助我们工作、生活、提高效率。这种声音包括自然声和人工声音，我们不要忘记大自然的声音，应该充分利用大自然的声音，唤起人们心灵深处的纯朴。

#### 3. 注意噪声防护

噪声的防护主要从三个方面入手，即声源、声音传递和声音接收（即自身防护）。设计时期进行噪声防治，应该主要从城市规划和选址、功能布局、道路和景观设计等多方面进行考虑，规划和选址是建设的第一步，好的规划和选址可为噪声预防和控制提供一个有利的外部环境，免其后顾之忧。当然事实上，通常选址很难变化，这就要求环境内的功能布局要合理，以弥补选址的不足。

以住宅小区为例，在功能布局过程中一方面应在住宅和主要噪声源（如道路）之间留有一定的空间防护距离（如图 4.43），这样可以利用这段距离减低噪声，也为后期的噪声防治留有空间余地；另一方面，可选择将公用建筑物规划在临街或靠近对小区造成较大影响的噪声源处，利用公用建筑作为防噪屏障，这样可以降低区外噪声对区内的影响。

由于人们对生态环境的重视，现在一般都对环境空间进行较大面积的绿化，这为噪声防治提供了有利条件，实际上可以把景观设计与防噪设计结合在一起，如在区域内靠近道路一侧设置绿化带，并根据当地自然条件选择枝繁叶茂，容易生长的常绿植物，乔、灌、草应搭配密植，以减少噪声污染，另外，还可以设置声屏障以及安装隔声窗来进行防噪（如图 4.44）。

图 4.43　道路防护带

图 4.44　小区隔音带

巴拉干说："建筑除了是空间的还是音乐的，是用水来演奏的乐曲，墙的重要性在于隔绝街道外部的嘈杂，街道是带有侵略性的而墙则为我们创造了宁静，在这份宁静中用水奏响美妙的乐章在我们身边缭绕。"

图 4.45　叮咚泉

图 4.46　"情人泉"

图 4.47　静水面下的长倒影

以巴拉干设计的叮咚泉为例（如图 4.45、图 4.46）。叮咚泉的响声是迎接英雄归来的赞声，是笛声、箫声、号声、欢乐生、热烈的鼓掌声……

另外，巴拉干在林荫道的尽头还设计了一个水槽广场（如图 4.47），修长的水池像镜子一样反映着林荫道两边的美景，在阳光的照耀下，显示出斑驳的画面。

### 4.3.4　触觉因素在景观设计中的应用

利用触觉的设计（简称为触觉设计）是以触觉体验为基础，将使用者的参与融入设计中，使使用者在活动过程中感受到美好体验的一种新型设计。触觉设计必须有使用者的参与，根据使用者的触觉感受进行设计，此外设计的对象必须能够有效地刺激、激活使用者的触觉感受。触觉设计与传统的视觉设计有明显的不同视觉设计给使用者以视觉上的享受，而触觉设计更多地强调人们对不同材料触摸时的心理感觉以及身处其中的精神感受，这种感觉更为细腻、微妙、深刻，往往更能触动人心。

材质要素的景观触觉感受——质感、图案。

材料的形体和表面肌理给人们的视觉和触觉的感觉，称为质感（图 4.48），场地表面的质感修饰有助于形成其视觉特征，人们不仅能看到还能感受到，把这两种感觉联系起来，增强了景观的生命活力，并成为人们愉悦感的源泉。

　　在城市景观中，材质的不同组合和变化，表示着场所功能或场地性质的改变，有引导提示的作用，它既传递触觉，又能传递视觉（如图 4.49），如卵石铺砌的广场上面光滑的铺砌带有引导人通过的作用；地面的高低变化起着限定空间和使用功能改变的作用；长满苔藓的整石铺砌或密植的草皮增强其可见的尺度感，对于拔地而起的物体起着背景的烘托作用；粗糙的草皮、卵石或石块所起的作用却恰恰相反，能使人更多关注地面本身的质地等。各种质地组合的方式多种多样，例如，各种质地的硬质铺地、植被草皮或植被覆盖的软质地面或是在看似不经意却是精心设计的草皮中进行局部的修剪乃至在草地中嵌入有韵律的铺装。作为小路和活动频繁的场地，当人们从砖砌踏步逐级而上，进入木制铺面的场地时，不同声响和质感激发人们的多种感官感受，使人们感受到场所的刺激是千变万化。

**图 4.48　木栈道的自然美**

（a）　　　　　　　　　　　　　　　（b）

（c）　　　　　　　　　　　　　　　（d）

**图 4.49　不同材质的引导性给人不同的感受**

图案被认为是材质表面的组织纹理，人们对图案有最直觉的反应，图案不仅便于认知还能制造秩序感。正如人行道的铺装，同样形式和类型的铺砖延伸至整个区域，能有效提升环境的整体性和多样性。地面铺装在给人带来触觉特征的同时，铺装中丰富的凹凸进退和疏密变化构成点、线、面图案，同光线结合后产生或宽或窄的阴影效果，丰富着景观美学的含义。

（a）

### 4.3.5 人机工程学在环境设施设计中的应用

环境设施设计应该从研究人的需求开始，人是城市环境的主体，因而设计应以人为本，人性化的环境设施的设计应该充分考虑使用人群的需要，在使用人群中老人、青少年、儿童、残疾人有着不同的行为方式与心理状态，必须对不同人群的活动特征加以调查研究后，才能在设施的物质性功能中给予充分体现，以满足人性化的设计。如在人行道上铺设盲道，在入口楼梯两侧铺设轮椅通道，这些都是为残疾人考虑的人性化设计，如何使不同的使用人群在使用设施时感到方便、快捷、安全、舒适，是设计师进行人性化设计时必须考虑的问题。综上所述，环境设施设计首要的特性是以功能为主、以人为本，在现代环境设施设计中体现以人为本，主要是强调人的主人翁地位，在环境建设的各个环节，都要从人的角度出发，满足不同人群的户外活动需求，创造舒适宜人的活动空间。

（b）

（c）

图4.50　明确的导向设施

**1. 标识性设施**

景观标识在设计之前要明确所要摆放的位置。标识的形式要新颖、别致、富于变化。新颖性是指标识形式异乎寻常的特性，它是引起注意的最重要原因。

环境形式的强度。体量大、色彩艳丽、质地光亮或粗糙、声响巨大的要素，都易引起人们的感觉（如图4.50）。

运动的要素。例如，交通标牌的设计就要考虑对象人群的运动特质，在设计标识时要考虑速度、视角、天气等因素的影响，能否能迅速、有效、准确地传递信息。

**2. 卫生环卫系统设施**

（1）公共厕所

公共厕所一般有两种类型，即固定型和临时移动型，它们的设计要点是：注重适用、卫生、经济、方便，造型上力求与周边环境相协调统一（如图4.51），并可考虑休息座椅、花坛、绿化等配套设施。男女便

图4.51　卫生间与景观的结合

位的比例为 1/1 或 3/2；室内净高为 3～4m 为宜，室内地面要比室外地面高；建筑的采光、通风面积与地面面积比应不小于 1/8，外墙采光不足可加天窗；大便位最小尺寸分别为外开门式为 0.90m×1.20m，内开门式为 0.90m×1.40m，并列小便斗的间距不应小于 0.65m，单排便位的开门为外开门式，走道宽度以 1.30m 为宜，双排便位外开门的走道宽度以 1.30m 为宜，便位间的隔板高度应以 1.50～1.80m 为宜，根据人流活动频繁和密集程度而加以区分，一般街道公用厕所的设置距离为 700～1000m；商业街和居住区为 300～500m 左右；流动人口高度密集的场所则控制在 300m 之内。另外，两种类型都应该在出入口，有明确的中英文标志，并明确指示男女性别，并且考虑无障碍设计。

（a）

（2）垃圾箱

垃圾箱是反映一个城市文明程度和居民素质高低的标志，是为保持公共环境的卫生整洁而设置的，一般设在道路两侧和人群活动集中之处，制作垃圾箱的材质一般有塑料、不锈钢、锌板、金属、喷塑、金属烤漆、陶瓷、细石面金属、钢木、大理石等（如图 4.52）。垃圾箱分独立可移动式、固定式和依托型，它的清洁方式有旋转式、抽底式、启门式、悬挂式和连套式。设计垃圾箱时要注意选用抗腐蚀、耐酸耐碱、抗紫外线、防冻耐热、不易褪色、不易损坏且容易清洗的材料，结构要坚固合理，开口要易于投放，收取垃圾要防止垃圾被风吹散，箱下部要设排水孔，以便排水通风，以免垃圾因积水而腐烂，造型、色彩的设计要与周边环境相结合，其外形规格依据人机工程学的计测尺寸而定，一般高 60～80cm，宽 50～60cm；放置在车站，公共广场等人流量大的场所垃圾箱体量较大，一般高度为 90～100cm，设置间距根据人流量和居住密度，一般在 30～50m 以下。由于社会公众环保意识的增强，对垃圾回收做了分类处理，出现了分类垃圾箱，常常采用不同的标识和色彩划分不同类型垃圾的投放，如一般用红色表示有毒垃圾，用黄色代表不可回收垃圾，用绿色表示可回收垃圾。

（b）

图 4.52　不同材质的垃圾桶

（3）公共饮水器

饮水器在现代城市景观环境中具有实用与装饰双重功能，不仅方便了城市居民的户外饮用，而且还提升了人们的健康质量，充分反映了以人为本的设计理念。外观造型多采用方、圆、角形及其相互组合的几何形态，有时也以象征性形象出现，增添环境的趣味性与美感；根据人使用时姿势和环境特点，结构设计

（a）

（b）

图 4.53　饮水器的关键性及造型

要具有较强的抗倾覆能力和防冻能力、造型尺度以人机工程学的计测数据为依据，供成人用时，一般高度在 60～90cm 之间，供儿童使用时，高度在 40～60cm 之间。饮水器较易设置在供水和排水便利的场所，如采用内部排水方式，须用粗管和大的受盘，采用外部排水时可在受体外面设沟槽自然流下，排入下水道。饮水器多设于中心广场公园、儿童游乐中心、人流集中的场所（如图 4.53）。

（4）雨水井及井盖

雨水井是一种设置在地面上用于排水的装置，其形式多种多样。排水沟采用有组织的暗渠排水方式，可在排水沟上方设置不锈钢雨水盖，与地面铺装形成质感对比，或采用明沟排水方式，在用材上应与周围地面铺装相结合（如图 4.54）。

图 4.54　井盖的设计

### 3. 交通系统设施

（1）出入口

出入口是游人进入景观绿地的必经之处（如图 4.55）。出入口广场一般宽在 12～50m 之间，深在 6～30m 之间，单个出入口最小宽度为 1.5m。居住区绿地规划设计入口应设在居民的主要来源，数量为 2～4 个，与周围道路、建筑结合起来考虑具体的位置。

（2）园路

公园规划设计中主干道一般宽 8～10m，可通行较大型车辆；次级路（各游览区内的道路），宽度多在 4～6m；小路为游览区各游乐点、景点之间的联系路，宽度在 1.5～3m 左右，形式自由，铺装多样，是空间界面的活跃因素（如图 4.56）。车辆通行范围内不得有低于 4m 高度的枝条。路面范围内，乔灌木枝下净空不低于 2.2m，乔木种植点距路线应大于 0.5m。

图 4.55　景区大门入口

图 4.56　常见的园路

居住区绿地规划设计中的园路能联系各景点，也是居民散步游憩的地方。园路的宽度与绿地的规模和所处的地位、功能有关，绿地面积在 50000m² 以下者，主路宽 2～3m；可兼作成人活动场所的次路宽 2m 左右；绿地面积在 5000m² 以下者，主路宽 2～3m，次路宽 1.2m 左右，小径最小宽度为 0.9m。

（3）台阶

台阶是为解决景观地形高差而设置的，它除了具有使用功能外，由于其富有节奏的外形轮廓，具有一定的美化装饰作用。设计时应结合具体的地形地貌，尺度要适宜。一般台阶的踏面宽 30～38cm，高度为 10～17cm，踏步数不少于两级，侧方高差大于 1m 的台阶应设防护设施。平台的宽度一般为 158cm。

（4）汀步

汀步的基础要坚实、平稳，面石要坚硬、耐磨。汀步的间距应考虑游人的安全，石墩间距不宜太远，石块不宜过小（如图 4.57）。一般石块间距可为 8～15cm，石块大小应在 40cm×40cm 以上。汀步石面应高出水面约 6～10cm 为佳。

（5）停车场

机动车每个停车位的存车量以一天周转 3～7 次计算；自行车每个停车位的存车量以一天周转 5～8 次计算。

**图 4.57　景观中汀步**

机动车公共停车场用地面积，宜按适当量小汽车停车位数计算。地面停车场用地面积，每个停车位宜为 25～30m²；停车楼和地下停车库的建筑面积，每个停车位宜为 30～35m²。

机动车公共停车场出入口的设置：出入口符合行车视距的要求，并应右转出入车道；出入口应距离交叉口、桥隧坡道起止线 50m 以外；少于 50 个停车位的停车场，可设一个入口，其宽度宜采用双车道；50～300 个停车位的停车场，应设两个出入口；大于 300 个出入口的应分开设置，之间距离应大于 20m。摩托车停车位宜 2.5～2.7m²/个。自行车停车位为 1.5～1.8m²/个。

**4. 休息系统设施**

为满足城市居民户外休憩的需求，在户外环境中的街道、广场、公园等场所设置座椅，以供人们休息、交流、读书等，可以说座椅是户外环境中使用率最高的休息设施，它不仅有很强的实用性，而且也增强了城市环境的人性化成分（如图 4.58）。

座椅有单人的、双人的、多人的、带靠背的、不带靠背的，使用的材料主要有木材（最宜使用）、石材、混凝土、金属、塑胶等。座椅除普通单独存在的，还有设置在树木周围兼作

**图 4.58　具有设计感的座椅**

保护设施的圈树椅，另外户外中的台阶、花坛、叠石也有座椅的功能。

设计时人机因素的考虑：座椅设计要考虑人在环境中的活动规律和心理习惯。因为人受空间环境的影响，其座椅放置的位置、造型、数量都会引起不同的心理感受，并因此影响人的行为，所以设计时需要注意座椅在空间环境中的布局形式及与人的关系。座椅放置的地点要合理，应避免设立在阴暗潮湿的地方、有陡坡高低不平的地方、穿堂风强的场所和对人出入有妨碍的地方，座椅要坚固经久耐用，不易损坏、积水、积尘、供人长时间休憩的座椅，应注意放置位置的私密性，常设计成单座型或带高背分隔型的座椅，炎热地区座椅要尽量设置在树下、墙体等阴凉的地方。

座椅设计应符合人体生理要求，大小一般以满足 1～3 人使用为宜，可根据使用要求与人体数据略有不同，一般尺寸为：座面高 30～45cm，座面宽 40～45cm，长度为：单人椅 60cm 左右，双人椅 120cm 左右，3 人椅 180cm 左右；靠背座椅的靠背倾角为 100～110°，要注意座椅面层的选材，一般以木材较适宜。

### 5. 儿童游乐设施

做游戏是孩子成长过程中必不可少的，是刺激孩子大脑发育，培养孩子人际能力，释放孩子天性的过程，好的儿童游乐设施设计，要把儿童共同的特点与爱好联在一起，让孩子在玩耍的过程中体会到童年的快乐,好的儿童游乐设施应该提供孩子在轻松愉快的环境中交流、学习的机会。

儿童游乐设施的主要类型有沙坑、滑梯、嬉水池、攀登架、木马、秋千、游戏墙等，以及组合式设施。

（1）沙坑

在儿童游戏中，戏沙是重要的一种游戏形式，儿童踏入沙中即有轻松愉快之感，沙无形无体，在沙地上儿童可任凭想象开挖、堆砌，创造出各种各样的形态。沙坑一般深度以 40～45cm 为宜，为了孩子的安全卫生，沙要使用经过冲洗的精制细沙，且要定期更换，为了防止细沙流失，坑沿四周可用木制或橡胶的缘石加固，沙坑宜设置在向阳处，防止沙土潮湿，面积较大的沙坑可与其他游乐设施，如秋千、独木桥等相结合（如图 4.59），增强使用功能。

**图 4.59　沙坑与滑梯的结合**

（2）滑梯

滑梯是一种结合攀沿下、滑两种运动方式的游乐设施。滑梯的宽度为 40cm 左右，两侧立缘为 18cm 左右，滑梯末端承接板的高度应以儿童双脚完全着地为宜，且着地部分为软质地面下滑时可有单滑、双滑、多股滑道，可结合地形坡度设置滑梯并以曲线形、波浪形、螺旋形设计造型，创造丰富的景观效果，滑梯的材料宜选用平滑、环保、隔热的质材，在滑梯周围要设置防护设施，以免儿童摔下受伤。

（3）戏水池

喜欢玩水是儿童的天性，规模较大的儿童游戏场常设有戏水池。供儿童使用的嬉水池不宜过深，水深

**图 4.60　儿童戏水池**

约在 20cm 左右，也可局部逐渐加深以供较大儿童使用，但必须有防护设施和明显的警示标识，嬉水池的水面可以设置伞亭、雕塑、休息凳等，丰富水面的环境，嬉水池应能轻易看到底部，且水底地面要做防滑处理。

（4）攀登架

攀登架总高约 2.5m 左右，每段高 0.5～0.6m，由 4～5 段组成框架，攀登架可设计成梯子形、螺旋形、圆柱形或动物造型等各种形态，增添设施的趣味性。儿童娱乐设施设计时要注意：儿童游乐设施设计首要保障的是儿童的安全。

### 6. 安全系统设施设计

（1）管理设施

消防栓及灭火器：灭火器是最常用的小型消防器材，常挂在墙壁上或墙角处，为了容易被人发现、使用，常采用鲜明的标识和配套设施（如红色、黄色），同时要考虑与周围环境相融合。

管理亭：管理亭的设计要同场地环境、规划、使用性质、需求、目的等相统一，其占地面积根据使用人数而定，一般人均 2～3m² 为宜，如需设置其他设施，面积可适当增加。

（2）无障碍设施

无障碍设施系统是为残障人士设计的设施，在建筑、广场、公园、绿地、街道等城市公共环境中不仅为各类残障人士提供服务，也为正常人群提供方便（图 4.61）。

公共交通的无障碍设计要考虑通行宽度及坡道的设置；楼梯与台阶；建筑出入口（图 4.62）；缘石坡道等。公共卫生间的无障碍设计涉及卫生间出入口及卫生间本身的无障碍设计。

图 4.61　公园中的无障碍通道

### 7. 照明系统设施

景观灯具的选择首先要从景观整体的效果考虑，将灯具纳入到环境中，使灯具的配置与总体环境氛围相协调，最终达到整体环境的完整统一，给人强烈的视觉效果，供选择的景观灯具种类也很多，主要有：高杆灯、庭院灯、泛光灯、草坪灯、埋地灯等。

（1）高杆灯

高度为 18m 以上的照明为高杆照明（图 4.63），这种灯主要是在大型广场中使用，根据杆体的形式分为固定式、升降式和倾倒式，它们各有优缺点，视场所而定，较多情况下

图 4.62　建筑中无障碍通道

采用的是升降式高杆灯照明。在布置灯具时，功能的考虑是第一位的，然后再满足美观的要求，高杆灯的造型也是多种多样的，有蘑菇型、各种花型、球形、椭圆形、伸臂式、框架式等，其结构简洁，整体性能好，安装维护方便，光照合理，眩光控制效果好，照明范围广。

（2）庭院灯

庭院灯一般设置在公园、街心绿地、住宅小区、学校等地方，有多种式样，如古典式、简洁式等，既有照明的作用，又有美化环境的功能。庭院灯有时安装在草坪上，有的在道路旁边随弯而设，达到一定的艺术效果和美感。

（3）泛光灯

大面积照明常采用泛光灯，常设于广场的雕塑、周边建筑等地方。泛光灯具备良好的密封性能，防止水分

图 4.63　高杆灯的高度

凝结，经久耐用，非常适用，泛光灯一般是金属卤化物灯或高压钠灯。

（4）草坪灯

草坪灯是主要用于公园、广场、住宅小区等公共空间的饰景照明，美化夜间环境，创造景观的气氛，它利用亮度对比来表现光的协调，而不是利用照度值本身，经常利用光与环境的明暗对比显示出深远的效果来，另外造型别致的草坪灯特别适合用于广场休闲游乐场所、城市绿化带等地方。草坪灯一般是节能灯光源。

（5）埋地灯

埋地灯多用于大型公共场所，如广场、雕塑及其道路的铺装、树木等照明，其造型形态很多，有向上发光的，有向两边发光的，也有向四周发光的，可用于不同的环境中满足各种需求。埋地灯由于埋设在地下及水下，不方便维修，所以要求密封效果特别好，也要避免水分凝结在灯内部。

## 4.4 景观生态学

### 4.4.1 景观生态学的概念

景观生态学（Landscape Ecology）是研究在一个相当大的区域内，由许多不同生态系统所组成的整体（即景观）的空间结构、相互作用、协调功能及动态变化的一门生态学新分支。

现代景观规划设计理论强调水平生态过程与景观格局间的相互联系，研究多个生态系统之间的空间格局及相互间的生态关系，并用斑块（Patch）—廊道（Corridor）—基质（Matrix）模式来分析和改变景观。

#### 1. 关于斑块的基本原理

斑块尺度原理：一般来说，只有大型的自然植被斑块才有可能涵养水源，连接河流水系和维持林中物种的安全和健康，庇护大型动物并使之保持一定的种群数量，并允许自然干扰（如火灾）的交替发生。总体来说，大型斑块可以比小型斑块承载更多的物种，特别是一些特有物种只有可能在大型斑块的核心区存在。对某一物种而言，大斑块更有能力持续和保存基因的多样性，不过小斑块也可能成为某些物种逃避天敌的避难所。

斑块数目原理：减少一个自然斑块，就意味着抹去一个栖息地，从而减少景观和物种的多样性和某一物种的种群数量。增加一个自然斑块，则意味着增加一个可替代的避难所，增加一份保险。一般而言，两个大型的自然斑块是保护某一物种所必需的最低斑块数目，四五个同类型斑块则对维护物种的长期健康与安全较为理想。

斑块形状原理：一个能满足多种生态功能需要的斑块的理想形状应该包含一个较大的核心区和一些有导流作用及能与外界发生相互作用的边缘触须和触角。圆整形的斑块可以最大限度地减少边缘圈的面积，同时最大限度地提高核心区的面积比，使外界的干扰达到尽可能小，有利于林内物种的生存。但圆整的斑块不利于同外界的交流。

#### 2. 廊道的基本原理

连续性原理：人类活动使自然景观被分割得四分五裂，景观的功能流受阻，所以，加强孤立斑块之间及斑块与种源之间的联系，是现代景观规划的主要任务之一。联系相对孤立的景观元素之间的线性结构称为廊道。廊道有利于物种的空间运动和本来是孤立的斑块内物种的生存和延续。从这个意义上讲，廊道必须是连续的。

廊道的数目原理：假设廊道是有益于物种空间运动和维持的，则两条廊道比一条要好，多一条廊道就减少一份被截流和分割的风险。

廊道宽度原理：越宽越好是廊道建设的基本原理之一。廊道如果达不到一定的宽度，不但起不到维护保护对象的作用，反而为外来物种的入侵创造条件。

**3. 景观异质性与多样性原理**

景观异质性原理：景观本质上是一个异质系统，正是因为异质性才形成了景观内部的物质流、能量流、信息流和价值流，才导致了景观的演化、发展与动态平衡。一个景观的结构、功能、性质与地位主要决定于它的时空异质性。景观异质性与景观稳定性之间是一种相互依存、相互影响的关系，是保证景观稳定的源泉。

景观多样性原理：景观多样性表征不同景观间的差异，是指景观单元结构和功能方面的多样性，多用于不同景观间的比较。结构上表现为类型多样性（Type Diversity）、斑块多样性（Patch Diversity）和格局多样性（Pattern Diversity），功能上表现为干扰过程、养分循环速率、斑块稳定性和变化周期等。实际工作中常用多样性指数来描述景观多样性，而用得较多的是丰富度指数和均匀度指数。

景观异质性与景观多样性关系：景观异质性与景观多样性既有联系又有区别。景观异质性的存在决定了景观空间格局的多样性和斑块多样性。一般来说，景观异质化程度越高，越有利于保持景观中的生物多样性。反过来讲，景观多样性的保存也有利于景观异质性的维持。

在实际研究中，要确切的区分斑块、廊道和基质往往是很困难的，也是不必要的。广义上而言，把所谓基质看作是景观中占绝对主导地位的斑块也未尝不可。另外，因为景观结构单元的划分总是与观察尺度相联系，所以，斑块、廊道和基质的区分往往是相对的。例如，某一尺度上的斑块可能成为较小尺度上的基质，也可能是加大尺度上廊道的一部分。

## 4.4.2　景观生态学的理论基础和基本原理

景观生态学的理论基础主要来源于整体论和系统理论。

整体论的思想说明，客观现实是由一系列的处于不同等级系列的整体所组成，每一整体都是一个系统，即处于一个相对稳定态中的相互关系集合。稳定态的维持机制称之为内稳定性，它是靠一系列正反馈和负反馈因素使系统处于两种动态平衡之中。所以，从根本上说，景观生态学研究的就是内稳态的机制，也就是研究地表所有作用因素之间的相互关系如何，它们又是如何造成水平和垂直的异质性的。

景观是在地球表面由所有作用因素形成的开放系统。这些因素组成三维现象。水平方面表现在互相联系的要素的水平格局上，垂直方面表现在存在着相互作用的很多"层"上。景观的每一层成为一门科学的研究对象（如地质学、土壤学、植被学等），而独有景观生态学则将全部土地属性形成的垂直异质性作为一个整体来研究。这是景观生态学最基本的特点。可见，整体范围内的垂直和水平异质性是景观生态学的研究对象。

Forman & Godron（1986）提出下列七个景观生态学原理：

景观结构和功能原理（Landscape Structure and Function Principle）：在景观尺度上，每一独立的生态系统（或景观生态元素）可看作是一宽广的斑块，狭窄的廊道或基质。生态学对象在景观生态元素间是异质分布的。景观生态元素的大小、形状、数目、类型和结构是反复变化的，其空间分布由景观结构所决定。

生物多样性原理（Biodiversity Principle）：景观异质性程度高，造成斑块及其内部环境的物种减少，同时也增加了边缘物种的丰度。

物种流动原理（Species Flow Principle）：景观结构和物种流动是反馈环中的链环。在自然或人类干扰形成的景观生态元素中，当干扰区有利于外来物种传播时，会造成敏感物种分布的减少。

养分再分配原理（Nutrient Redistribution Principle）：矿质养分可以在一个景观中流入和流出，或被风、水及动物从景观的一个生态系统到另一个生态系统重新分配。

能量流动原理（Energy Flow Principle）：空间异质性增加，会使各种景观生态元素的边界有更多能量的流动。

景观变化原理（Landscape Change Principle）：在景观中，适度的干扰常常可建立更多的嵌块或廊道，增加景观异质性；当无干扰时，景观内部趋于均质性；强烈干扰可增加也可减少异质性。

景观稳定性原理（Landscape Stability Principle）：景观稳定性起因于景观干扰的抗性和干扰后复原的能力。从景观要素来说可分为三种情况：

①当某种景观要素基本上不存在生物量时（如公路、沙丘），则该系统的物理特性很易发生变化，而达不到生物学的稳定性。

②当某一景观要素生物量小时（群落演替的早期阶段），则系统对干扰的抵抗力弱，但恢复能力强。

③当某一景观要素的生物量高时（演替的顶级阶段），对干扰抵抗力强而恢复能力弱。

显然，作为景观要素整体的景观，它的稳定性要决定于各种要素所占的比例以及构图。

上述的七个原理中，第一、二个属于景观结构方面，第三、四、五个属于景观功能方面，第六、七个属于景观变化方面。

### 4.4.3 景观生态学的研究内容

景观生态学是研究景观的结构功能和变化及景观的规划管理。

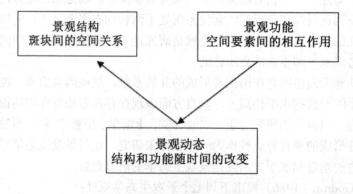

**图 4.64 景观结构功能图**

### 1. 景观的结构功能

景观结构功能的三个特征：结构——不同生态系统或景观单元的空间关系。即指与生态系统的大小、形状、数量、类型及空间配置相关的能量、物质和物种的分布。功能——景观单元之间的相互作用。即生态系统组分间的能量、物质和物种流。动态——斑块镶嵌结构与功能随时间的变化。其中景观结构是功能的支体，是景观生态学的基础研究内容。

（1）景观结构

景观结构指的是不同景观要素之间的空间关系（各种生态系统的性状、大小、数目、种类和构图与能量、物质和物种分配的关系），其基本组成要素包括斑块、廊道和基质，它们的时空配置形成的镶嵌格局即为景观结构。

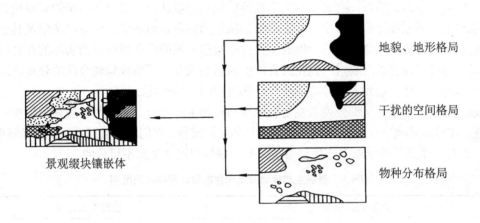

**图 4.65　影响景观结构因素图**

（2）景观功能

景观功能：指的是多种景观要素之间的相互作用，即不同生态系统之间的能流、物质流和物种流。对于景观功能有两种理解：把景观视作复杂的生态系统，景观功能即生态系统的功能；从景观社会经济利用角度理解的景观功能，即景观的社会经济功能。

景观功能的内容是极其宽泛的，其景观的生态功能主要是指：景观与能流和物流的关系；景观阻力与网络与流的空间扩散。

（3）景观动态

景观动态：景观的发展变化过程。它包括景观稳定性、景观变化、景观破碎化三部分内容。

①景观稳定性：景观在受到干扰后，保持平稳不变和维持原貌的能力。

②景观变化：指的是景观在结构和功能上随时间的变化。

③景观破碎化：在自然过程或人为活动影响下，连续的整体景观转变为分割和破碎的景观镶嵌体的过程。

**2. 景观规划管理**

景观管理：是将景观生态学的基本理论应用于生产实践。主要内容是通过综合分析景观特征，提出景观利用管理最优化方案。包括下述内容：①景观生态分类；②景观生态评价；③景观生态规划设计；④景观生态规划设计的实施。

#### 4.4.4　景观生态规划设计

景观生态规划设计是人类生态系统的规划设计，是一种最大限度地借助于自然力的最少规划设计，一种基于自然系统自我有机更新能力的再生规划设计，即改变现有的线性物流和能流的输入和排放模式，而在源和汇之间建立一个循环流程。其创造的景观是一种可持续的景观。然而，就国内目前的景观设计现状来说，比如景观大道、城市广场、郊野"自然公园"、住宅绿地、"花园城市""山水城市"的建设等，人们所看到的却是非生态的设计引导着不可持续的景观的创造。所以，有必要对生态设计的原理加以认识，以指导正确的景观设计。

景观生态规划设计是指运用景观生态学、风景园林学、地理学、生态经济学及其他相关学科的知识与方法，从景观生态功能的完整性、自然资源的内在特征以及实际的社会经济条件出发，通过对原有景观要素的优化组合或引入新的成分，调整或构建合理的景观格局，使景观整体功能最优，达到人的经济活动与自然过程的协同进化。

景观生态规划设计又细分为景观生态规划与景观生态设计。景观生态规划与景观生态设计是从结构到具体单元，从整体到部分逐步具体化的过程。它们既相互联系，又各有侧重（表4.2），而在一个具体的景观生态规划与设计中，规划与设计是密不可分的。

**表 4.2　景观生态规划与景观生态设计间存在的区别**

| | 景观生态规划 | 景观生态设计 |
|---|---|---|
| 尺度差异 | 强调从较大尺度上对原有景观要素进行优化组合以及重新配置或引入新的成分，调整或构建新的景观格局及功能区域，使景观整体功能最优 | 更多的是从具体的工程或具体的生态技术来配置景观生态系统，着眼的范围较小，往往是一个居住小区、一个小流域、各类公园或休闲地等的设计 |
| 研究重点 | 强调从空间上对景观结构进行规划，通过景观结构的区别，构建不同的功能区域，具有地理科学中区划研究的性质 | 强调对功能区域的具体设计，由生态性质入手，选择其理想的利用方式和方向 |

景观生态规划设计的内涵：

①涉及景观生态学、生态经济学、人类生态学、地理学、社会政策法律等相关学科的知识，具有高度的综合性；

②建立在充分理解景观与自然环境的特性、生态过程及其与人类活动的关系基础之上；

③其目的是协调景观内部结构和生态过程及人与自然的关系，正确处理生产与生态、资源开发与保护、经济发展与环境质量的关系，进而改善景观生态系统的整体功能，达到人与自然的和谐；规划强调立足于当地自然资源与社会经济条件的潜力，形成区域生态环境功能及社会经济功能的互补与协调，同时考虑区域乃至全球的环境，而不是建立封闭的景观生态系统；

④侧重于土地利用的空间配置；

⑤不仅协调自然过程，还协调文化和社会经济过程。

**1. 景观生态规划**

景观生态规划（Landscape Ecological Planning）是景观生态学研究的一个重要内容，它是景观生态学重要的实践领域，也是景观管理的一种重要手段。许多科学家都认为提高可持续性是景观生态规划最突出的目的，常表现在为保护和合理使用土地、自然资源而进行的规划。因此，景观生态规划把构成景观的所有要素都作为规划的目标和变量来进行研究，规划的主要对象是土地利用，它强调景观空间格局对过程的控制和影响，试图通过格局的改变来维持景观功能流的健康与安全，尤其强调景观格局与水平运动和流的关系。景观生态学的原理和规律为人工设计和优化景观格局、提高土地利用效率以及生态系统稳定性提供了理论框架。

20 世纪 60 年代以来以 McHarg、Odum 和 Forman 等人为代表的生态学家在探索生态学与景观规划结合方面做出突出贡献，研究提出了许多各有特点和侧重点的景观生态规划方法。McHarg 基于适宜性分析所提出的"千层饼"规划模式，Odum 以系统论思想为基础提出的区域生态系统发展战略，及 Forman 等研究提出的以格局优化为核心的景观格局规划模式构成景观生态规划方法的三大主要发展方向。就景观生态规划的基本内容而言，不同学者有不同的理解，但都大同小异。总的来说可以将其理解为包括景观生态学基础研究、景观生态评价、景观生态规划与设计以及景观管理的一门科学。

（1）景观生态规划的原则

自然优先原则：优先考虑保护自然景观资源和维持自然景观生态过程及功能。

持续性原则：将景观作为一个整体来考虑，对景观进行综合分析和多层次的设计，使规划区域景观的结构、功能与本区域的自然特征和当地的社会经济发展相适应，谋求生态、社会、经济三大效益的协调统一。

针对性原则：针对不同规划目的选择不同的分析指标，建立不同的评价及规划方法。

多样性原则：规划时必须考虑景观在结构和功能方面的多样性。

综合性原则：需要多学科的合作和多方面（包括决策者、规划者、当地居民等）的参与；必须全面综合地分析景观自然条件，同时考虑社会经济条件，以及规划实施后的影响评估等。

（2）景观生态规划步骤

①确定研究分析范围与目标；

②广泛收集研究区域的自然与人文资料，并分别描绘在地图上；

③根据目标对上述资料进行综合分析，提取进一步信息；

④对各主要因素及各种资源开发和利用方式进行分类、分级等评价为主的适宜性分析；

⑤形成综合的适宜性分析图件，为分配土地利用提供依据。

（3）景观生态规划中必不可少的要素

①规划区域的时空背景；

②规划区域的整体背景；

③规划区域景观中的关键点；

④规划区域的生态特性；

⑤规划区域的空间特性。

（4）景观生态规划的研究进展

目前，景观生态规划已广泛应用于城市、农业、林业、牧业、矿区等行业部门的土地利用规划与土地管理中，大量工作围绕农业景观生态规划、农村和城市景观生态规划、风景名胜区的景观规划、湿地景观的生态规划以及特殊区域的景观生态规划等方面展开。同时，由于人类活动不断扩大而使生物生存的栖息地逐渐减少受到越来越多的重视，因而，运用景观生态学的方法进行生物多样性保护也成为目前景观生态规划的主要研究问题之一。对此，国内外学者展开了大量的研究工作，并取得了一定的成果，而建立自然保护区以及在城市密集地区建立动植物保护园或绿色廊道是目前保护稀有物种的主要的方式之一。

如美国华盛顿州的城市生态规划（图4.66）充分利用了景观规划的原理，通过廊道将城市中零散分布的动植物与野外的天然生物群落区直接联系起来，使野生生物可以进入城市公园，同时也可以使公园内的水生生物进入野外的自然栖息地，有效地促进了自然物种的保护。

我国学者傅伯杰等人在黄土高原（图4.67）进行的研究工作中，通过在梁坡和沟坡的转折地带建立灌木廊道，既增加了各种破碎斑块的连接性，又有效地控制了水土流失。

图4.66 美国华盛顿州城市生态规划　　　　　图4.67 黄土高原

然而，迄今为止，大多关于景观生态规划的研究都仅限于方法论的说明，许多实际规划和设计工作并未真正实现社会发展与生态和谐的统一目标，景观生态规划分析的决策也并未在政治决策上被采用。因此，今后景观生态规划的重点将落在提高景观生态规划的实用性和合理性上，其发展的主要方向为：将景观生态规划融入实际的规划行为中，努力寻找实践中应用景观生态学理论与方法的途径；提高在景观尺度对大范围环境与生态问题的研究，关注相互关联的社会经济、健康和环境问题，将景观规划的内容扩大到整个社会研究的范围中；超越简单的认知阶段，将可持续真正意义上融入实际可操作的层面。

**2. 景观生态设计**

景观生态设计是经济发展的产物，是能够对子孙后代、经济发展和人类的长远发展有利的设计形式。因此，生态设计受到人类与日俱增的关注。景观生态设计作品的完成需要生态设计理念作为指导，要求在形式、色彩、材料、技术、工艺等方面认真考究，综合其特性，最终得出最佳的设计方案，只有引入生态的概念，运用景观生态设计，才能更好地保护环境，更少地对环境造成负面影响，才能更好地提升景观的综合价值。

从19世纪下半叶至今，西方景观的生态设计思想先后出现了四种倾向，即自然式设计、乡土化设计、保护性设计和恢复性设计。

**（1）自然式设计**

与传统的设计形式相对应。通过植物群落设计和地形起伏处理，表现自然景观，立足于将自然引入城市人工环境。

　　18 世纪，英国自然风景景观开始形成并很快盛行，但是它只改变了景观的审美形式，并未改变景观设计的指导宗旨。奥姆斯特德是第一位真正从生态高度将自然引入城市的设计师，他对自然风景园极为推崇，并规划设计了纽约曼哈顿中央公园（图 4.68）和波士顿公园系统，意在重塑自然景观，有效推动城市生态的良性发展。

　　受其影响，从 19 世纪末到现在，自然式设计的研究向两个方面发展。其一为依附城市的自然脉络，通过开放空间系统的设计将自然引入城市；其二为建立自然景观分类系统作为自然式设计的形式参照。

图 4.68　曼哈顿中央公园　　　　　　　　图 4.69　哈普林设计的海滨牧场共管住宅

（2）乡土化设计

　　通过对基地及其周围环境中植被状况和自然史的调查研究，使设计切合当地的自然条件并反映当地的景观风貌。为了提高植物成活率及与乡土景观的和谐性，19 世纪末以西蒙兹（O.C.Simonds）、詹逊（Jens Jenson）为代表的一批中西部景观设计师开创了"草原式景园"，体现了一种全新的设计概念：设计不是"想当然地重复流行的形式和材料，而要适合当地的景观、气候、土壤、劳动力状况及其他条件"。这类设计以运用乡土植物群落展现地方景观特色为特色，造价低廉，将其应用于全美公路网建设中，有效地解决了公路两侧的绿化和护坡问题。

　　继西蒙兹之后，哈普林（Lawrence Halprin）则认为景观设计者应该从自然环境中获取创作灵感，应该为激发人们的行为活动提供一个具有艺术感召力的背景环境。他利用"生态记谱"图的方法设计的海滨牧场共管住宅（图 4.69），受到广泛的赞誉。海滨共管住宅呈簇状排列，让自然与建筑空间相互穿插，在不降低住宅密度的情况下留出更多的空旷地，既保护了自然地貌，又使新的设计成为当地长期自然变化过程中的有机组成部分。哈普林建议设计师与科学家及其他专家进行广泛的合作，积极地推动了生态设计向科学的方向发展。

（3）保护性设计

　　对区域的生态因子和生态关系进行科学的研究分析，通过合理设计减少对自然的破坏，以保护现状良好的生态系统。

　　19 世纪末，詹逊受到生态学的影响，积极提倡对美国中西部地区的自然景观进行保护。20 世纪初，曼宁（Warren Manning）提出应建立关于区域性土壤、地表水、植被及其用地边界等自然状况的基础资料库，以便为设计提供参考，并首创叠图分析法（the Overlay Method），但遗憾的是并未得到广泛的应用。

之后，以谢菲尔德（Peter Shelpheard）和海科特（Brian Hackett）为首的一些英国的景观建筑师开始提倡通过对生态因子进行分析，使设计有助于环境保护。其中，麦克哈格在《设计结合自然》一书中直接揭示了景观设计与环境的内在联系，并提出一种科学的设计方法——计算机辅助叠图分析法。其主要观点包括：肯定自然作用对景观的创造性，认为人类只有充分认识自然的作用并参与其中才能对自然施加良性影响。推崇科学而非艺术的设计，必须依靠全面的生态资料解析过程来获得合理的设计方案。强调设计人员与科学家合作的重要性。

麦克哈格开创了景观设计的科学时代。其后，保护性设计主要向两个方面发展：其一是以合理利用土地为目的的景观生态规划方法。由于宏观的规划更注重科学性而非艺术性，所以最新的生态学理论（如生态系统理论、景观生态学理论）往往首先得到应用。其二是先由生态专家分析环境问题并提出可行的对策，然后设计者就此展开构想的定点设计（Site Design）方法。由于同样的问题有不同的解决方法和艺术表现形式，因此，这类研究具有灵活多样的特点。

随着生态科学的发展，保护性设计经历了景观资源保护、生态系统保护、生物多样性保护等认识阶段。但近些年来，景观界开始意识到它所带来的负面影响。一方面，由于片面强调科学性，景观设计的艺术感染力日渐下降；另一方面，由于人类科学发展的局限性，设计的科学性不能得到切实保证。因此，生态设计与艺术设计相结合的呼声日益高涨。

（4）恢复性设计

20 世纪 60 年代以来，随着人口不断增长，工业化、城市化和环境污染日益严重的问题不断凸现。为了寻找科学的解决办法，生态设计逐渐转向更为现实的课题——恢复性设计，即在设计中运用各种科技手段来恢复已遭破坏的生态环境。

恢复性设计的诞生应归功于一些因"公共空间艺术计划"而跻身于景观设计行列的环境艺术家，这种设计作品的主题均为对环境的关怀，而且设计师均与多方面的专家合作，因此被称为"生态艺术"。生态艺术的设计太富于哲理，较难为所公众理解。20 世纪 90 年代以来，景观界开始多方面的探索加以改进，其中最突出的当数景观设计师 K. 希尔（Kristina Hill）对德国福特堡地区煤矿的主污染区的环境改造。她将纵横交错的步行林荫道网络贯穿主污染区，结合路网设置机井并开挖水渠，利用机井抽水将清洁的地下水引入该区域，将抽出的污水经透明的净水装置处理后用于绿化灌溉。这不但解决了当地环境酸化问题，而且让人们目睹了水的净化过程，通过鲜明的变化感受到环境质量的提高。

景观设计师对于生态设计的敏感性以及对生态设计原理的探究和大胆应用，使生态设计理论在景观设计中的应用得以不断发展。

**思考练习题：**
1. 运用空间尺度理论分析校园空间。
2. 测量（利用尺子或步测）周边环境（如车行道、人行道、垃圾桶、座椅）的尺寸并记录。
3. 调研当地优秀的公园、广场案例，利用所学理论进行分析。
4. 查找优秀的景观生态设计案例并分析。

# 第5章 景观设计方法

● **教学目标:**

通过本章学习,使学生掌握景观设计的基本原则和方法,能有意识地运用造景手法进行景观设计。综合相关的专业基础知识,强化学科从理论到实践的转化,为景观设计的完整性、综合性提供专业支持。

## 5.1 景观设计原则

日本著名的设计家庵宪先生认为,所谓设计,就是创造一种把"价值转化为物态""物态上升为价值",再从这一物态中产生新的价值的一种反复轮回于价值与形态之间的良性循环系统。高效率、舒适、安全、健康、文明的生活是全社会共同的向往与追求。景观设计正是使这一概念具体化为与环境相协调的实体设计。在对这种目标的追求中,景观设计将不断得以发展。

### 5.1.1 功能性原则

"以人为本"已是当代人景观设计的基本要求。"雅典宪章"曾指出:"居住为城市的主要因素,要多从居住的人的要求出发。""华沙宣言"也曾指出:"每个人都有生理的、智力的、精神的、社会的和经济的各种需求。这些需求作为每个人的权利,都是同等重要的,而且必须同时追求。"

人的一生几乎有超过三分之二的时间是在居住环境中度过的,居住环境的好坏直接关系到人生活品质的高低。扬·盖尔将居民活动分成三类(表 5.1),景观设计的功能性原则就建立在这些具体活动之上。

表 5.1 居民活动的类型图

| 类型 | 特征 | 行为 |
| --- | --- | --- |
| 必要活动 | 基本的、带有强迫性的日常活动 | 工作、购物、上下班 |
| 选择活动 | 在户外条件允许时人们乐于进行的活动 | 散步、观光、户外休息 |
| 社交活动 | 发生在人们聚集的公共场所的交往活动 | 谈天、游戏、打招呼 |

景观设计首先应满足人们使用功能的需求,在此基础上追求精神功能的满足。

**1. 使用功能**

为人们的户外生活环境提供各种便利,提供安全、保护、管理、情报等服务功能,这是景观设计的第一功能。若缺乏"人性化"设计,缺乏对功能的研究,便会出现种种不协调现象。例如，城市广场只种大面积的草坪，缺少树木绿荫，缺少公共座椅，路人在烈日下只能行色匆匆，谈不上休息、观赏；城市街道中设有太长的栏杆路障，行人过马路极不方便，以致出现翻越栏杆、乱窜马路的现象；马路、街道上充塞着各式杂乱的广告牌，缺乏统一规划，会造成视觉污染等，设计师必须要清楚地了解使用者的基本要求，才能进一步考虑景观的功能体现。

**2. 精神功能**

精神功能在景观设计中占有重要位置。情与景的交融，使审美主体与审美客体在发生相互感应和相互转换关系中，给人美的享受，即精神功能。景观既是人们情怀的抒发，又是以优美的造型陶冶人们的情操。这种美化功能不仅呈现在景观的整体布局上，而且表现在构成审美价值的每个细节中。例如，植物柔美的线条、婀娜多姿的造型、随季节变化的色彩，显示出大自然界中的无限生机。各种自然景观与人造景观的有机结合、交替出现便会消除各种不协调，使人的情感在美的景观中得到升华。

## 5.1.2　生态性原则

近年来，"生态化设计"一直是人们关心的热点，也是疑惑之点。生态设计在建筑设计和景观设计领域尚处于起步阶段，对其概念的阐述也各有不同。概括起来，一般包含两个方面：一是应用生态学原理来指导设计；二是设计的结果在对环境友好的同时又满足人类需求。参照西蒙·范·迪·瑞恩和斯图亚特·考恩的定义：任何与生态过程相协调并尽量使其对环境的破坏影响达到最小的设计形式都称为生态设计，这种协调意味着设计尊重物种多样性、减少对资源的剥夺、保持营养和水循环，维持植物生存环境和动物栖息地的质量，也有助于改善人居环境及生态系统的健康。

"生态化设计的目标就是继承和发展传统景观设计的经验，遵循生态学的原理，建设多层次、多结构、多功能的科学植物群落，建立人类、动物、植物相关联的新秩序，使其在对环境的破坏影响最小的前提下，达到生态美、科学美、文化美和艺术美的统一，为人类创造清洁、优美、文明的景观环境。"而目前条件下，景观的"生态设计"还未成熟，处于过渡期，需要有更清晰的概念、扎实的理论基础及明确的原则与标准，这些都需要进一步探讨和不断实践。

## 5.1.3　艺术性原则

景观的创意与视觉形象直接影响着空间的整体品质。景观具有装饰性与形象性，虽然它们体量不大，却是美化环境中不可缺少的，能给人带来赏心悦目之感。当景观与街区、广场、商业、文化的环境有机协调时，便有助于形成一个融便利性与城市特质、艺术品位为一体的公共环境。

艺术性是一个美学标准，真正的美具有积极向上的精神力量。景观应雅俗共赏，喜闻乐见，以群众的欣赏水平为基准，并向纵深方向提高与升华。尤其在公共环境中，因其服务对象不是设计师个人或少数人，而是社会主体的大众，所以，设计师关注的是在时代、社会、民族环境中形成的共同的美感，客观存在的普遍性的艺术标准，而且这些大众的审美需求和共同美感随着时代的变化、社会的进步呈现出不断的变化。就是在同一环境中也会有不同的具体表现，如教育、文化、价值观、经历不同的人，对环境审美的趣味都各有所好，有的倾向于造型简练、色调优雅的，有的倾向装饰感强、色调明艳的。无论怎么样，了解与尊重大众的审美需求，是景观设计的首要一步。

景观设计是人类改造世界的活动，在不同的历史时期人类的景观设计活动总是受到人类生存状态、科学技术、社会文化和经济水平的制约。因此，不同时期景观设计的思想、理论、方法完全不同。即使在同一历史时期，由于人们的审美价值取向不同，同样会有不同的艺术流派产生。因此，艺术性原则的产生与发展总是带着时代的烙印。

### 5.1.4　地方性原则

首先，应尊重当地传统文化和乡土知识，吸取当地人的经验。景观设计应植根于所在地的地理环境。由于当地人依赖于从其生活环境获得日常生活的物质资料和精神寄托，他们关于环境的认识和理解是场所经验的有机衍生和积淀，所以，设计应考虑当地人及其文化传统给予的启示。

其次，要顺应基址的自然条件。场地外的生态要素对基址有直接影响和作用，所以，设计时不能局限在基址的红线以内；另外，任何景观生态系统都有特定的物质结构与生态特征，呈现空间异质性，在设计时应根据基址特性进行具体的对待；考虑基址的气候、水文、地形地貌、植被以及野生动物等生态要素的特征，尽量避免对它们产生较大的影响，维护场所的健康运行。

最后，应因地制宜，合理利用原有景观。要避免单纯地追求宏大的气势和"英雄气概"，要因地制宜，将原有景观要素加以利用。当地植物建材的使用是景观设计生态化的一个重要方面。景观生态学强调生态斑块的合理分布，而自然分布状态的斑块本来就是一种无序之美，只要我们在设计中尊重它并加以适当的改造，完全能创造出充满生态之美的景观。

### 5.1.5　资源的节约和保护原则

保护不可再生资源。作为自然遗产，尽量不予以使用。在大规模的景观设计中，特殊自然景观元素或生态系统的保护尤为重要，如城市和城郊湿地的保护、自然林地的保护；尽可能减少包括能源、土地、水、生物资源的使用，提高使用效率。景观设计中如果合理地利用自然形态，如风、光、水等，则可以大大节约能源；利用废弃的工地和原有材料，包括植被、土壤、砖石等，服务于新的功能，可以大大提高资源的利用率。在发达国家的城市景观设计中，把关闭、废弃的工厂在生态恢复后变成市民的休闲地已成为一种潮流。

景观对能源和物质的耗费体现在整个生命周期，即材料的选择、施工建设、使用管理和废弃过程中。为此，材料选用原则应以能循环使用、降解再生为主，而且应提高景观的使用寿命。

### 5.1.6　整体性原则

景观是一个综合的整体，它是在一定经济条件下实现的，必须满足社会的功能，也要符合自然规律，遵循生态原则，同时它又属于艺术范畴，缺少了其中任何一方，设计就存在缺陷。景观生态设计是对人类生态系统整体进行全面设计，而不是孤立地对某一景观元素进行设计，是一种多目标设计，为人类需要，也为动植物需要，为高产值需要，也为审美需要。设计的最终目标是整体化。

　　现代景观设计不只是建筑物的配景或背景，要相地合宜，要得体，与自然环境形成统一的整体。广场、街景、景观绿化，从城市到乡村都寄托了人类的理想和追求，注重人的生活体验、人的感受，美好的景观环境既是未来生活的憧憬，也是历史生活场景的记忆，更是现代生活的空间和系统。景观设计要解决人与人、结构与功能、格局与过程间的相互关系，使自然环境与周围环境充分结合，创造出和谐丰富的外部空间。

## 5.2　设计的基本方法

### 5.2.1　注重构思立意

　　立意指景观设计的总意图，即设计思想。如扬州个园园名取宋苏东坡："宁可食无肉，不可居无竹。无肉使人瘦，无竹令人俗。"在个园中，塑造了四季假山。美国越战老兵纪念碑的设计不同于一般意义上的纪念碑，它没有拔地而起，而是陷入地下，黑色的、像两面镜子一样的花岗岩墙体，向两个方向各伸出 60.96m，分别指向林肯纪念堂和华盛顿纪念碑。两墙相交的中轴最深，约有 3m，逐渐向两端浮升，直到地面消失。按照林璎自己的解释，好像是地球被（战争）砍了一刀，留下了这个不能愈合的伤痕。"越战纪念碑"的意义是纪念战争牺牲者的宝贵生命，而不仅仅是政治意义，其中赋予了设计师超越死亡的思考。

　　注重构思立意，需要针对不同性质的场地进行思考。如针对小学校园的景观设计，关注的是校园景观的教育意义、安全性、趣味性等。公共性质的场地广场则需考虑大众的行为习惯、使用需求，合理设置各种活动场地。

　　巧于立意耐寻味的景观设计不只是总体概念、布局构思，其中的景观小品不仅要有形式美，还要有深刻的内涵。只有表达一定意境和情趣的小品，才能具有感染力，才是成功的艺术作品。根据构思不同，景观设计小品可分为预示性景观设计小品、故事性景观设计小品、文艺性景观设计小品三类。

　　预示性小品：景观设计师一般把此类小品设置在绿地入口位置，游人一见便可预知公园的性质及内容。例如，在韩国科学院一方形小院内，设置有一座呈几个学者姿态的雕塑，来者一望便知这里是"学府"。

　　故事性小品：景观设计师是把历史故事、传奇故事、寓言等巧妙地做成雕塑等，使游人在欣赏雕塑艺术的同时受到教育。例如，武汉东湖的"瞎子摸象"等寓言雕塑，天津海河公园的"司马光砸缸"等故事雕塑等。

　　文艺性小品：此类小品则是把文学、艺术、书法、诗词等经典作品雕刻在各种石材上增加游兴，使文艺与自然风景结合起来，令游人在游园过程中得到艺术与文化的熏陶。

　　造型新颖的时代景观设计具有浓厚的工艺美术特点，所以，一定要突出特色，以充分体现其艺术价值，切忌生搬硬套和雷同。

　　无论哪类景观设计，都应体现时代精神，体现当时社会的发展特征和人们的生活方式。既不能滞后于历史，也不能跨越时代。从某种意义上讲，景观设计必须是这个时代的人文景观的记载。

### 5.2.2 充分利用基地条件

景观规划设计首先应该因地制宜，尊重土地原本的特征。每一个城市、每一个景观项目用地都有自身的地理特征，理解并分析场地的特殊性，恰到好处地利用场地的唯一性进行设计，这样的景观设计才具有地域性。景观设计不仅仅是土地的设计，还是人类文化的传递，因此，一方面，设计应该考虑本土文化的特征及传统文化给予人们的启示。

另一方面，景观设计应该尽可能地做到就地取材，利用本地材料和植物，这是生态设计的一个重要方面，本土植物适合于当地生长，管理和维护成本都可以降低，而且有利于保护地方性植物的多样性。为充分利用基地条件，需要做好场地调查和分析，依据场地条件做好规划设计。

#### 1. 场地调查和分析

对场地的分析一般通过两种方式来获得基本资料，即通过图纸和现场探察。一般在一个项目开始前，设计者就会得到相关图纸，图纸及其他数据固然是重要的，但完全依靠图纸是远远不够的，设计师对场地的理解和对其精神的感悟，必须通过至少一次最好多次的现场探察，来补充图纸上体现不出来的其他的场地特征。只有通过现场探察，才能对场地及其环境有透彻的理解，从而把握场地的感觉，把握场地与周围区域的关系，全面领会场地状况。

#### 2. 景观设计的过程

一个完整的景观设计过程主要可以概括为两个阶段：一是认识问题和分析问题的阶段，二是解决问题的阶段。

景观的设计过程可以分为三步：调查（场地调查）—分析（评估和解释）—设计（建议的展开）。

调查顾名思义是指场地调查，大多以书面的文字报告结合场地实景图片表述；分析是指基于对场地客观事实的调查，对场地现状进行全面的评估和理解。例如，手绘相应的场地横截面图，对于目前场地的排水流向结合专业知识进行分析和评论；设计，在这里指的是基于以上两个步骤对场地的调查和分析后，得出的关于下一步如何展开和进行设计的一个建议，通常这个设计建议以文字、设计概念草图结合示意图片来表示。在某种意义上说，前者决定后者。场地调查和分析就是设计的前期阶段，对问题的认识和分析过程。对问题有了全面透彻的理解后，基地的功能和设计的内容也自然明了。所以，认识问题和分析问题的过程就更加重要。而在实际的设计中，许多设计者往往忽视了场地分析这个关键的环节。

#### 3. 场地总平面设计

这是对建设项目诸多内容的总体安排与统筹，应充分考虑其使用功能和要求、建设地区的自然与人工环境以及经济技术的合理性因素，对场地的功能分区、交通流线、建筑组合、绿化与环境设施布置，以及环境保护做出合理的安排，使之成为统一的有机整体。场地规划设计时以下要点需注意。

（1）用地范围及界线

应掌握道路中心线、道路红线、绿化控制线、用地界线、建筑控制线。设计师应清楚掌握几条控制线的含义及与其他控制线的差别。

（2）与城市道路的关系

这是每一位从事城市规划、建筑设计人员必须掌握的基本知识。基地应与道路红线相连接，否则应设通路与道路红线相连接。基地与道路红线连接时，一般从退道路红线一定距离为建筑控制线。建筑一般均不得超出建筑控制线建造。属于公益上有需要的建筑物和临时性建筑物（绿化小品、书报亭等），经当地规划主管部门批准，可突出道路红线建造。建筑物的台阶、平台、窗井、地下建筑、建筑基础，均不得突入道路红线。建筑突出物可有条件地突入道路红线。

（3）场地出入口

对车流量较多的基地及人员密集的建筑基地应符合规范规定：距大中城市主干道交叉口的距离，自道路红线交叉点起不应小于 70m；距非道路交叉口的过街人行道最边缘不应小于 5m；距公共交通站台边缘不应小于 10m；距公园、学校、儿童残疾人等建筑物的出入口不应小于 20m；当基地通路坡度较大时，应设缓冲段与城市道路连接；与立体交叉口的距离或有其他特殊情况时，应按当地规划主管部门的规定办理。

（4）建筑限高

当城市总体规划有要求时，应按规划要求限制高度；保护区范围内、视线景观走廊及风景区范围内的建筑，市、区中心的临街建筑物，航空港、电台、电信、微波通信、气象台、卫星地面站、军事要塞工程等周围的建筑物均应考虑高度限制。

局部突出屋面的楼梯间、电梯机房、水箱间、烟囱等，在城市一般地区可不计入控制高度；在保护区、控制区内应计入高度。

（5）控制指标

建筑强度方面的指标包括容积率、建筑密度、总建筑面积等。环境质量方面的量化指标主要包括绿地率、绿化覆盖率、人口净密度、人口密度等。

容积率=总建筑面积（m²）/ 基地总用地面积（m²）

建筑密度（%）=建筑总基地面积（m²）/ 基地总用地面积（m²）×100%

绿化覆盖率（%）=绿化覆盖面积（m²）/ 基地总用地面积（m²）×100%

绿地率（%）=各类绿地覆盖面积之和（m²）/ 基地总用地面积（m²）×100%

人口毛密度（人 / hm²）=总居住人口数（人）/ 居住用地总面积（hm²）

人口净密度（人 / hm²）=总居住人口数（人）/ 住宅用地总面积（hm²）

### 5.2.3　景序及视线组织

**1. 视线分析图解**

风景可供游览、观赏，但不同的观赏方式和角度会产生不同的景观效果，所以，掌握游览观赏规律可以指导规划设计工作。风景具有一定的特征的环境，需要具有一定的观赏距离与角度才能取得较好的效果（图 5.1～图 5.4）。

视域分析

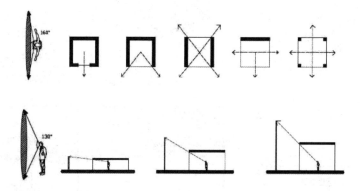

图 5.1　视域分析图

视高分析

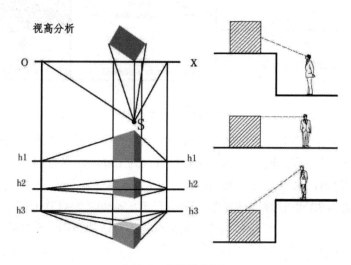

图 5.2　视高分析图

视距分析 (D-观赏视距；H-实景高度)

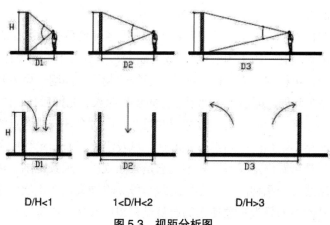

D/H<1　　　　1<D/H<2　　　　D/H>3

图 5.3　视距分析图

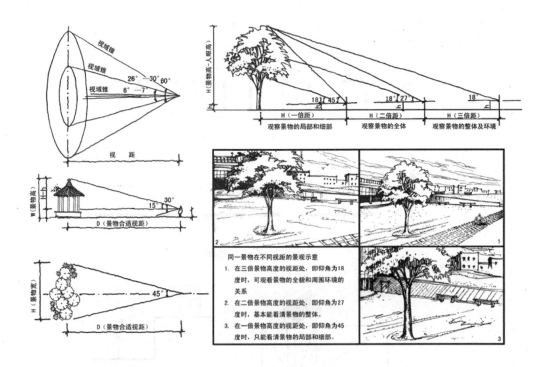

**图 5.4　人的合适视距**

合适视距：在静态观赏中，人居于最佳观赏角度和位置时人与景物之间的距离。

一般情况下，人在静态时人的视角在竖直方向为 130°，水平方向为 160°；而观赏最佳时垂直方向为 30°以内，水平方向为 45°及其以内。

在垂直视角为 30 °时计算合适视距，$D=（H-h）×cot\alpha / 2=（H-h）×cot15 =3.7（H-h）$。

因人体高度影响，需进行粗略估计：大型景物的合适视距约为景物高度的 3.5 倍；小型景物的合适视距约为景物高度的 3 倍。

在水平视角为 45 °时计算合适视距，$D'=w/2×cot\alpha / 2= w/2 ×cot22.5° =1.2w$。

水平景物的合适视距为景物宽度的 1.2 倍。

考虑：当景物宽度大于高度，依垂直视距和水平视距综合考虑。

### 2. 景观序列组织

景观设计是在自然及人工工程环境条件下，运用多种景观要素进行造景、组景。"相地合宜，构园得体，因地制宜，巧于因借"（计成《园冶》），点出了景观设计的要旨。

景观序列的表达可以划分为起始、期待—引导—起伏—高潮—尾声几个阶段，处理好景的露与藏、显与隐等问题，可通过各种手法，如步步深入、先抑后扬、曲径通幽、豁然开朗、高潮迭起、回味不尽等。设计中要注意空间的组织，同时合理安排景点的分布。

景点一般指园路、小径的起始点、交汇点，以及沿途具有一定功能和观赏作用的地点。城市广场、节点也都可看作是景点，只不过它是景点规模、观景范围、环境尺度相对扩大的地段。景区与道路通过一系列的"节点"组织地段。不同景点在主次、有序、排列中确立了不同的特征，以其鲜明的景观形象使人的游赏过程得以起伏，心理期待得以满足。

景观的序列布局要求：

①依形就势，引导有序，"不妨偏径，顿觉婉转"，如路径冗长则消减游兴，过短则兴致顿消。

②游程安排取决于不同的交通条件，如景区中的缆车、电瓶车以及步行等不同交通方式，使之既有"步"移景异之趣，又有豁然开朗之妙。

③自然景观与人工景观可适当控制、选取、剪裁，做得不落斧痕，浑然一体，视线所及"俗则屏之，嘉则收之"，在于"因地制宜，巧于因借"。

④注意空间的交替、过渡、转换，加强其节奏感，做到划分、隔围、置景主从分明，尺度、体量把握有度。

⑤景观与人文的结合，通过诗文、匾额、楹联，览物抒怀，烘托渲染，寓情于景，触景生情，融情入景，深化意境。以景点的设置作为观景的位置时，它呈现出扩散、离心、辐射的方式，往往是外向性的，包括景点的位置选择、点的布局（如廊、亭、楼、阁）、发射的方向与视距的远近等，这时观景是发散的、多视角的，有时是漫散的。反之，景点成为视线的聚焦，此时必须有最佳的视距与视点位置，景点才能呈现出清晰优美的形象与轮廓，并给予人们难忘的印象。

景区的置景有引景、借景、对景、底景、主景等不同手法，以达到预期的效果。现代景观设计中中国传统古典理论的运用是丰富创作手法的重要方面。

## 5.3 景观的造景处理手法

中国造园艺术的特点之一是创意与工程技艺的融合以及造景技艺的丰富多彩。归纳起来包括主景与配（次）景、对景与借景、夹景与框景、障景与漏景、实景与虚景等。

### 5.3.1 主景与配景

造园必须有主景区和配（次）景区。堆山有主、次、宾、配，景观建筑要主次分明，植物配植也要主体树种和次要树种搭配，处理好主次关系就起到了提纲挈领的作用。配景对主景起陪衬作用，不能喧宾夺主，在景观中是主景的延伸和补充。

景无论大小均有主景与配景之分，在景观绿地中能起到控制作用的景叫"主景"，它是整个绿地的核心、重点，往往呈现主要的使用功能或主题，是全园视线控制的焦点。景观的主景，按其所处空间范围的不同，一般包含有两个层次的含义：一个是指整个园子的主景；一个是指园子中由于被景观要素分割的局部空间的主景。以颐和园为例，全园的主景是佛香阁排云殿一组建筑；谐趣园为颐和园中的园中园，其主景是涵远堂（见图 5.5），为颐和园中局部空间的主景。

**图 5.5　谐趣园的主景是涵远堂**

配景起衬托作用，可使主景突出，像绿叶"扶"红花一样，在同一空间范围内，许多位置、角度都可以欣赏主景，而处在主景空间范围内的一切配景，又成为观赏的主要对景，所以主景与配景是相得益彰的，如北海公园的白塔即为主景。

突出主景的方法有：

（1）主体升高

主景主体升高，相对地使视点降低，看主景要仰视，一般可取得以简洁明朗的蓝天远山为背景，使主体的造型、轮廓鲜明突出。而不受其他因素干扰的影响。为了使构图主题鲜明，常把主景在高程上加以突出。例如，北京北海公园的白塔（图 5.6）、颐和园万寿山景区的佛香阁建筑等均属于此类型。

**图 5.6　北海公园的白塔**

（2）面阳朝向

面阳朝向指屋宇建筑的朝向，以南为好。因我国地处北纬，南向的屋宇条件优越，对其他景物来说也是重要的，山石、花木南向，有良好的光照和生长条件，各处景物显得光亮，富有生气，生动活泼。

（3）中轴对称

在规则式景观和景观建筑布局中，常把主景放在总体布局中轴线的终点，而在主体建筑两侧，配置一对或一对以上的配体。中轴对称强调主景的艺术效果是宏伟、庄严和壮丽，例如，北京天安门广场建筑群就是采用这种构图方法（图 5.7），另外，一些纪念性公园也常采用这种方法来突出主体。

**图 5.7 北京天安门广场建筑群**

（4）轴线和风景视线的焦点

景观中常把主景放在视线的焦点处，或放在风景透视线的焦点上来突出主景。主景前方两侧常常进行配置，以强调陪衬主景，对称体形成的对称轴称中轴线，主景总是布置在中轴线的终点，否则会感到这条轴线没有终结。此外主景常布置在景观纵横轴线的相交点，或放射轴线的焦点，或风景透视线的焦点上。例如，白塔就布置在全园视线的焦点处。

（5）动势向心

一般四面环抱的空间，如水面、广场、庭院等，周围次要的景色往往具有动势，趋向于一个视线的焦点，主景宜布置在这个焦点上。西湖周围的建筑布置都是向湖心的，因此，这些风景点的动势集中中心便是西湖中央的主景——孤山，它便成了"众望所归"的构图中心。

（6）空间构图的重心

空间构图的重心，是指主景布置在构图的重心处。规则式景观构图，主景常居于几何中心，而自然式景观构图，主景常布置在自然重心上。如中国传统假山园，主峰切忌居中，就是主峰不设在构图的几何中心，而有所偏，但必须布置在自然空间的重心上，四周景物要与其配合。

（7）对比与调和

配景经常通过对比的形式来突出主景，这种对比可以是体量上的对比，也可以是色彩上的对比、形体上的对比等。例如，景观中常用蓝天作为青铜像的背景；在堆山时，主峰与次峰是体量上的对比；规则式的建筑以自然山水、植物做陪衬，是形体的对比等。

综上可见，主景是强调的对象，一般都采用以小衬大、以低衬高等手法，从体量、形状、色彩、质地及位置上加以突出。但有时主景也不一定体量都很大、很高，在特殊条件下低在高处、小在大处也能取胜，成为主景，如长白山天池就是低在高处的主景（图5.8）。

图5.8　长白山天池

### 5.3.2　对景与借景

#### 1. 对景

对景，所谓"对"，就是相对之意。对景一般指位于景观轴线及风景视线端点的景物。对景多用于景观局部空间的焦点部位。多在入口对面、甬道端头、广场焦点、道路转折点、湖池对面、草坪一隅等地设置景物，一则丰富空间景观，二则引人入胜。一般多用雕塑、山石、水景、花坛（台）等景物作为对景。

对景在景观中的运用很多，但要做好这种景也不易。景贵在自然，这里的自然是多义的，自然也与距离有关，在某种距离上，景观似会觉得不自在。景如人，若是两个相互不认识的人，距离不到2米相对而立，就会觉得很别扭。景也一样，若一个小院两边相对观之，也有这种不愉快的感觉，这就叫"硬对景"。如果景不能扩大，是可以通过某种手法来弥补的。试看苏州留园中的石林小院，院北是揖峰轩，院南是石林小屋（半亭），两者相对而观，相距只有10米，但觉得无别扭之感。正是因为园中有数立峰，因此相互对视，景时隐时现，较为含蓄（图5.9）。

北京故宫中的乾隆花园，其古华轩与遂初堂之间的小院中，也立石，是同样的手法，据说这个花园是乾隆皇帝的手笔，他酷爱江南，所以手法如一。苏州怡园的藕香榭向北望，隔池是假山林丛，山上一个亭，即"小沧浪"点缀其间，形成以自然为主的景观，可谓美不胜收；反之，人在亭中观藕香榭，也甚观止，而且一仰一俯，更见造园者之匠心了。

对景包括两种形式：

正对：在道路、广场的中轴线端部布置的景点或以轴线作为对称轴布置的景点。

互对：在轴线或风景视线的两端设景，两景相对，互为对景。

图 5.9　苏州留园的石林小院

　　对景是相对为景，借景则只借不对。无锡寄畅园，人在环翠楼前南望，可以见到树丛背后的锡山和山上的龙光塔。这塔和山似成园内之景；反之，若人在锡山或龙光塔上，甚至找不到寄畅园。借景是单向的，这就是借景与对景之不同。苏州拙政园，在梧竹幽居亭中向西望去，可以见到远处的北寺塔，而且有了这座塔的形象，使这一景更美。景贵有层次，塔成了此景的远景（图 5.10）。

图 5.10　苏州拙政园远借北寺塔

### 2. 借景

从手法来说，要借景，必须要设计视线。寄畅园中能见到锡山，拙政园中能见到北寺塔，都是因为在视点前面有一大片水池，才使视线可及远处之景。这两处水池都做得狭长，拉长视距又不影响园的规模。现在有了准确的平面图，做视线不难，但古时候没有这种图，何以能有如此之妙，这就需实地观察、把握。

借景虽属传统园林手法，但如今兴造城市绿地，也可借鉴此法，使景观更有情趣。城市有许多高层建筑，可以借鉴借景手法组织景观。

《园冶》中说："得景则无拘远近，晴峦耸秀，绀宇凌空，极目所至，俗则屏之，嘉则收之，不分町疃，尽为烟景，斯所谓巧而得体者也。"所谓"俗则屏之"，也可以理解为现在有的建筑不好看，就得用林木、小建筑等挡住其视线。"嘉则收之"就是可以把远处美的建筑引入景观之中供观赏。如果城中有山有塔，更可取之。《园冶》云："嘉则收之，俗则屏之"，讲的是周围环境中有好的景观，要开辟透视线把它借进来，如果是有碍观瞻的东西，则将它屏障起来。有意识地把园外的景物借到园内可透视、感受的范围中来，称为借景。借景是中国造园艺术的传统手法。一座景观的面积和空间是有限的，为了丰富游赏的内容，扩大景物的深度和广度，除了运用多样统一、迂回曲折等造园手法外，造园者还常常运用借景的手法，收无限于有限之中。

（1）借景的类型

①远借。就是把景观远处的景物组织进来，所借物可以是山、水、树木、建筑等。成功的例子很多，如北京颐和园远借景西山及玉泉山之塔；避暑山庄借景僧帽山、磬锤峰；无锡寄畅园借景惠山（图5.11）、济南大明湖借景千佛山等。为使远借获得更多景色，常需登高远眺。要充分利用园内有利地形，开辟透视线，也可堆假山叠高台，山顶设亭或高敞建筑（如重阁、照山楼等）。

**图5.11 无锡寄畅园借惠山**

②邻借（近借）。就是把园子邻近的景色组织进来。周围环境是邻借的依据，周围景物只要是能够利用成景的都可以借用，不论是亭、阁、山、水、花木、塔、庙等。如苏州沧浪亭园内缺水，而临园有河，则沿河做假山、驳岸和复廊，不设封闭围墙，从园内透过漏窗可领略园外河中景色，园外隔河与漏窗也可望园内，园内园外融为一体，就是很好的一例。再如邻家有一枝红杏或一株绿柳、一个小山亭，也可对景观赏或设漏窗借取。如"一枝红杏出墙来""杨柳宜作两家春""宜两亭"等布局手法。

③仰借。利用仰视借取的园外景观，以借高景物为主，如古塔、高层建筑、山峰、大树，包括碧空白云、明月繁星、翔空飞鸟等。如北京的北海港景山，南京玄武湖借鸡鸣寺均属仰借。仰借视觉较疲劳，观赏点应设亭台座椅。

④俯借。是指利用居高临下俯视观赏园外景物，登高四望，四周景物尽收眼底。所借景物甚多，如江湖原野、湖光倒影等。

（2）借景的方法

①开辟赏景透视线。对于赏景的障碍物进行整理或去除，譬如修剪掉遮挡视线的树木枝叶等。在园中建轩、榭、亭、台等，作为视景点，仰视或平视景物，纳烟水之悠悠，收云山之耸翠，看梵宇之凌空，赏平林之漠漠。

②提升视景点的高度。使视景线突破景观的界限，取俯视或平视远景的效果。在园中堆山，筑台，建造楼、阁、亭等，让游者放眼远望，以穷千里目。

③借虚景。借虚景，如借时借光，借声借香等。如朱熹的"半亩方塘"，圆明园四十景中的"上下天光"，都俯借了"天光云影"；上海豫园中的花墙下的月洞，透露了隔院的水榭；苏州拙政园的"闻木樨香轩"，杭州西湖的"柳浪闻莺"，则是借了鸟语花香。

借景表现在景区划分、植物配置、建筑景点、假山造型等方面。如利用花卉造景有春桃、夏荷、秋菊、冬梅的表现手法。用树木造景有春柳夏槐、秋枫冬柏。利用山石造景者有扬州个园的春石笋、夏湖石、秋黄石、冬宣石的做法。运用意境造景有柳浪闻莺、曲院风荷、平湖秋月、断桥残雪。进行大环境造景的有杏花村、消夏湾、红叶岭、松拍坡等。南京有春登梅花山、秋游栖霞山、夏去清凉山、冬登覆舟山的赏景习惯。画家对季相的认识，对造园甚有益处，如景观植物上"春发、夏荣、秋萧、冬枯"或"春莫、夏荫、秋毛、冬骨"。"春水绿而潋滟，夏津涨而弥漫，秋潦净而澄清，寒泉涧而凝滞"，"春云如白鹤，夏云如奇蜂，秋云如轻浪，冬云澄墨惨翳"。总之，按照四时特征造景，利用四时景观赏景，早已成为人们的习惯。

### 5.3.3 框景与夹景

#### 1. 框景

框景顾名思义就是将景框在"镜框"中，如同一幅画（图 5.12）。拙政园内园有个扇亭，坐在亭内向东北方向的框门外望去，见到外面的拜文揖沈之斋和水廊，在林木掩映之下，形成一幅美丽的画卷。北京颐和园中的"湖山春意"，向西望去，可见到远处的玉泉山和山上的宝塔，近处有西堤和昆明湖，更远处还有山峦，层层叠叠，景色如画。苏州狮子林花篮厅北面的院子之东有一面墙，一个月洞门，两边是庭院，可以说互为框景，妙趣无穷。也许是造园者有意这样做的，所以，在此月洞门上有"得其环中"四字。这四字来自《庄子·齐物论》："彼是莫得其偶，谓之道枢，枢，始得其环中，以应无穷。"其意是彼此双方都找不到它的对立面，这就是道的枢纽。这个枢纽道先得到了"道"的圆环中心，来应付世间一切没有穷尽的事理。这里有深邃的哲理性，不知园主人写此四字，与在此两面都起框景作用是否有关系。但无论如何，在客观上存在这种交互为框景，可谓难能可贵。

图 5.12　框景

### 2. 夹景

远景在水平方向视界很宽，但其中又并非都很动人，因此，为了突出理想景色，常将左右两侧以树丛、树干、土山或建筑等加以屏障，于是形成左右遮挡的狭长空间，这种手法叫夹景。夹景是运用轴线、透视线突出对景的手法之一，可增加园景的深远感。夹景是一种带有控制性的构景方式，它不但能表现特定的情趣和感染力（如肃穆、深远、向前、探求等），以强化设计构思意境，突出端景地位，而且能够诱导、组织、汇聚视线，使景视空间定向延伸，直到端景的高潮。风景点的远方，或自然的山，或人文的建筑（如塔，桥等），它们本身都很有审美价值，如果视线的两侧大而无挡，就显得单调乏味，如果两侧用建筑物或者树木花卉屏障起来，使得风景点更显得有诗情画意，这就是夹景。比如颐和园后山的苏州河中划船，远方的苏州桥是主景，为两岸起伏的土山和美丽的林带所夹峙。

### 5.3.4　障景与漏景

#### 1. 障景

凡能抑制视线、引导空间转变方向的屏障景物均为障景。障景的设置可达到先抑后扬，增强主景感染力的作用。同时可有意设屏来挡住不美观的物体和区域，在选景和纯化景色中是必不可少的。

障景是古典造园艺术的一个规律，就是"一步一景、移步换景"，最典型的应用是苏州园林，采用布局层次和构筑木石达到遮障、分割景物，使人不能一览无余。古代讲究的是景深，层次感，所谓"曲径通幽"，层层叠叠，人在景中。现代景观源于古代园林的一部分理论，结合了西方理念，理论构造上比较杂糅，但是基本上是对古代理念的阐述和丰富，使观者跳脱，虽在景中，但处处是景。室外环境中除了景观，障景多见于一些非常精美的楼盘设计，比如万科地产旗下的一些楼盘，楼宇布局就非常值得称道。

障景的手法被成熟地运用于北京颐和园中。巨大的、秀美的太湖石被安置在仁寿门内，起到了障景的作用，使整个院落的景致显得富有层次感（图 5.13）。

图 5.13　北京颐和园障景

在许多院落里，进入正门迎面就是一面屏风，是同样的道理。此外，园内的许多道路被蜿蜒曲折地布置在假山、草木之中，增加了曲径通幽的感觉，营造了一种"山重水复疑无路，柳暗花明又一村"的景象。障景，以遮挡视线为主要目的。中国造园讲究"欲扬先抑"，也主张"俗则屏之"。两者均可用抑景障之，有意组织游人视线发生变化，以增加风景层次。障景多可用山石、树丛或建筑小品等要素构成。

**2. 漏景**

漏景是从框景发展而来。框景景色全观，漏景若隐若现，含蓄雅致。漏景可以用漏窗、漏墙、漏屏风、疏林等手法。疏透处的景物构设，既要考虑定点的静态观赏，又要考虑移动视点的漏景效果，以丰富景色的闪烁变幻情趣。例如，苏州留园入口的洞窗漏景，苏州狮子林的连续玫瑰窗漏景等。通过透漏空隙所观赏到的若隐若现的景物，其是由框景发展而来。框景是景色清楚、漏景则是若隐若现。漏景比较含蓄，有"犹抱琵琶半遮面"的感觉。透漏近似，略有不同。按山石品评标准，前后透视为"透"，上下漏水为"漏"。这里，景前无遮挡为"透"，景前有稀疏之物遮挡为"漏"，有时透漏可并用（漏的程度大到一定时便为透）。在景观中多利用景窗花格、竹木疏隙、山石环洞等形成若隐若现的景观，增加景深，引人入胜（图 5.14）。

图 5.14　漏景

### 5.3.5　实景与虚景

实景是指布置在园中的建筑、山石、水体、植物和园路广场及其组合构成的景观，是园中空间范畴内的现实之景。"虚景"是"实景"以外的，没有固定形状、色彩的如光影、声、香、云雾、"景在园外"的艺术境界等。实景空间是有限的，而虚景空间是无限的。所谓"小中见大""咫尺千里""一峰则太华千寻，一勺则江河万里"等，指的就是景观所表现的两种空间关系。"小""咫尺""一峰""一勺"是现实景观空间，"大""千里""千寻""万里"是艺术想象空间。现实景观空间是物质空间，艺术想象空间则是审美想象空间。现实景观空间显实，属艺术创造范畴，艺术想象空间显虚，属艺术审美范畴。现实景观空间是确定不变的，比较理性，艺术想象空间是不确定的、变化的，较感性。

景观中的"实景"与"虚景"的关系是互为存在条件的。虚景和实景的关系，有时则相辅相成形成渲染烘托。虚与实二者之间互相联系、互相渗透与互相转化，以达到虚中有实、实中有虚的境界，从而大大丰富诗中的意象，开拓诗中的意境，为读者提供广阔的审美空间，充实人们的审美趣味。没有实景，虚景就失去了物质基础；没有虚景，实景就缺乏灵气。虚实空间上的对比变化遵循着"实者虚之，虚者实之"的规律，因地而异，变化多端。有的以虚代实，用水面倒影衬托庭院，如颐和园的昆明湖，既扩延了整体园林的规范，又使万寿山丰富的景点不显拥挤。有的以实显虚，在墙体上开凿漏窗，使景区拓延、通透，富有灵气。

**1. 实景空间的塑造**

（1）水景空间

水是景观艺术中不可缺少的、最富有魅力的一种造园要素。古人称水为景观中的"血液""灵魂"。古今中外的景观，对于水体的运用非常重视。在各种风格的景观中，水体均有不可替代的作用。大水体有助空气流通，即使是一斗碧水映着蓝天，也可使人的视线无限延伸，在感观上扩大了空间。水有虚涵明澄之美，可以给人舒畅空旷的感受，对于突破狭小园地空间的束缚来说是很有效的手段。

小空间中水景处理可以通过建筑和绿化，将曲折的池岸加以掩映，造成池水无边的视觉假象。或筑堤架桥横断于水面，或涉水点以步石，如计成在《园冶》中说："疏水若为无尽，断处通桥"。言外之意就是增加景深和空间层次，使水面有幽深之感。当水面很小时，可用乱石为岸，并植以细竹野藤等，令人有深邃山野风致的审美感觉。如桂湖园（图 5.15），它原是明代名士杨慎年轻时的寓所，因湖堤植桂而得名。园所占地面积并不大，空间基本处于半封闭状态。首先是沿着西、南两面城墙围闭成的狭长空间地带，挖土成湖，水景成为小小宅园的主景。桂湖园是这样处理它的水景空间的：湖中植荷，湖堤植桂，冉冉桂香，田田荷叶，使人心爽神怡，情意荡漾，恍若置身于自然，而忘却身处的只是咫尺之园。

**图 5.15　桂湖园**

（2）植物景观空间

植物造景是景观造景的主体。杨鸿勋在《江南园林论》一文中总结性地提出了植物材料的九大造园功能：即"隐蔽围墙、拓展空间""笼罩景象、成荫投影""分割联系、含蓄景深""装点山水，衬托建筑""陈列鉴赏、景象点题""渲染季节、突出季相""表现风雨、借听天籁""散布芬芳、招蜂引蝶""根叶花朵、四时情供"。

利用植物的各种天然特征，如色彩、形态、大小、质地、季节变化等，本身就可以构成各种各样的自然空间，再根据景观中各种功能的需要，与小品、山石、地形等相结合，更能够创造出丰富多变的植物空间景观效果。广州兰圃（图 5.16）是运用植物构造景观空间的较好例子，其面积虽小，但植物景观丰富，上有古木参天，下有小乔木、灌木及草本地被，中层还有附生植物和藤本，园内基本上是以植物来分割和组织空间的，使人在游览时犹如身临山野，显得幽深而宁静。而"移竹当窗""粉墙竹影"的植物景观则主要适合借鉴于面积较小的景观空间，达到拓展空间效果的有效手段。丰富多样、各具特色的植物景观和层出不穷、含蓄不尽的植物空间意境，使人们感受到的空间比实际的大得多。

图 5.16　广州兰圃

（3）建筑空间

建筑是人类文化的重要组成部分，也是中国景观不可缺少的组成部分。景观建筑除具使用和观赏的双重作用外，还有空间情态等作用，这便是景观建筑的多重性。张萱题倪云林画《溪亭山色图》有两句诗："江山无限景，都取一亭中。"这就是亭子的作用，就是把外界大空间的无限景色都吸收进来。中国园林的其他建筑，如台、榭、楼、阁，也都是起这个作用，都是为了使游览者从小空间进到大空间，也就是突破有限、进入无限，这样就能在游览者胸中引发一种对于整个人生以及整个历史的感受和领悟。

（4）园路空间规划

图 5.17　园路的设计

景观道路与城市道路迥然不同，中国景观所谓"道莫便于捷，妙于迂""不妨偏径，顿置婉转""路径盘蹊""蹊径盘而长"等都不外乎是说园路在有限的景观空间内忌直求曲，迂回曲折，婉转起伏。迂回曲折的园路在组织旋律的同时也放大了空间。景观是一种以有限面积创造无限空间的综合艺术，它所要表现的是咫尺山林的自然意象，而供艺术家驱策之地却是那么小，可以通过园路的起伏回环往复，于限制中寻求无限。"一丘藏曲折，缓步百跻攀"，蜿蜒的曲径，增加了游园的时间和空间，使游人左顾右盼都有景，加大了游人感知的审美信息量，从而达到曲径通幽、峰回路转、小中见大的效果。

在占地范围较小的景观绿地中，道路规划主要以对角线轴向布置，这样可以拉大空间距离，增加深远感。根据观赏要求，可在局部地段膨胀形成各具特色的集散空间。

**2. 虚景空间的塑造**

景观中若以建筑、植物和山石等代表实景的话，那么光影和声、香、云雾等则表现为虚景。

（1）光影

光有日光和月光，影有投影和倒影之分。太阳是生命之源，光明的象征。一日之中，太阳的升沉起落给人丰富的联想，皇家园林则多用日光之词来比喻皇恩浩荡、如日普照。如北京的圆明园曾有的"心日斋""朝日辉""云日瞻依"等。月光妩媚清丽，是阴柔之美的典型。圆月给人以完美团圆的联想，月光清亮而不艳丽，使人境与心得，理与心合，清空无执，淡寂幽远，清美恬悦。宇宙的本体与人的心性自然融贯，实景中流动着清虚的意味，因此，月光是追求宁静境界园林的最好配景。如苏州网师园的"月到风来亭"，是以赏月为主体的景点。当月挂苍穹，天上之月和水中之月映入亭内设置的镜中，三月共辉，赏心悦目。计成《园冶》中所言的"梧荫匝地""槐荫当庭"和"窗虚蕉影玲珑"等都是对植物阴影的欣赏。苏州留园"绿荫轩"，临水敞轩，西有青枫挺秀，东有榉树遮日，夏日凭栏，却能领悟明代高启"艳发朱光里，丛依绿荫边"的诗意。至于水中的倒影，明代计成这样描述："池塘倒影，拟入鲛宫"，"动涵半轮秋水"。苏州拙政园中的倒影楼和塔影亭都是以影来命名的景点。塔影亭建于池心，为橘红色八角亭，亭影倒映水中而似塔。蔚蓝色的天空，明丽的日光，荡漾的绿波，鲜嫩的萍藻和红色的塔影组合成一幅美丽的画面，给人以美的享受。这种巧妙的虚实组合的借景手法，增加了层次，丰富了园景，从而达到拓展空间的目的。

（2）香气

以植物体所散发的芳香为主要表现手段。如苏州拙政园有"远香堂"，源于北宋周敦颐《爱莲说》中"香远溢清"句，而"雪香云蔚"则以欣赏梅花盛开如堆雪积云，幽香袭人为主。再如沧浪亭的"闻妙香室"，留园的"闻木樨香轩"和怡园的"藕香榭"等，这些名字不仅表达了该景点周围所种植植物的特点，而且将那特有的短暂香气定格在名字中，让人一年四季都感到幽远的清香。

（3）声音

以景观环境中不同声响来传达的意境。苏州拙政园"留听阁"取意"留得残荷听雨声"，杭州"柳浪闻莺"也是此类意境的经典之作。扬州个园中的"宜雨轩"和苏州拙政园的"听雨轩"，都表达了人们对雨之滋润、雨之乐奏的期望。景观中琴声悠扬，这种背景音乐令人如入仙境，"此曲只应天上有，人间能得几回闻"，这种感觉在优美的景观环境中尤为强烈。吴江退思园中的"琴台"，窗前小桥流水，隔水对着假山小亭，东墙下幽篁弄影。在此操琴，真有高山流水之趣，尽得意境。

（4）云雾

以云雾气象景观为主形成的朦胧美之意境。嘉兴南湖"烟雨楼"、承德避暑山庄"四面云山"等皆属此类。

虚景的塑造一方面在于设计师的匠心独运，另一方面在于观赏者的想象和再创造。正如虚景需要实景来陪衬，实景也需要虚景来烘托。虚与实是相互对立依存，有时可以相互转换的两个方面。如此变幻玄奥的虚景，为景观空间的拓展增添了无限广阔的天地。

### 3. 空间的布局

在景观艺术中，一切问题最终归结为空间的处理及布局。空间表现都是要通过实体要素的传递和表达，山石、水体以及花木和建筑等因素，不是孤立地诉诸欣赏者的，而是以它们之间的空间关系引起游赏者的美妙感觉。陈从周先生在《续说园》中讲道："造园一名构园，重在构字，含意至深。深在思致，妙在情趣，非仅土木绿化之事。"这是一语中的之论。中国古典园林重在由空间处理所产生的视觉、知觉效果，进一步引发、开拓出心灵空间。空间景态—视觉、知觉反应—心理境界，是古典园林空间美的生成过程。这种由具体的物景空间的创造，在自然、亲切的物景空间中，传达无限的情思逸韵，是中国园林令人百游不厌、耐人回味的关键。

这种模糊、流动的空间格局或者说境界，具体表现为以下一些空间处理的原则和细部手法：

（1）在以静观为主的空间处理上，追求如画的效果，以情韵取胜

手法之一：框景手法。即以景观建筑物或园墙的窗及门洞为画框，框入相对的邻景，造成如画的感觉。在江南园林中洞门的边框常用青砖镶嵌，配合白墙，成明净简洁的"画框"，使得入框的景致格外鲜明而引人注目。此外，空窗及漏窗也可以成为框架，纳入景物。在观赏者原本可能漫不经心走过的地方，却因为透过一扇门窗、洞口而看到，立即产生一种赏画的专注与想象。这样，欣赏节奏放慢，时间延长，增添了心理上的情趣，无形之中就等于扩展了空间。欣赏者不再因为短时间内信步走完了一个小空间而感到穷尽，在这种画框前驻足品味时，在心理上会有一种空间很丰富的幻觉。

手法之二："以壁为纸，木石为绘"的手法。《园冶·掇山》讲到"峭壁山"时，就谈到了以窗为画框，以粉壁为纸，以叠石、花木为绘的造景效果："峭壁山者，靠壁理也。借以粉壁为纸，以石为绘也。理者相石皴纹，仿古人笔意，植黄山松柏、古梅、美竹，收之圆窗，宛然镜游也"。墙壁，本来给人以封闭、呆板的感觉；对于小园空间来说，墙壁的处理就更为重要，以粉壁为绘便是江南园林的常用手法。像网师园的"殿春簃"庭园就是一例。

（2）对动观空间的处理重在取得移步换景、尽变穷奇的效果

可以归纳为流动性原则或者说"变"的原则。

手法之一："曲径通幽"以曲折回环的路径或游廊来组织景点，使之成为蜿蜒曲折的整体空间。曲折之中，能给人以变化之趣和流动不尽之感。如苏州畅园，园本身的空间很有限，呈纵向狭长状。为避免纵向狭长的小空间给人的促迫感，在园入口处经"桐华书屋"进至园内后，衔接了一条游廊，使游人很自然地由书屋进到曲廊，沿廊曲折前行直至纵深处的"留云山房"。沿廊而行，一路曲折，既欣赏了廊旁之景，又在欣赏的愉悦感中不知不觉地来到主要建筑物前，感觉上并不觉得这段空间促迫。

手法之二：分景、隔景是通过分割空间、增加景色的层次，造成园中的曲折多变，从而

使观赏者感觉好像扩大了空间。在中国园林中这种"分""隔"往往是通过透空的空廊、门洞、窗口而使被分割的空间相互渗透，隔而不断，也就是有隔有通，"实"中有"虚"。

手法之三：利用空间的开合对比，改变空间的大小。相对于幽邃的闭合空间人们往往更赞美和爱好开阔的敞开空间。在中国古典园林中闭合与敞开相间、交替处理、互相对比的造园技法不仅丰富了空间层次，而且扩大了空间感。

景观艺术是集众多要素于一身的综合空间艺术，无论是拙政园的景随路转，还是扬州个园的春往秋来，都能通过景物的布置，在有限的空间内使人不觉其小，这就是景观空间设计的迷人之处。在景观构景中，不仅要靠设计者通过有限的实体要素而获得实景空间的不断延伸，同时也需要欣赏者心灵因素介入，追索无限虚景空间。因此，要虚实结合，以"实"制约"虚"，规定"虚"；以"虚"自由地扩大"实"，丰富"实"。只有这样才能构建创造出独特的景观空间。

**思考练习：**

1. 选择中国古典园林实例，分析其造景手法。

2. 临摹古典园林相关图纸。

3. 思考如何将传统造景手法运用到现代景观设计之中，创造出既有传统文化精神内涵又具现代性的新中式景观（推荐：苏州博物馆新馆、深圳万科第五园、北京香山 81 号院、北京泰禾运河上的院子、东莞北林苑万科·棠樾、杭州和庄）。

# 第6章 景观设计的程序及表现

● **教学目标：**

本章主要介绍了景观设计的程序和表现方法，程序相对容易在实践中融会贯通，表现方式则需强化集中训练或长期坚持来提高，应用时根据需要选择。通过本章学习，深入了解景观设计的每一个环节，掌握如何将自己的设计转化为成果文件展现，为景观设计的完整性、综合性提供专业支持。

## 6.1 景观设计的程序

景观设计运用植物、水、石材、不锈钢、灯光等多种材料，吸收文化、历史等人文内容，并结合特定环境创造出色彩丰富的、形态各异的活动空间。近年来，随着城市现代化进程的加快，景观设计已广泛应用于城市规划和环境建设之中。景观设计的基本程序分为以下几个步骤，下面分阶段讲解。

### 6.1.1 项目评判阶段

#### 1. 内容

基地实地勘察，同时收集有关资料。作为一个建设项目的业主（俗称"甲方"）会邀请一家或几家设计单位进行方案设计，作为设计方（俗称"乙方"）在与业主初步接触时，要了解整个项目的概况，包括建设规模、投资规模、可持续发展等方面，特别要了解业主对这个项目的总体框架方向和基本实施内容。总体框架方向确定了这个项目是一个什么性质的绿地，基本实施内容确定了绿地的服务对象。把握住这两点，就可以正确制定规划总原则。另外，业主会选派熟悉基地情况的人员，陪同总体规划师至基地现场踏勘，收集规划设计前必须掌握的原始资料。这些资料包括：

①所处地区的气候条件：气温、光照、季风风向、水文、地质土壤（酸碱性、地下水位）。

②周围环境：主要道路，车流人流方向。

③基地内环境：湖泊、河流、水渠分布状况，各处地形标高、走向等。

总体规划师结合业主提供的基地现状图（又称"红线图"），对基地进行总体了解，对较大的影响因素做到心中有底，今后做总体构思时，针对不利因素加以克服和避让，对有利因素充分地合理利用。此外，还要在总体和一些特殊的基地地块内进行摄影，将实地现状的情况带回去，以便加深对基地的感性认识。同时结合公司的情况进行考虑，分析基础资料，决定是否接手项目。

#### 2. 要求

设计方要对项目进行初步的权衡、估计预算。

### 3. 目的

项目评判阶段决定是否接手项目。

### 4. 备注

设计方主要是和投资方交流，还要适当与规划部门交流，明确地了解项目，更有助于项目的选择。

## 6.1.2　概念方案阶段

### 1. 内容

基地现场收集资料后，就必须立即进行整理、归纳，以防遗忘那些较细小的却有较大影响因素的环节。在着手进行总体规划构思之前，必须认真阅读业主提供的"设计任务书"（或"设计招标书"）。在设计任务书中详细列出了业主对建设项目的各方面要求：总体定位性质、内容、投资规模、技术经济相符控制及设计周期等。在进行总体规划构思时，要将业主提出的项目总体定位做一个构想，并与抽象的文化内涵以及深层的警世寓意相结合，同时必须考虑将设计任务书中的规划内容融合到有形的规划构图中去（表 6.1 所示）。

表 6.1　方案概念设计阶段图纸内容

| | | |
|---|---|---|
| 方案概念设计阶段 | 1 | 景观方案彩色总平面图 |
| | 2 | 总平面竖向总体关系设计图 |
| | 3 | 交通分析图（人车分流） |
| | 4 | 功能分析图 |
| | 5 | 分区平面草图 |
| | 6 | 竖向设计剖面图 |
| | 7 | 细部空间意向性设计图 |
| | 8 | 景观轴线分析图 |
| | 9 | 景观节点分析平面图（意向照片） |
| | 10 | 设计说明 |
| | 备注：如果汇报项目就必须整理成文本、制作 PPT | |

构思草图只是一个初步的规划轮廓，接下去要将草图结合收集到的原始资料进行补充、修改。逐步明确总图中的入口、广场、道路、湖面、绿地、建筑小品、管理用房等各元素的具体位置。经过这次修改，会使整个规划在功能上趋于合理，在构图形式上符合景观设计的基本原则：美观、舒适（视觉上）。确定总体风格，确定方案的功能特点、大概设计手法并进行成本估算。

### 2. 要求

乙方和甲方在方案的总体风格、功能特点、大体设计思路等比较宏观的方面进行沟通，最终达成共识。

**3. 目的**

概念方案阶段确定大体设计风格和思路，进行粗略的预算。

**4. 备注**

这个阶段可以说是设计最关键的阶段，在这个阶段决定的风格、功能等都是设计的灵魂，以后的所有步骤都是在这个步骤的基础上进行的，只有通过概念方案设计出好的构想才能打动甲方，使工程得以顺利进行。

### 6.1.3　方案成果设计阶段

**1. 内容**

经过了初次修改后的规划构思，还不是一个完全成熟的方案。此时还要进行方案的第二次修改文本的制作包装在概念设计的基础上，对不同地段的形象进行细化设计，对植物大概的配植、大概地形、景观建筑的基本定位进行确定。最后，将规划方案的说明、投资匡（估）算、水电设计的一些主要节点，汇编成文字部分；将规划平面图、功能分区图、绿化种植图、小品设计图、全景透视图、局部景点透视图，汇编成图纸部分（表 6.2 所示）。文字部分与图纸部分的结合，就形成一套完整的规划方案文本。

**2. 要求**

主要景点达到的要求是要有定位定量的表达。景观建筑、水体、地形、植物等物质要素要明确，并进行相对准确的造价预算。

**3. 目的**

准确地把握效果，进行相对准确的造价预算。

表 6.2　方案成果设计阶段图纸内容

| | | |
|---|---|---|
| 方案<br>成果<br>设计<br>阶段 | 1 | 设计说明 |
| | 2 | 总平面 |
| | 3 | 总平面竖向设计图 |
| | 4 | 植物配置意向性设计图 |
| | 5 | 主要部位平、立、剖面图 |
| | 6 | 重要区域效果图 |
| | 7 | 具体宣传效果图 |
| | 8 | 总体日景鸟瞰和总体夜景鸟瞰各两张（甲方选定鸟瞰角度后，乙方还要提供该角度的建筑效果图，即由 3Dmax 渲染好的 Tga 文件或 Jpg 图片） |
| | 9 | 主要选材表 |

### 6.1.4　扩初设计阶段

**1. 内容**

设计者结合专家组方案评审意见，进行深入一步的扩大初步设计（简称"扩初设计"）。在扩初文本中，应该有更详细、更深入的总体规划平面，总体竖向设计平面，总体绿化设计平面，建筑小品的平、立、剖面（标注主要尺寸）。在地形特别复杂的地段，应该绘制详细的剖面图。在剖面图中，必须标明几个主要空间地面的标高（路面标高、地坪标高、室内地坪标高）、湖面标高（水面标高、池底标高）。在扩初文本中，还应该有详细的水、电气设计说明，如有较大用电、用水设施，要绘制给排水、电气设计平面图（表 6.3）。

**2. 要求**

乙方根据方案评审会上专家们的意见进行修改，对方案设计进行细化，明确各设计内容的定位定量，使设计方案更具有形象性和表现力。根据需要，绘制局部设计详图。

**3. 目的**

深入细化具体设计内容，为施工图设计打下良好的基础。

表 6.3　扩初设计阶段图纸内容

| | | |
|---|---|---|
| 扩初设计阶段 | 1 | 景观总平面设计图（包括所有户外家居位置图） |
| | 2 | 景观设计竖向布置（包括竖向高程设计及必要的剖面关系图） |
| | 3 | 景观建筑小品立面及剖面彩图 |
| | 4 | 景观水体平立面里剖面彩图 |
| | 5 | 景观铺装图 |
| | 6 | 景观绿化设计平面图及品种介绍彩图 |
| | 7 | 景观给排水布点平面图 |
| | 8 | 景观电器、灯位布点平面图 |

### 6.1.5　施工设计阶段

**1. 内容**

根据甲方对扩初初级阶段的修改意见进行施工图设计。一般来讲，在大型景观绿地的施工图设计中，施工方急需的图纸包括：总平面放样定位图（俗称方格网图）；竖向设计图（俗称土方地形图）；一些主要的大剖面图；土方平衡表（包含总进、出土方量）；水的总体上水、下水、管网布置图，主要材料表；电的总平面布置图、系统图等（表 6.4）。

同时，这些较早完成的图纸要做到两点：一是各专业图纸之间要相互一致。二是每一种专业图纸与今后陆续完成的图纸之间，要有准确的衔接和连续关系。

另外，作为整个工程项目设计总负责人，往往同时承担着总体定位、竖向设计、道路广场、水体，以及绿化种植的施工图设计任务。

**2. 要求**

此阶段要求施工图有详细的定位定量，进行施工概算。

**3. 目的**

此阶段用图纸指导施工。

表 6.4　施工图设计阶段图纸内容

| | | |
|---|---|---|
| 施工设计阶段 | 1 | 园建总平图 |
| | 2 | 标高总平图 |
| | 3 | 铺装总平图 |
| | 4 | 放线总平图 |
| | 5 | 景观设计之景园建筑小品施工图，包含：广场、景观车道、人行道、平台施工图、景观亭、景观花架、景观塔施工图、景观墙、台阶栏杆施工图 |
| | 6 | 景观水体施工图，包括：人工湖、人工朔石溪涧或天然石溪涧的图纸（不含人工湖过滤设计）、游泳池施工图（不含水处理设计） |
| | 备注 | 以上施工图内容均包含施工大样详图，结构工程设计、主要饰面材料彩色图片及典型的施工效果参考图 |
| | 7 | 室外照明灯具系统图 |
| | 8 | 室外给排水系统图 |
| | 9 | 灌溉布置图 |
| | 10 | 户外家居平面布置图 |
| | 11 | 背景音响布点平面图 |
| | 12 | 绿化总平面 |
| | 13 | 乔木种植详图（附植物名录及数量） |
| | 14 | 灌木种植详图（附植物名录及数量） |
| | 15 | 地被种植详图（附植物名录及数量） |
| | 16 | 软景规划说明及植物保养说明 |
| | 17 | 概算书 |

## 6.1.6　现场施工配合与验收

### 1. 内容

设计的施工配合工作往往会被人们所忽略。其实，这一环节对设计师、对工程项目本身恰恰是相当重要的。业主对工程项目质量的精益求精、对施工周期的一再缩短，都要求设计师在工程项目施工过程中，经常踏勘建设中的工地，解决施工现场暴露出来的设计问题、设计与施工相配合的问题。如有些重大工程项目，整个建设周期就已经相当紧迫，业主普遍采用"边设计边施工"的方法。针对这种工程，设计师更要经常下工地，结合现场客观地形、地质、地表情况，做出最合理、最迅捷的设计。如果建设中的工地位于设计师所在的同一城市中，该设计项目负责人必须结合工程建设指挥的工作规律，对自己及各专业设计人员制定一项规定：每周必须下工地一至两次（可根据客观情况适当增减），每次至工地，参加指挥部召开的每周工程例会，会后至现场解决会上各施工单位提出的问题。能解决的，现场解决；无法解决的，回去协调各专业设计后设计出变更图解决，时间控制在 2～3 天。如遇上非设计师下工地日，而工地上恰好发生影响工程进度的较重大设计施工问题，设计师应在工作条件允许下，尽快赶到工地，协调业主、监理、施工方解决问题。上面所指的设计师往往是项目负责人，但其他各专业设计人员应该配合总体设计师，做好本职专业的施工配合。如果建设中的工地位于与设计师不同城市，俗称"外地设计项目"，而工程项目又相当重要（影响深远，规模庞大）。设计院所就必须根据该工程的性质、特点，派遣一位总体设计协调人员赴外地施工现场进行施工配合。

### 2. 要求

监督施工，确保施工质量，结合实际情况及时对设计图进行补充（表6.5）。

### 3. 目的

此阶段的目的使设计很好地落实到现场。

### 4. 备注

此阶段看上去比较简单，实际上细碎的问题非常多，现场总有各种突发状况，需要与施工方经常交流，稍有不慎就会影响将来工程的正常使用，也是景观工程设计必不可少的部分，是从图纸到实际的枢纽环节。

**表 6.5　现场施工配合与验收的要求**

| | | |
|---|---|---|
| 现场施工配合与验收 | 1 | 设计变更出图并及时提交甲方 |
| | 2 | 协助指导有关定位、物料铺装及软景部分 |
| | 3 | 视察苗圃，选择树种 |
| | 4 | 参加设计交底与工地现场会、例会 |
| | 5 | 参加景观工程竣工验收及甲方要求办理的关于项目协助事项 |
| | 6 | 竣工图的绘制、交底 |

最后，还有养护管理阶段，也是非常重要的一项内容，应有专人负责。由于不属于设计内容，此处略去不讲。

## 6.2　景观设计制图

### 6.2.1　制图基本知识

手绘制图工具：丁字尺、图板、三角板、曲线板或曲线软尺、铅笔、针管笔、圆规、模板等。

设计制图的绘图方式：手工绘图和电脑绘图。手工绘图分为：利用绘图工具绘图和徒手绘图。

常用比例：1∶1、1∶2、1∶5、1∶10、1∶20、1∶50、1∶100、1∶150、1∶200、1∶500、1∶1000、1∶2000、1∶5000、1∶10000、1∶20000、1∶50000、1∶100000、1∶200000。

可用比例：1∶3、1∶15、1∶25、1∶30、1∶40、1∶60、1∶150、1∶250、1∶300、1∶400、1∶600、1∶1500、1∶2500、1∶3000、1∶4000、1∶6000、1∶15000、1∶30000。

比例宜注写在图名的右侧，字的底线应取平齐，比例的字高应比图名字高小一号或两号。

例如，<u>平面图</u> 1∶100　　⑤1∶10

标注尺寸四要素：尺寸线、尺寸界线、尺寸数字、起止点。

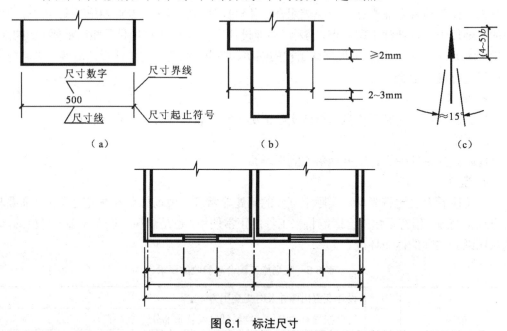

**图 6.1 标注尺寸**

尺寸宜注写在图样轮廓线以外，不宜与图线、文字及符号相交。

互相平行的尺寸线，小尺寸在里面，大尺寸在外面。小尺寸距图样轮廓线距离不小于10 mm，平行排列的尺寸线的间距宜为 7～10 mm。

总尺寸的尺寸界线，应靠近所指的部位，中间的分尺寸的尺寸界线可稍短，但其长度应相等。

标高，一般注到小数点以后三位为止，如 20.000、3.600 及−1.500 等。

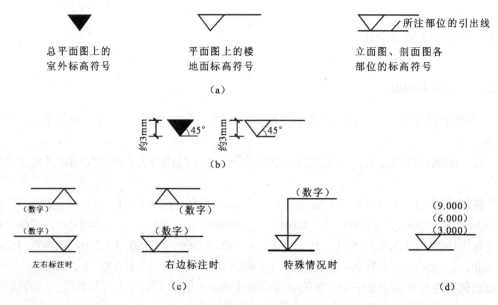

**图 6.2 标注标高**

### 6.2.2　投影理论

#### 1. 投影法

投影法：投射线通过几何形体，向特定的面投射，并在该面上得到图形的方法称为投影法。投影法分为以下两类：

（1）中心投影法

投射线汇交于一点的投影方法。

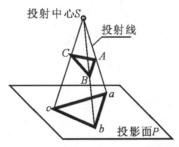

图 6.3　中心投影图

（2）平行投影法

①正投影法：投射线垂直于投影面的平行投影。正投影的基本特性：真实性、积聚性、类似性、平行性。

②斜投影法：投射线倾斜于投影面的平行投影。

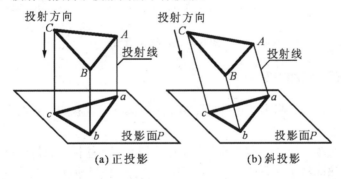

图 6.4　平行投影图

简单地说，投影分中心投影和平行投影两类。平行投影又分为正投影和斜投影，工程图样应用最广泛的是正投影。

#### 2. 三视图

物体在基本投影面上的投影称为基本视图。常用三视图表达物体。三视图画时遵循规则：长对正，高相等，宽平齐。六个基本视图的位置关系是固定不变的，常采用正投影和第一角画法。

主视图的选择：表示物体信息量最多，且最能反映物体特征的那个视图应作为主视图，通常是产品的工作位置、加工位置或安装位置。但是家具产品中的人体家具（椅子、沙发、床等）则以产品的侧面作为主视图。

建筑工程中常用的投影图有多面正投影图、轴测投影图、透视投影图和标高投影图（图

6.5~6.7)。

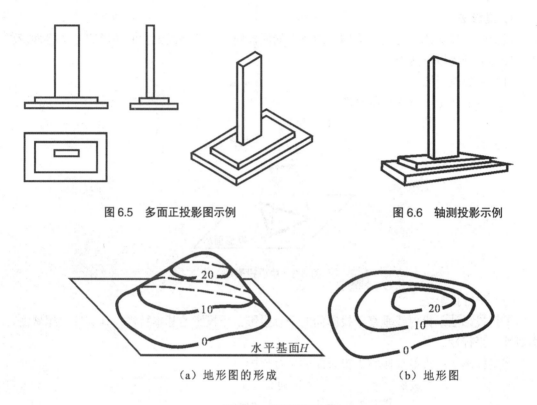

图 6.5　多面正投影图示例　　　　　　图 6.6　轴测投影示例

（a）地形图的形成　　　　　　（b）地形图

图 6.7　透视投影示例

### 6.2.3　景观设计的平面图表现

景观设计的平面即是指多面正投影图中从上方向下俯视看到的效果，转化为设计图纸，即通常所指的平面图（图 6.8）。

景观设计经过项目论证、实地调研和总体策划之后，往往开始是对总平面地形图进行自然环境和人工环境的技术性分析，比如：通过指北针（或风玫瑰）、等高线、植被、土壤、水流等图形、图例的识别、判断，再结合设计师的设计构思画出各类图形来，这就是我们常说的功能分区图、视线分析图、交通流线图、景点布置图等（图 6.9、图 6.10），综合起来就是总平面图。这类图形蕴含着设计师对客观环境的科学分析和主观思维的艺术理念。它是设计过程中一系列矛盾冲突的记录，它是设计师艰辛历程的足迹，也是设计师在设计过程中思维的自我对话和形式上的推敲与演变，同时它也是设计师与他人进行设计思想沟通与交流的形象化语言。

图 6.8　平面图

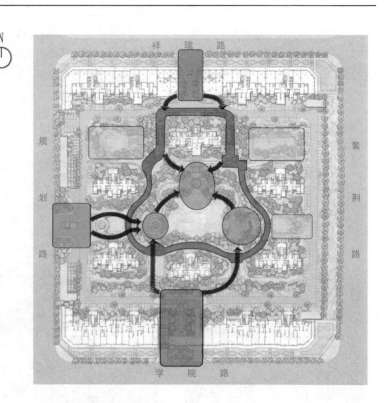

图例

- 小区主要出入口
- 主要车行出入口
- 主要人行出入口
- 景观环线
- 景观节点
- 宅间景观
- ➤ 景观轴线

图 6.9 景观结构分析图

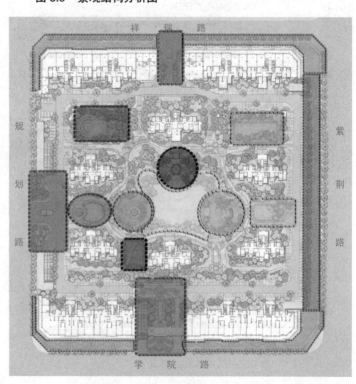

图例

- 主入口形象区
- 商业街购物区
- 绿化隔离带种植区
- 西入口组团水景休闲区
- 本源书苑
- 健身休闲区
- 礼仪草坪活动区
- 儿童娱乐活动区
- 休闲活动区
- 中心水景观赏区
- 阳光草坪运动区
- 宅间组团休闲区

图 6.10 景观功能分区图

一般来说，景观设计中的二维图形表现，主要是指景观设计师在常规设计中对平面、立面、剖面设计图形，除了一般墨线绘图之外，附加一些富有艺术表现力的形式处理，它包含了墨线粗细、疏密、浓淡的区分；形象图案纹理的组织；色调与色彩关系的协调对比等。

就思考过程而言，分析图先于平面图产生。平面图又分总平面图和局部平面图。两者除了控制面积的大小不同之外，要求表现的深度和重点也不一样。总平面图常用的比例为1∶1000、1∶500 或 1∶250 左右。标准尺寸也以米（m）为单位，主要表现构筑物、道路、植被、水体和山地形状的划分及方位（指北针）；而局部平面图则需表现某一场地或物体较详细的组织和构成内容，比如形状、颜色、材质等一类的标注，一般常用的此例为 1∶100 至1∶10，视面积或体量大小而定。方案阶段的平面图表现一般均需着色，色彩更富有识别性与说明性，便于区分主要物体的范围和形状。

### 6.2.4　景观设计的立面图表现

如果说平面图形是对环境空间关系的理性的科学分析，那么立面图形更多地注重对环境空间的感性的视觉造型分析，强调各景点的构思、构图和构形效果，比如：风格样式、比例尺度、色彩搭配、材质选择以及内在的构造关系等。画立面图形最好对应于平面图形，采用上下对称或拷贝均可，既快又准（图 6.11）。如果要求更精细的立面图形，还可通过比例放大后再进行刻画。立面图形的线型组织尤为重要，主体景物的轮廓用较粗的线来描绘，其内部的线应按空间层次关系分出中线、细线。同时还须处理好前景物之间的线形层次，忌讳粗、中、细不分和前后景物外形线的不当吻合，如遇巧合也应设法改变线形或适当移位，或者断开。立面图形线的组织还可按照疏密、曲直、深浅或变化线形肌理效果等对比手法，使之达到层次分明，图形清晰的满意结果。

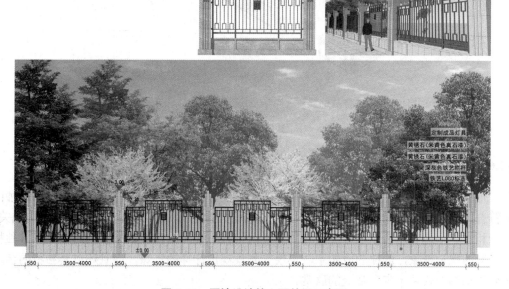

**图 6.11　围墙设计的立面效果示意图**

### 6.2.5 景观设计的剖面图表现

任何物体的表面形式必须依托于内部结构关系，景观设计造型也须通过对物体进行剖切分析，选择恰当的部位作为剖面图形，以准确表述立面造型中一些重要部位的内部构造或支撑形式。剖面图形是设计师探讨空间造型的过程，同时也为下一步的结构设计提供了依据。

剖面图的绘制如图 6.12 所示，可以假想用一个通过左侧杯口中心线并平行于 W 面的剖切平面 Q 将基础剖开，移去剖切平面 Q 和它左边的部分，然后向 W 面进行投射，得到基于另一个方向的剖面图。

正如立面图对应平面图一样，剖面图一般也都结合立面图来画，只是对剖切部位须严格按制图学的要求将剖线加粗，且特别醒目，其余图形的线形相对较细，只需起到辅助说明的效果即可。

无论立面图或剖面图均可适当着色，以区别形象、材质和层次。颜色以单纯、简练、协调为好，无需过细关注局部色彩变化，避免冗杂、繁琐，影响线的表现力。

设计草图还可借助必要的文字说明交待一些图形无法完全表述的内容。如设计创意、功能、材料、色彩、做法等。图面还要善于运用规范性和共识性的图例来表述设计内容。

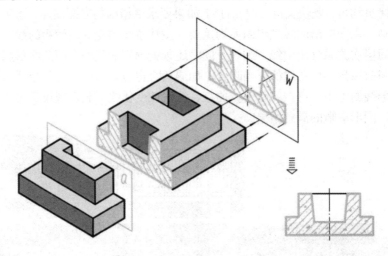

（a）假想用剖切平面 Q 将基础剖开并向 W 面进行投射　　（b）基础的 W 向剖面图

图 6.12　剖面图

### 6.2.6 轴测图表现

轴测图是利用设计中的平、立面图形做平行投影所产生的一种三维立体图形。这种图形不符合人眼的视觉规律，缺少视觉纵深感，但却能准确表现设计的真实比例和形态构成关系，并能相对集中地表达各个平、立面和群体之间位置与空间的鸟瞰效果。同时它还以其独特而又新颖的视觉形象，便捷的成图手法不仅受到景观设计师的青睐，而且还以其独特的艺术视觉效果得到现代艺术家和观众的欣赏。

由于轴测图是一种必须依赖绘图仪器并按照画法几何的求图程序进行严格绘制的表现形式，与徒手表现技法有较大的差别，故在此不做详细介绍仅举两个图例供读者参考。

**1. 做长方体的正等轴测图**

分析：根据长方体的特点，可以把长方体地面棱线的交点作为坐标原点。

作图步骤：

①画出轴测轴 $O_1X_1$、$O_1Y_1$、和 $O_1Z_1$。从视图上截取长方体地面的长 $I$ 和宽 $b$ 并在 $O_1X_1$ 和 $O_1Y_1$ 上取 $I$，$II$ 两点，使 $O_1I=I$，$O_1II=b$

②通过 $I$，$II$ 两点做 $O_1X_1$ 和 $O_1Y_1$ 轴的平行线，即得长方体正等轴测图。

③过底面四点分别做垂线，从视图上截取长方体的高 $h$ 并在垂线上取点，把它们连成顶面，即得四棱柱的正等轴测图，如图 6.13 所示。

**2. 做圆柱和圆柱相贯后的正等轴测图**

分析：圆柱和圆柱相贯后的交线是一条空间曲线。

作图步骤：

①在视图的相贯线上选取点 $I$、$II$、$III$、$IV$ 的三面投影。

②画出两相贯圆柱的正等轴测图。

③用辅助平面求截交线的交点，在轴测图上定出点 $I$、$II$、$III$、$IV$ 的位置并连成光滑曲线，描深完成全图，如图 6.14 所示。

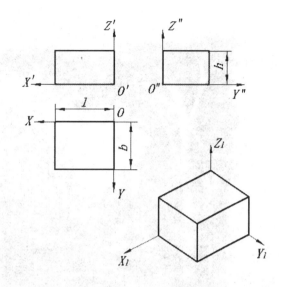

图 6.13　长方体的正等轴测图

## 6.3　景观设计手绘表达

景观手绘表现作为一个设计理念的表达方式，有特殊的技巧和方法，对表现者也有着多面的素质要求。一个优秀的表现图的设计必须具有一定的表现技能和良好的艺术审美力。一个好的手绘设计作品不仅是图示思维的设计方式，还可以产生多种多样的艺术效果和文化空间。手绘的表现过程是扎实的美术绘画基本功的具体运用与体现的过程。

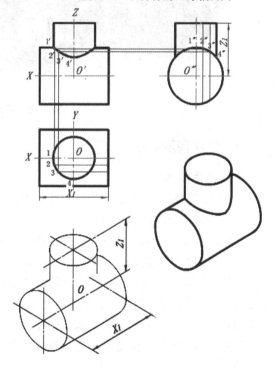

图 6.14　两相贯圆柱的正等轴测图

一个好的创意，往往只是设计者最初设计理念的延续，而手绘则是设计理念最直接的体现。手绘是设计的原点，手绘的绘制过程有助于进一步培养、提高设计师在设计表现方面的能力，提高对物体的形体塑造能力，提高处理阴暗、光影、虚实变化、主次等关系及质感表现、色彩表现与整体协调能力。手绘不仅仅是一种技能，还是个人修养与内涵的表现（图 6.15）。

图 6.15　手绘表达（陈晶）

### 6.3.1　学习手绘的方法

#### 1. 基本功要求

手绘草图最主要的是看线条的曲直度，所以基本功要求先画线条，包括直线、平行线、曲线、圆弧乃至圆形、椭圆。

练习直线，先画一条直线，然后再画一条，要求两条直线重合，然后接着画第三条、第四条，直到画十多条直线都能重合在一起。

然后是画平行线，每条线平行没有交叉，且间距相等，类似素描里上调子时候的排线。可以用 A3 或者 A4 的复印纸来练习，要求画满整张纸。最理想的状况是横向、竖向、斜向全部画满平行线，看到的效果是整张纸面是黑色的。

曲线练习时最好先定点，随意确定三个点，要求过三个点画一条曲线，曲线弧度优美有张力。

最难画的是圆，练习各种角度的圆圈，同心圆、相切圆、相交圆，不同直径的半圆以及椭圆。画圆用 4 点定位法和 8 点定位法，画好圆后画半弧，这项内容可以和画曲线结合起来练习。

线条练习的最终目标是随心所欲，即想要什么效果，画出来的线条就能达到预期目标。

#### 2. 快速表现练习

关于快速表现，现在有很多手绘班，可以在短时间内迅速提高表现水平，但真要修炼成高手，需要坚持不懈的练习，直至成为习惯融入日常生活中，相信很多艺术学生都有不画手痒的感觉。这里所谓的快速表现，其实也需要每天坚持一两个小时，且需持续小半年时间。

练习的几个阶段依次为：

①练习之初，利用硫酸纸的透明效果，把纸压在透视线稿图上，完全拷贝优秀手绘作品。这一阶段主要练习线条的表现方式，并在练习中总结透视规律、构图方式。必要时，先找一些书籍认真学习一下透视原理。

②把硫酸纸换成复印纸，把图放在一边进行抄图练习，主要练习透视规律，清楚表现图中线稿的结构关系和前后遮挡关系。

③找一些电脑效果图或者拍摄比较好的照片进行拷贝，主要考验对图片的概括能力，锻炼把图片转换成线稿。

④在前述基础扎实的前提下，对着实景图片进行勾画练习，这是把图片变成线稿的综合训练。

⑤最后，需要进行上色练习。有些同学线条效果画得不错，一上色反而失色，这就需要将自己的线稿多复印几份，多多练习上色。

**3. 手绘学习建议**

手绘图是设计师艺术素养和表现技巧的综合体现，它以自身的魅力、强烈的感染力向人们传达设计的思想、理念以及情感，手绘的最终目的是通过熟练的表现技巧，来表达设计者的创作思想。设计是感性和理性的结合，缺少了感性的设计不能称之为好的设计。手绘可以记录设计师的心情并带来灵感，培养设计者自身的艺术修养，正是搭接感性和理性的桥梁，是作为设计师必备的素养。

①手绘从灵感出发，练习初期可以适当临摹，却一定要坚持从表达设计灵感开始练习。为此，必须把提高自身的专业理论知识和文化艺术修养、培养创造思维能力和深刻的理解能力作为重要的培训目的贯穿学习的始终。

②经常练习。长期坚持不懈的练习才能使自己的水平不断提升。

③作品是严谨的。练习中科学把握景观设计中要素的位置、大小、比例、透视、色彩搭配、场景气氛等。因而，必须掌握透视规律，并应用其法则处理好各种形象，使画面的形体结构准确、真实、严谨、稳定。

④除了对透视法则的熟知与运用之外，还必须学会用结构分析的方法来对待每个形体内在构成关系和各个形体之间的空间联系，学习对形体结构分析的方法要依赖结构素描的训练。

⑤构图布局。构图是任何绘画开始都不可缺少的最初表现阶段，景观设计表现图当然也不例外，所谓的构图就是把众多的造型要素在画面上有机地结合起来，并按照设计所需要的主题，合理设计。

目前在设计界，手绘图已经是一种流行趋势，在工程设计投标中经常能看见它的出现。许多著名设计师常用手绘作为表现手段，快速记录瞬间的灵感和创意。手绘图是眼、脑、手协调配合的表现。"人类的智慧就是在笔尖下流淌"，可想而知，徒手描绘对人的观察能力、表现能力、创意能力和整合能力的锻炼是很重要的。

### 6.3.2 景观元素画法

景观元素是构成图面的基本单位，这里简单介绍一下。

**1. 植物的表现方法**

（1）树木的平面表示方法

景观植物在景观设计中应用最多，也是最重要的造园要素。景观植物的分类方法较多，根据各自特征，将其分为乔木、灌木、攀缘植物、竹类、花卉、绿篱和草地七大类。由于它们的种类不同，形态各异，因此画法也不同。但一般都根据不同的植物特征，抽象其本质，形成"约定俗成"的图例来表现。

景观植物的平面图是指景观植物的水平投影图。一般都采用图例概括地表示，其方法为：用圆圈表示树冠的形状和大小，用黑点表示树干的位置及树干粗细。

树冠的大小应根据树龄按比例画出，成龄的树冠大小如表 6.6：

**表 6.6 成龄树的树冠大小**

| 树的品种 | 成龄树的树冠冠径（m） | |
| --- | --- | --- |
| 孤植树 | 10～15 | |
| 高大乔木 | 5～10 | |
| 中小乔木 | 3～7 | |
| 常绿乔木 | 4～8 | |
| 花灌丛 | 1～3 | |
| 绿篱 | 单行宽度 | 0.5～1.0 |
| | 双行宽度 | 1.0～1.5 |

为了能够更形象地区分不同的植物种类，常以不同的树冠线型来表示。

针叶树常以带有针刺状的树冠来表示，若为常绿的针叶树，则在树冠线内加画平行的斜线。

阔叶树的树冠线一般为圆弧线或波浪线，且常绿的阔叶树多表现为浓密的叶子，或在树冠内加画平行斜线，落叶的阔叶树多用枯枝表现。

当表示几株相连的相同树木的平面时，应互相避让，使图面形成整体。当表示成林的树木的平面时可只勾勒林缘线。

（2）灌木和地被物的表示方法

灌木没有明显的主干，平面形状有曲有直。自然式栽种的灌木丛的平面形状多不规则，修剪的灌木和绿篱的平面形状多为规则的或不规则但平滑的。灌木的平面表示方法与树木类似，通常修剪的灌木可用轮廓分枝或枝叶形表示，不规则形状的灌木平面宜用轮廓形和质感形表示，表示时以栽植范围为准。由于灌木通常丛生，没有明显的主干，因此，灌木平面很少与树木平面相混。

地被物宜采用轮廓勾勒和质感表现的形式。作图时应以地被栽植的范围线为依据，用不规则的细线勾勒出地被的范围轮廓。

（3）草坪和草地的表示方法

打点法：是较简单的一种表示方法。用打点法画草坪时所打的点的大小应基本一致，无论疏密，点都要打得相对均匀。

小短线法：将小短线排列成行，每行之间的间距相近排列整齐，可用来表示草坪，排列不规整的可用来表示草地或管理粗放的草坪。

线段排列：要求线段排列整齐，行间有断续的重叠，也可稍许留些空白或行间留白。另外，也可用斜线排列表示草坪，排列方式可规则，也可随意。

（4）植物的立面画法

在景观设计图中，树木的立面画法要比平面画法复杂。自然界中的树木种类繁多，丰富多彩，千变万化，各具特色。当摄影师把一株树木拍摄成黑白照片时，从直观上看，照片上的树和原来的树有所不同。树叶的形状已看不清楚，能够看见的树枝也不多，而清晰可见的是树形轮廓，正是根据这样的道理来画树木的立面图——省略细部、高度概括、画出树姿、夸大叶形。

**2. 山、石的表现方法**

平、立面图中的石块通常只用线条勾勒轮廓，很少采用光线质感的表现方法，以免零乱。用线条勾勒时，轮廓线要粗些，石块面纹理可用较细较浅的线条稍加勾绘，以体现石块的体积感。不同的石块，其纹理不同，有的浑圆，有的棱角分明，在表现时应采用不同的笔触和线条。剖面上的石块，轮廓线应用剖断线，石块剖面上还可加上斜纹线。

叠石常常是大石和小石穿插，以大石间小石或以小石间大石以表现层次，线条的转折要流畅有力。

**3. 水体的表现**

水体的表现可以用"可简可繁"来形容，简单点说是因为水体本身的肌理比较光滑，不需要太多的笔触，甚至用留白的形式就可以表达。复杂点说是由于水的特性，反光性意味着水的颜色在很大程度上是由其周围的环境色所决定，又与环境色有所区分。

根据不同的图面要求，水体在平面图上的表现，可以分为墨线和颜色平涂两种形式，墨线表现可以用等高线、水纹线等不同的表现方法，颜色平涂可以选择满涂或者部分留白的形式。在效果图表现中，水体的线条更加流畅自由，马克笔平涂用于大块水面的表现，留白与阴影并用则着重表现了水的光感。彩铅易于控制图面的整体色调和氛围，细腻的笔触能反映出水的肌理特性。在色彩表现方面，注意反映水体周围的环境色，注重水体光感以及水中倒影的表现。

**4. 铺装的表现**

铺装是硬质的地面覆盖材料，表现比较人工化，一般是用规则的线条和体块来进行表达。铺装的表现既要丰富多样，又要协调统一。一般在同一幅平面上用同一色系、不同色差来表达铺装不同的材料和形式，容易达到统一的效果。设计中，简单朴素的铺装材料应用得比较多，而具有粗糙质感的铺装材料只在小范围内应用。

### 6.3.3 景观考研快题设计手绘表现

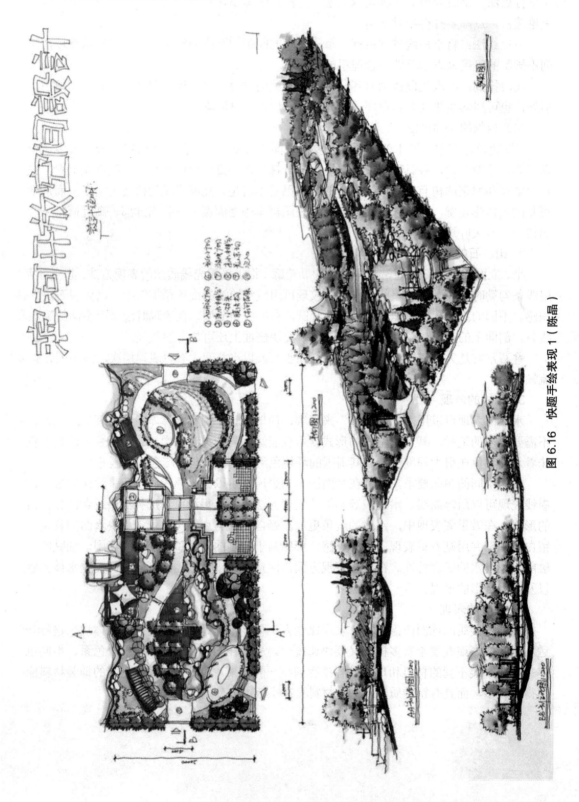

图 6.16 快题手绘表现 1（陈晶）

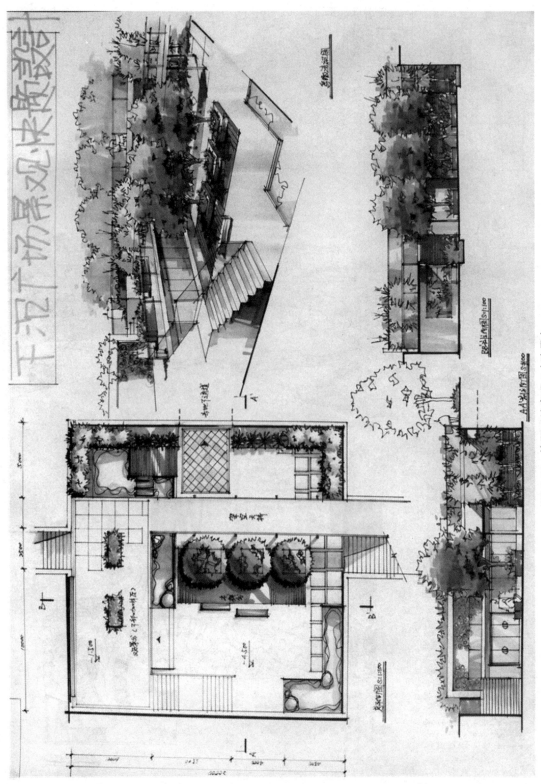

图 6.17　快题手绘表现 2（陈晶）

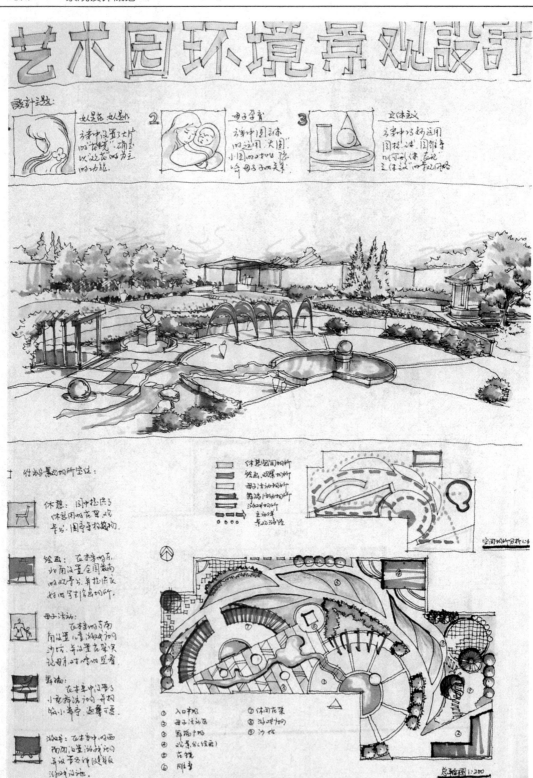

图 6.18　快题手绘表现 3（陈晶）

## 6.4　计算机绘图在景观设计表现中的应用

### 6.4.1　基础绘制软件概述

#### 1. Auto CAD

Auto CAD 是美国 Autodesk 公司研发的自动计算机辅助设计软件，它在世界工程设计领域使用相当广泛，目前已成功应用于建筑、景观、机械、服装、气象、地理等领域。Auto CAD 是我国设计领域最早接受的软件，几乎成了默认绘图软件，主要用于绘制二维图形。

二维图形绘制包括总图、平立剖图、大样图、节点详图等。Auto CAD 因其优越的矢量绘图功能，被广泛用于方案设计、初步设计和施工图设计全过程的二维图形绘制。在方案设计阶段，它生成扩展名为 dwg 的矢量图形文件，可以将它导入 3ds Max、3dsVIZ、Sketch Up 等软件协助建模。可以输出为位图文件，导入 Photoshop 等图像处理软件进一步的制作平面表现图。

#### 2. Sketch Up

Sketch Up，简称"SU"，是一套直接面向设计方案创作过程的设计工具，其创作过程不仅能够充分表达设计师的思想而且完全满足与客户即时交流的需要，它使得设计师可以直接在电脑上进行十分直观的构思，是三维建筑设计方案创作的优秀工具。

SU 是一个极受欢迎并且易于使用的 3D 设计软件，官方网站将它比喻作电子设计中的"铅笔"。它的主要卖点就是使用简便，人人都可以快速上手。简单地讲，它就是一个 3D 设计软件。

用 SU 建立三维模型就像我们使用铅笔在图纸上作图一般，SU 本身能自动识别这些线条，加以自动捕捉。它的建模流程简单明了，就是画线成面，而后挤压成型，这也是建筑建模最常用的方法。

#### 3. Lumion

Lumion 是一个实时的 3D 可视化工具，用来制作电影和静帧作品，涉及的领域包括建筑、规划、景观和设计。它也可以传递现场演示。Lumion 的强大就在于它能够提供优秀的图像，并将快速和高效工作流程结合在一起，为设计师节省时间、精力和金钱。

Lumion 大幅降低了制作时间，人们能够直接在自己的电脑上创建虚拟现实，通过 Lumion 渲染高清电影比以前更快。视频演示使得设计师可以在短短几秒内就创造惊人的建筑可视化效果。通过使用快如闪电的 GPU 渲染技术，能够实时编辑 3D 场景。

#### 4. Photoshop

Photoshop，简称"PS"，是一个由 Adobe Systems 开发和发行的图像处理软件。Photoshop 主要处理以像素所构成的数字图像。使用其众多的编修与绘图工具，可以更有效地进行图片编辑工作。

景观模型渲染以后需要进行后期处理，包括修改、调色、配景、添加文字等。在此环节上，Photoshop 是一款首选的图像后期处理软件。此外，方案阶段用 Auto CAD 绘制的总图、平、立、剖面及各种分析图也正常在 Photoshop 中套色处理。

为满足设计深度要求，满足建设方或标书的要求，同时也希望突出自己方案的特点，使自己的方案脱颖而出。方案的文档排版工作是相当重要的，它包括封面、目录、设计说明制作以及方案设计图所在各页的制作，要用 Photoshop 来辅助完成。

### 6.4.2  Sketch Up 的应用与其他软件的结合

#### 1. Sketch Up 的应用

SU 是简单易学的强大工具软件，即使不熟悉电脑三维空间设计也会很容易掌握，它融合了铅笔画的优美与自然笔触，可以迅速地构建、显示、编辑三维模型。SU 简洁的操作界面、灵活的特点可以实现快速地推敲方案，更快捷的操作便于直接与客户交流（图 6.19、图 6.20）。

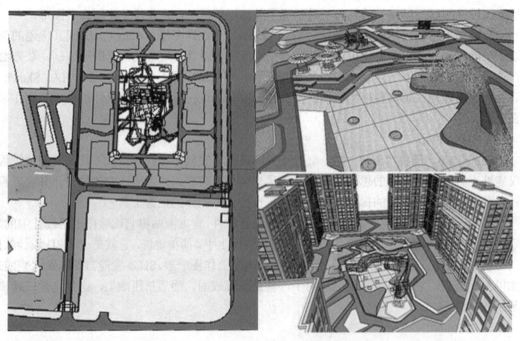

图 6.19  Sketch Up 快速直接地表达方案效果

图 6.20  Sketch Up 在模型里添加人物、植物等素材开启全局光输出的效果

### 2. SketchUp & Photoshop

在方案确定以后，后期的效果表现就不限于对设计作品本身的关注，更重要的是要能很好地吸引客户的眼球，让效果表现脱颖而出，利用 Photoshop 对 SketchUp 输出的场景进行处理能起到画龙点睛的作用。下面是利用 PS 处理过的效果图与 SU 输出场景的对比（图 6.21、图 6.22）。

图 6.21　SketchUp 输出的素模效果

图 6.22　Photoshop 对场景进行添加素材和调整画面的整体效果

### 3. V-ray for SketchUp

　　V-ray for SketchUp 的推出让人眼前一亮，它能更好直观地表现出材质特性，让客户直观看出效果，几乎可以称得上是速度最快、渲染效果极好的渲染软件精品。但渲染和效果都一般试用于商业效果图上，作为设计师了解和应用就可以了。毕竟有专业的效果图公司，可以做出更为精细的效果。

图 6.23　V-ray 调整编辑材质输出的效果

图 6.24　V-ray 调整和替换材质表现的效果

### 4. SketchUp & Lumion

SketchUp 做好模型导出到 Lumion，在方案后期可将植物植入到模型场景里面，将模型编辑材质，也能将整个大千世界的环境编辑到自身的模型当中，是当前最流行的三维漫游动画制作软件（图 6.25、图 6.26）。对于没有任何设计和软件基础的新手，如果首先学习 Lumion，可以在很短的时间内做出惊人效果的建筑规划、景观、虚拟城市等静帧和动画作品。未来，建筑、装饰及景观的效果表现，使用动画的方式来表达必将成为主流方式，使用 Lumion 将以动画的方式，更为生动、直观、具体地表达设计作品，如身临其境。

图 6.25　SketchUp 快速表达的方案效果

图 6.26　Lumion 快速的添加场景效果导出静帧效果图

## 6.5　景观模型制作

### 6.5.1　模型的概念和作用

模型的概念可简明定义为："实物设计"或"概念设计"的模拟展现。它以具体实体使人感受到真实的形象载体，具有启发性。设计师、业主和评审者能从立体条件去分析和处理空间及形态的变化。

景观模型同沙盘模型一样，如今已不是一种简单的汇报成果式的展示模型，不仅对景观设计效果起一个直观地反映作用，而更多的是用在方案构思和概念设计中。

景观设计师不仅要能自己动手制作模型，而且要把自己的想法融入模型当中，解决在平面图纸上无法解决的问题，所以，要充分发挥设计师的空间想象能力，体现模型的意义，以求得最佳的设计方案。

景观模型介于平面图和实际立体空间之间，能够把两者有机地联系在一起，是一种三维的立体模式，景观模型既是景观设计师设计过程的一部分，同时也是设计的一种表现形式。被广泛应用在环境设计、景观规划设计、城市建设、房地产开发、景观设计招标与招商合作等方面。

模型的类别：研究性模型、表现性模型、功能性模型和其他。

### 6.5.2　制作景观模型的工具与材料

#### 1. 模型制作的常用工具

模型制作的常用工具有测绘工具（三棱尺、直尺、三角板、角尺、圆规、模板等）和剪裁、切割工具（美工刀、手术刀、切圆刀、剪刀、手锯、钢锯、电动手锯、电动曲线锯、雕刻机等）以及打磨、喷绘机具（砂纸、砂纸打磨机、锉刀、小型台式砂轮机、木工刨、喷枪等）、热加工工具（热风枪、塑料板弯板机等），如图 6.27～6.29 所示。

雕刻机

电动曲线锯

**图 6.27　切割工具**

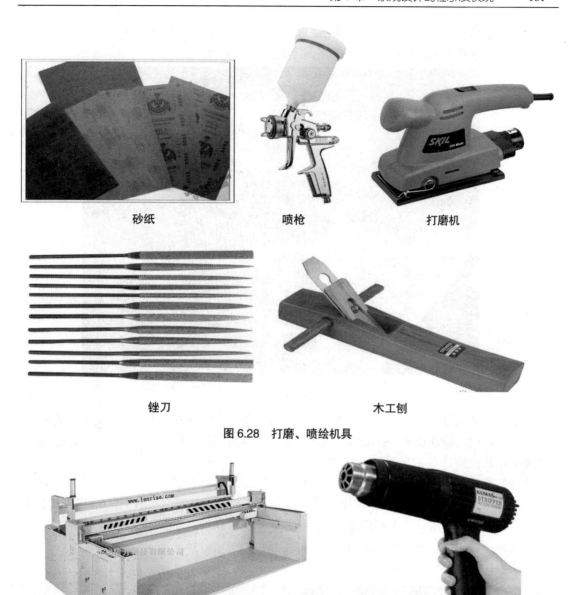

砂纸　　　　　　喷枪　　　　　　打磨机

锉刀　　　　　　　　木工刨

图 6.28　打磨、喷绘机具

塑料板弯板机　　　　　　热风枪

图 6.29　热加工工具

**2. 模型制作的基本材料**

材料是建筑模型构成的一个重要因素，它决定了建筑模型的表面形态和立体形态。

材料有很多种分类方法，有按材料产生的年代进行划分的，也有按照材料物理特性和化学特性进行分类的。这里主要从模型制作角度进行划分，各种材料在模型制作过程中所充当的角色是不同的。

（1）纸板类

纸板是模型制作最基本、最简便，也是被大家所广泛采用的一种材料，可通过剪裁、折叠改变原有形态，通过折皱产生不同的肌理，有较强的可塑性（图 6.30）。

厚度一般常用的有 0.5~3mm，有各种不同质感、肌理、色彩。

图 6.30　纸板类

优点：适用范围广，品种、规格、色彩多样，易折叠、切割，加工方便，表现力强。

缺点：物理特性较差、强度低、吸湿性强、受潮易变形，在制作过程中，粘贴速度慢，成型后不易修整。

（2）泡沫聚苯乙烯板

泡沫聚苯乙烯板属于塑料材料的一种，是用化工材料加热发泡而成（图 6.31）。由于质地较粗糙，因此，一般只用于制作方案构成模型、研究性模型。

优点：造价低，材质轻，易加工。

缺点：质地粗糙，不易着色。

图 6.31　泡沫聚苯乙烯板

（3）有机玻璃板、ABS 板、PVC 板

有机玻璃板、ABS 板、PVC 板，此三者称为硬质材料，都是由化工原料加工制成，在模型中属于高档材料（图 6.32），主要用于展示类规划模型和单体模型。

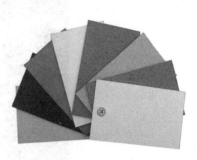

图 6.32　硬质材料类

（4）辅助材料

辅材用于制作模型主体以外部分的材料和加工制作过程中使用的胶粘剂，主要用于制作模型主体的细部和环境。

主要包括：金属材料、双色板、确玲珑、纸黏土、油泥、石膏、及时贴、植绒及时贴、仿真草皮、绿地粉、水面胶、软陶、石蜡、各类成品型材等。

模型制作是靠胶粘剂把点、线、面材连接起来，组成一个三维模型。同时，使用材料不同，所以，对胶粘剂性状、适用范围、强度也应有所了解。

纸类：白乳胶、胶水、喷胶、双面胶带。

塑料类：三氯甲烷（氯仿）、502 胶粘剂、建筑胶、热熔胶、hart 胶（UHU 胶）、无影胶。

木材类：白乳胶、hart 胶、建筑胶。

### 6.5.3　景观模型欣赏

图 6.33　别墅模型

图 6.34　居住区（鸟瞰）

图 6.35　居住区（1）

图 6.36　居住区（2）

图 6.37　旅游区景观（1）

图 6.38　旅游区景观（2）

图 6.39　旅游区景观（3）

图 6.40　私人别墅（1）

图 6.41 私人别墅（2）

**思考练习：**

1. 学习制图规范，能按规范要求绘制相关图纸。

2. 掌握透视原理，熟练运用手绘画局部效果图。

3. 能借助电脑软件、手绘或模型表达设计构思。

# 第7章 优秀作品分析

● **教学目标：**

通过本章学习，使学生掌握景观设计发展历程，了解不同的景观设计流派、设计师及设计作品蕴含的理念，掌握现代景观设计思潮，批判地继承其理论和方法，并能运用这些理论与方法来解决中国的问题。

## 7.1 国外经典案例分析

### 7.1.1 国外景观设计的滥觞

纽约中央公园是美国景观设计之父奥姆斯特德（1822—1903）最著名的代表作，是美国乃至全世界最著名的城市公园，它的意义不仅在于它是全美第一个并且是最大的公园，还在于在其规划建设中，诞生了一个新的学科——景观设计学。从诞生之日伊始，景观设计学开始了蓬勃发展之路。

**1. 波士顿公园系统——"翡翠项圈"**

在着手"翡翠项圈"之前，奥姆斯特德和他的搭档合作设计了波士顿的几个重要的公园，如将 Back Bay 的沼泽地改建为一个城市公园、富兰克林的希望公园（Prospect Park，1866）等。在这两个公园设计的基础上，奥姆斯特德开始构思一个宏伟的计划，即用一些连续不断的绿色空间——公园道（parkway）——将其设计的两个公园和其他几个公园，以及 Mudd 河（该河最终汇入 Charles 河）连接起来，这就是后来被称为"翡翠项圈"的规划。

奥姆斯特德所说的公园道，主要是指两侧树木郁郁葱葱的线性通道。这些通道连接着各个公园和周边的社区，宽度也不大，仅能够容纳马车道和步行道。奥姆斯特德和 Vaux 在晚期的作品中大量使用这种表现方式，应该注意的是：他所强调的交通方式是马车和步行；1920年以后的公园道建设虽然继承了奥姆斯特德的思想，但主要强调汽车以及道路两旁的景观所带来的行车愉悦感。

"在公路上，行车的舒适与方便已经变得比快捷更为重要。并且由于城镇道路系统中常见的直线道路以及由此产生的规整平面会使人们在行车时目不斜视，产生向前挤压的紧迫感。我们在设计道路的时候，应该普遍采取优美的曲线、宽敞的空间、避免出现尖锐的街角这种理念，它暗示着景观是适于人们游憩、思考，且令人们愉快而宁静的环境。"

被波士顿人亲昵地称为绿宝石项链（Emerald Necklace）的公园系统，从波士顿公地到富兰克林公园绵延约 16 千米，由相互连接的 9 个部分组成：波士顿公地（Boston Common）、公共花园（Public Garden）、马省林荫道（Commonwealth Avenue）、查尔斯河滨公园（Charlesbank Park）、后湾沼泽地（Back Bay Fens）、浑河改造工程（Muddy River Improvement）、牙买加公园（Jamaica Park）、阿诺德植物园（Arnold Arboretum）、布鲁克林希望公园。"翡翠项圈"透析出城市景观结构的规划思想发展历程，即从块状公园、公园道，到公园系统的形成过程以及构成城市景观开放的空间和城市的绿色通道，使更多的市民就近能享受到公园的乐趣和呼吸到新鲜空气。

由于公园系统的日趋完善，波士顿的三条主要河流均联结在这一系统中，并结合沿海的优势，还将许多海滩用地尽可能扩大为公共用途的绿色空间，让城市开放空间的范围扩大到整个波士顿市区，形成了一个完整的城市空间框架。

受其影响，从 19 世纪末开始，自然式设计的研究向两方面深入。其一为依附城市的自然脉络——水系和山体，通过开放空间系统的设计将自然引入城市。继波士顿公园系统之后，芝加哥、克利夫兰、达拉斯等地的城市开放空间系统也陆续建立起来。其二为建立自然景观分类系统作为自然式设计的形式参照系。如埃里奥特（Charles Eliot）在继奥姆斯特德之后为大波士顿地区设计开放空间系统时，就首先对该地区的自然景观类型进行了分析研究。

奥姆斯特德认为，城市公园不仅应是一个娱乐场所，而且应是一个自然的天堂。所以，他主张在城市心脏部分应引进乡村式风景，使市民能很快进入不受城市喧嚣干扰的自然环境之中。他的设计方法是尊重一切生命形式所具有的"基本特性"，对场地和环境的现状十分重视，不去轻易改变它们，而是尽可能发挥场地的优点和特征，消除不利因素，将人工因素糅合到自然因素之中。奥姆斯特德的理论和实践活动推动了美国自然风景园运动的发展。

奥姆斯特德虽然没留下多少理论著作，但他却是第一位有大量景观作品的美国造园家。他吸收英国风景园的精华，创造了符合时代要求的新景观，是城市公园的奠基人。自从纽约中央公园问世以来，美国掀起了一场城市公园建造运动，而奥姆斯特德则成为这一运动的杰出领袖，在造园史上，这一时期的美国景观也因而被称为"城市公园时期"。

奥姆斯特德的理论和实践活动推动了美国自然风景园运动的发展。此后，人们对自然风景园的真正兴趣表现在两个不同的方面，即一方面倾向于筑造自然的不规则式的私人住宅区及城市公园，另一方面，因教育、保健、休养的需要而保存广大的乡土风景的运动方兴未艾。自然风景园因其功用包罗万象而得以保存，并由此激发了美国的国家公园运动。

### 2. 巴黎"国际现代工艺美术展"

1925 年，巴黎"国际现代工艺美术展"揭开了现代景观设计新的一幕。这次展览上，在斯蒂文斯设计的景观中，雕塑家扬·玛荻尔和居尔·玛荻尔用混凝土塑造了造型完美的"树"，树叶是由混凝土浇筑而成（图 7.1）。这种处理手法超出了普通人的概念和理解，给人们带来更多体验和思考。另一个引起普遍反响的作品是建筑师古埃瑞克安设计的"光与水的庭院"，该庭院位于一块三角形基地上，其内部各要素均按三角形母题划分为更小的形状，三角的主题在平面、立面和透视中都得到了充分的体现（图 7.2）。庭院中最富特色的是位于水池中央的多面体玻璃球，随着时间变化不停地旋转，给人带来不尽的遐想和梦幻般的感受。关于这次展览的作品后来汇集到《1925 年的园林》，对景观设计领域思想转变和事业发展起了重要的推动。

**图 7.1 用混凝土塑造的"树"**

**图 7.2 古埃瑞克安设计的"光与水的庭院"平面图**

美国景观设计师斯蒂里（Fletcher Steele，1885—1971）参观了这次展览，将欧洲现代景观设计的思想介绍到了美国。1926 年，斯蒂里结识了乔埃特（Mabel Choate）女士，并共同完成了乔埃特的庄园瑙姆科吉（Naumkeag）中一系列小花园的设计（图 7.3）。

**图 7.3　瑙姆科吉（Naumkeag）中的"平台花园"**

## 7.1.2　现代主义景观设计代表人物及作品

### 1. 哈佛革命

20 世纪 30—40 年代，"二战"爆发，欧洲艺术家到美国，艺术中心从巴黎到纽约。在他们的影响下，渴求新思想的学生们探求现代艺术和现代建筑理论在景观设计上应用的可能性，其中最为著名的就是"哈佛三杰"。

这三位年轻的哈佛学子是哈佛大学设计研究生院的罗斯（James C.Rose，1910—1991），克雷（Dan Kiley，1912—2003）和埃克博（Garrett Eckbo，1910—2000）。

1938—1941 年间，他们一起在杂志上发表了一系列文章，提出郊区和市区景观的新思想。继他们三人以后，哈佛大学在新思潮的影响下，涌现出了一大批世界级的景观设计大师，哈佛大学成为世界景观设计领域的领头羊。这些大师中有佐佐木英夫、哈普林、彼得·沃克、哈格里夫斯等。

### 2. ［美］丘奇和"加州花园"

20 世纪 40 年代，当哈佛三杰在进行理论探索时，在美国西海岸，露天木制平台、游泳池、不规则种植区域和动态平面的小花园为人们创造了户外生活的新方式，被称为"加州花园"。

**图 7.4　玛丽亚别墅花园**

丘奇出生于波士顿，在加利福尼亚长大。他曾在加州大学伯克利分校和哈佛大学设计研究生院学习景观规划设计。埃克博评价丘奇是"最后一位伟大的传统设计师和第一位伟大的现代设计师"。传统性保证了他能考虑旧事物的价值，开放性又使他能够思索新事物。

1926 年获哈佛旅行奖学金，丘奇去欧洲学习意大利和西班牙的景观。1927 年返美并同时提交自己的论文。1937 年再次去欧洲旅行，研究勒·柯布西耶以及芬兰设计师阿尔瓦·阿尔托的作品，包括现代派画家和雕塑家的作品。玛丽亚别墅和花园的设计方案中使用了曲线的轮廓，肾形的泳池，木材和石材的外墙装修和地面铺装对他产生了影响（图 7.4）。他的作品开始展现出一种新的动态均衡的形式，中心轴被抛弃，流线、多视点和简洁平面得到应用，质感、色彩呈现出丰富变化。20 世纪 40 年代晚期设计的众多花园表明这一探索仍在继续——曲线型的水池、Z 字形及钢琴状曲线以及虚假的透视关系——但始终都尊重文脉和业主。

丘奇最著名的作品是 1948 年的唐纳花园（图 7.5）。庭院由入口院子、游泳池、餐饮处和大面积平台组成。平台的一部分是美国杉木铺装地面，另一部分是混凝土地面。

丘奇十分重视借景，"远景中的山和水，近景中的丘陵和树林，城市夜空的全景，都对人们有无尽的吸引力，人们会在山顶修建亭榭和登高台；爬上高山，清理杂林，建造平台以看见这些景色"。对于一些面积很小的花园，丘奇会利用透视错觉扩大空间，如用喇叭状的格子架置于雕塑之后，使人在某一固定视点产生空间深远的错觉。面积稍大的花园，丘奇常采用台阶、隔墙、绿篱等暗示空间的划分。

托马斯·丘奇是美国现代景观的开拓者，他从 20 世纪 30 年代后期开始，开创了被称为"加州花园"的美国西海岸现代景观风格。丘奇等设计师群体被称为加利福尼亚学派，其设计思想和手法对今天美国和世界的景观设计有深远的影响。

### 3.［美］盖瑞特·埃克博（Garrett Eckbo，1910—2000）

（1）生平介绍

埃克博曾在加州大学伯克利分校和哈佛大学设计研究生院学习景观设计。

1936 获哈佛设计研究生院深造奖学金。

1938 年，埃克博发表了一篇文章——《城市中的小花园》。

1942 年，埃克博与爱德华·威廉（Edward Williams）一起成立了事务所，1945 年罗伯特·罗伊斯顿（Robert Royston）也加入到事务所中来。

从 Eckbo、Royston & Williams 到 Eckbo、Dean & Williams，最后到 Eckbo、Dean、Austin & Williams。EDAW 已成为美国最著名的景观规划设计事务所之一。

1950 年发表《生活景观（Landscape for Living）》，认为艺术与规划是等同的，只不过它们采用了不同的表达手段而已。他认为，空间是设计的最终目标。

（2）作品介绍

主要代表作品有：阿尔卡花园（Alcoa 花园）、国家联合银行广场、佛来斯诺市商业街的改造等。

图 7.5　唐纳花园

在 Alcoa 花园中，他用铝制作了喷泉，用咖啡色、金色的各种各样的铝合金型材和网格建造了一个有屏风和顶棚的花架（图 7.6）。由于他的努力，推动了铝制品在景观中的应用，为战后铝制品找到了出路。

图 7.6　阿尔卡花园

国家联合银行广场是洛杉矶的公共项目。树池有规律地布置在建筑柱网上面，混凝土台围合的草坪像一只巨大的变形虫，趴在水面上，触角挡住了水池的一部分，一座小桥从水面和草地上越过。

（3）评价

有一位现代主义者，他的作品中既有包豪斯的影响，又有加州学派的影子。每一个设计都是从特定的基地条件而来。他认为，设计是为土地、植物、动物和人类解决各种问题，而不是仅仅为了人类本身。

### 4.［美］丹·凯利（Dan Kiley，1912—2003）

丹·凯利常和建筑师合作，其作品常体现和建筑空间的融合与协调，闪烁着理性主义的光辉，被称为"结构主义"大师。

（1）生平简介

1942—1945年，进入美国军队，在军队的工程公司任设计部门主管。其间因设计出最有影响的作品——纽伦堡二战战犯审讯法庭，被美国总统杜鲁门授予国家荣誉勋章。

"二战"后，和沙里宁一起组成设计小组，承接了多类设计项目。同时继续在公共住宅管理机构工作，并经常在大学演讲授课。

20世纪50—60年代，一生最多产的时期，诸多作品逐渐吸引大众视线。完成米勒庄园的设计，这是其设计生涯中最大的一次突破。

1963年，发表《自然：设计之源泉》，标志了凯利设计思想的成熟。

20世纪60—80年代，在世界各地完成很多作品，奠定了他作为现代景观设计大师的地位。

20世纪80年代后，在日本和欧洲各地进行大量不同文化背景下的设计尝试。从不同文化角度对现代景观设计做出全新的探索。

1997年，被授予美国国家艺术勋章，是首位获得此荣誉的景观设计师。

2003年2月21日，与世长辞，自此走完了他极其辉煌的一生。

（2）设计特点

使用古典的要素，如规则的水池、草地、平台、林荫道、绿篱等，但他的空间是现代的、流动的。擅长用植物来塑造空间。在他的作品中，绿篱是墙，林荫道是自然的廊子，整齐的树林是一座由许多柱子支撑的敞厅。经常从建筑出发，将建筑的空间延伸到周围环境中。

（3）思想和理念

他早期的作品里有着很多历史元素，反映出他那深深扎根于历史中的对自然秩序的精神追求。正如凯利自己所言："人总是在或多或少地制造着生动的线条。"

凯利后期的作品让我们更加感受到了人对自然应有的尊重，并流露出浓厚的结构主义韵味。凯利觉得，无论在什么样的环境里，只要抱着对生活无限热爱的态度，以及对事业和人生孜孜不倦追求的精神，人生一定会活得很精彩。正如现代主义设计大师伽略特·埃克博所言，"凯利对于现代景观设计最大的贡献在于他既继承传统又摒弃糟粕的决心"。

（4）主要作品

①米勒庄园；

②喷泉广场；

③达利中心大道步行街；

④亨利·摩尔雕塑公园；

⑤奥克兰展览馆室外公园；

⑥国家银行广场；

⑦金氏庄园；

⑧京都中心区规划；

⑨库氏住宅；

⑩美国空军学院；

⑪洛克菲勒大学；

⑫阔宁河滨世纪公园；

⑬达拉斯艺术馆；

⑭林肯表演艺术中心广场；

⑮福特中心大楼中庭；

⑯芝加哥湖滨码头公园；

⑰罗切斯特工学院；

⑱独立大楼第三街区；

⑲杜勒斯机场；

⑳芝加哥艺术学院南园；

㉑华盛顿第十大街环岛；

㉒约翰·肯尼迪纪念馆；

㉓格雷戈里住宅；

㉔国家艺术馆；

㉕考瑞尔农庄；

㉖标准查特瑞德银行中庭；

㉗豪氏庄园；

㉘图温农场；

㉙AG 总部大楼花园；

㉚乐氏之家；

㉛福克斯私家花园；

㉜哥伦布环岛；

㉝凯茨广场；

㉞杜氏大院。

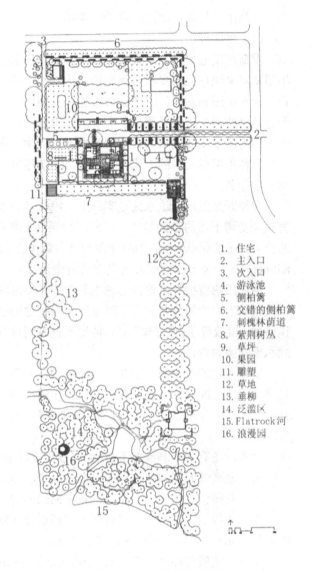

1. 住宅
2. 主入口
3. 次入口
4. 游泳池
5. 侧柏篱
6. 交错的侧柏篱
7. 刺槐林荫道
8. 紫荆树丛
9. 草坪
10. 果园
11. 雕塑
12. 草地
13. 垂柳
14. 泛滥区
15. Flatrock河
16. 浪漫园

**图 7.7　米勒庄园平面图**

米勒庄园的设计历经了近五年时间，始于 20 世纪 50 年代初，作为设计现代主义的一个典型"设计形式"（图 7.7），米勒庄园是丹凯利的第一个现代主义设计作品，也是现代景观设计最具影响的作品之一。对他而言，米勒庄园设计上最大的成功之处，在于他并没有完全否认古典主义设计理论的所有东西，而是沿用了古典设计理念的框架结构，并巧妙地将它和现代主义更为自由的设计手法结合起来。

### 5. [ 美 ] 詹姆斯·罗斯（James Rose，1913—1991 ）

罗斯在 20 世纪现代艺术和现代建筑蓬勃发展的背景下，反对学院派的传统方式，探索现代景观的形式、空间、材料，为美国开创了现代主义景观艺术，被誉为美国现代景观的先驱。

作品主要特点：简洁、灵活、实用。

（1）生活经历

罗斯年仅五岁时，父亲就去世了，他和母亲、姐姐从宾夕法尼亚的乡村搬到纽约。由于他拒绝上音乐课和机械制图课，因此一直没能从高中毕业，但是他仍然设法进入了康奈尔大学的建筑专业，后来作为特派学生转到哈佛大学学习景观设计学。不过由于他拒绝以美术的方式设计景观，1937 年被哈佛大学除名。

罗斯既是景观理论家又是实践家。1941 年，他曾短期受聘于纽约市的塔特尔、西利普莱斯&雷蒙德公司，任景观设计师，为新泽西州基尔默（Camp Kilmer）一个能容 30000 人的表演场所做设计。

他在纽约曾拥有了他自己的大型业务，但是他很快就认为大型的公共和合作项目过于限制他的创作自由，就放弃了；"二战"后，他把大量时间投入到私家花园的设计中。

罗斯在它的整个职业生涯中的任务是在人类、自然与建筑之间建立亲密的关系。他写作的阐述景

图 7.8 《前卫建筑》

观设计现代主义思想的文章，1938 和 1939 年发表于《铅笔尖》（现为《前卫建筑》）上（图 7.7）。

此外，还有四本书推进了 20 世纪景观设计学的理论和实践发展：

① 《创造性的花园（Creative Gardens）》，1958 年。

② 《花园使我欢笑（Gardens Make Me Laugh）》，1965 年。

③ 《现代美国花园——詹姆斯·罗斯设计（Modern American Gardens Designed by James Rose）》1967 年，采用马克·斯诺的笔名。

④ 《天堂般的环境（The Heavenly Environment）》，1987 年。

（2）设计思想

他的花园以特定的方式适应着它们所在的区域，如经常利用当地的自然原料，并结合已有的自然要素，如裸露的岩石和树木等。他十分厌恶浪费。旧门板成为优雅的长凳，金属烤肉架变为喷泉，铁轨则变成不规则阳台的围栏。

塑造流动空间的手法——有时他用标准尺寸的木框，里面充满塑料的网眼，有时用半透明的日本 Shoji 屏风，有时用一排小间距的垂直的尼龙细线，有时用弯曲的板条做的竹格窗，有时利用白桦树纤细的树干。

倾向于人的体验而不是视觉感受。1970 年，罗斯应邀参加在日本召开的世界设计大会（The World Conference）。这次经历使他对日本文化终身心仪，以至于他的很多花园作品有时被误认为是"日本式"的。他的设计受日本文化的影响，加上自己的理念，创造出一种与众不同的空间。

（3）作品

1952 年，罗斯设计了他自己的位于新泽西里奇伍德的小住宅，以示他对建筑师和开发者通常任命的景观设计师只是附属作用的抗议。在它的住宅中，罗斯认为："景观与住宅同等重要，它并不附属于住宅"。

新泽西里奇伍德的小住宅。整栋房子的设计理念也是让人惊奇，发挥了那种"顺应自然过程"的想法，除了运用废弃建材之外，整个房子也是依据使用的"人"而不断改变。位于前院的大石头是从这块地里面挖出来，并运用现有的素材所创造出来的雕塑，这是他的特色之一。与其挖个洞把石头埋起来，罗斯选择庆祝它们的存在。

1953 年，罗斯在新泽西里奇伍德完成了罗斯住宅（现在的詹姆斯罗斯景观设计中心）这是他最辉煌的项目。室外与室内的分割设计成一系列的通透区域，而且内部与外部形式的组合促进了空间的融合。

### 6.［巴］布雷·马克思（Roberto Burle Marx，1909—1994）

20 世纪中期，世界现代风景景观正经历分娩的阵痛，在南美国家巴西出现了一位让世界瞩目的设计大师，他用自己传奇的经历、独特的个性和不凡的艺术天赋带给世界景观新的元素、新的形式及新的艺术观，时至今日，他的影响仍波及世界的每个角落。

（1）生平简介

罗伯特·布雷·马克思 1909 年生于巴西圣·保罗市。具有多方面的才能，尤其在音乐、园艺、文学以及语言方面（葡萄牙语、德语、法语、英语、西班牙语和意大利语）。其中，德国之行对他产生深远影响。

18 岁时（1928 年），布雷·马克思前往德国柏林。立体主义（Cubism）、超现实主义（Surrealism）和表现主义（Expressionism）深深影响了他。

在写生时，他接触到柏林达勒姆植物园（Dahlem Botanical Gardens）温室中的热带、亚热带植物，他以敏锐的直觉意识到，巴西土生土长的植物在庭院中是大有可为的。1930 年布雷·马克思进入里约热内卢国立美术学校学习艺术。结识了建筑大师，其中包括尼迈耶，而科斯塔对他有重要的影响。1934 年布雷·马克思在伯尔南布科州举办了画展，同时，他被邀请担任该州首府累西腓景观部门的指导。在那里开始了对热带植物的景观体验。

从 20 世纪中叶起，他设计了大量影响广泛的私家花园，包括奥德特·芒太罗（Odette Monteiro）住宅花园景观、奥利弗·格麦斯（Olivo Gomes）住宅花园（1950 年）、巴西副总统官邸花园（1975 年）、瓦格姆·格兰德（Vargem Grande）庄园（1984—1989 年）。

同时，他也更多地开始设计一些较大规模的项目。1955 年，他在里约热内卢成立了布雷·马克思设计有限公司。

（2）设计思想

马克思理解和尊重自然，创造出自然环境和人类生活的协调关系。他认为，艺术是相通的，景观设计与绘画从某种角度来说只是工具的不同。最经典的一句话道出了他的造园思想，我画我的景观（I paint my gardens）。

**图7.9 奥德特·芒太罗花园平面图如同绘画**

（3）设计风格

马克思的设计是多变的，不囿于一种形式。20世纪40年代是有机形式；20世纪50年代引入纯几何形态，力图与现代主义建筑相吻合，但是他拒绝使用对称轴线；20世纪60年代曲线和垂直线穿插使用；20世纪70年代这种融合更加和谐；20世纪80年代他仍然保持着表现性和生动的诗意，最后的作品达到了折中的顶峰。

他的作品平面形式强烈，但绝不仅仅是二维的、绘画的，而是由空间、体积和形状构成。

布雷·马克思的景观扩展了古老的花坛形式，开发了热带植物的景观价值。他注重材料的整体的色彩和质感，用植物叶子的色彩和质地的对比来创造美丽的图案，并将这种对比扩展到了其他材料，如砂砾、卵石、水、铺装等。他的贡献不止于此，他继承了巴西的传统，用现代艺术的语言为马赛克这一传统要素注入了新的活力。

（4）作品

马克思的作品分两大类，私家花园和公共景观。私家花园主要是奥德特·芒太罗花园，设计将花园与远处的自然景色融为一体，蜿蜒的道路将视线引向远方（图7.9）。公共景观作品包括下列内容：

①小萨尔加多广场：顺着弯曲道路蜿蜒的混凝土座椅，高大的棕榈树下的宜人空间。

②弗拉明戈现代艺术博物馆外：三组花岗岩石柱被置放在填满圆圆河石的种植池中。被十字交叉的路分割形成的四个方形种植池中分别是虎尾兰、文殊兰、赤素馨花、蟛蜞菊以及圆圆的河石，两种颜色的草铺成的流动图案（图7.10）。

**图 7.10　两种颜色的草铺成的流动图案**

③科帕卡巴纳海滩：马赛克铺装成抽象的图案装饰海滩。

④圣特雷萨有轨电车终点站：停车场的屋顶，不同高度的植物种植池隐藏了通风设备，地面是马赛克铺装的图案，引入绿地中的电车终点站种有各种植物。

⑤布洛克出版社大楼：屋顶花园的植物种植形式和谐的构图，常春藤与丝兰形成质感上的对比，大楼一个立面上设有垂直绿化。

⑥巴西利亚外交部大楼的外环境。

（5）学术启发

布雷·马克思将现代艺术在景观中的运用发挥得淋漓尽致，从他的设计平面图中可以看出，他的形式语言大多来自于米罗和阿普的超现实主义，同时也受到立体主义的影响。他的成功来自于他大胆的想象力，来自于他作为画家对形式和色彩的把握和作为园艺爱好者对植物的热爱和精通。

布雷·马克思的作品体现了巴西的文化传统与欧洲现代艺术的结合，创造了适合巴西气候特点和植物材料的崭新风格，开辟了景观设计的新天地。

**7. ［美］劳伦斯·哈普林**

（1）生平简介

1935—1939 年，哈普林就读于康奈尔大学，获植物学学士学位，后在威斯康星大学获园艺学硕士学位。

1941—1942 年，在哈佛大学获得景观设计学工程学位。

1949—1976 年，哈普林和其合伙人成为旧金山当地著名的建筑师。

（2）设计思想

哈普林认为景观设计者应从自然环境中获取

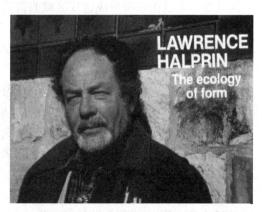

**图 7.11　劳伦斯·哈普林**

整个创作灵感，为激发人们的行为活动提供一个具艺术感召力的背景环境。

生态观——"在任何既定的背景环境中，自然、文化和审美要素都具有历史必然性，设计者必须充分认识它们，然后才能以之为基础决定此环境中该发生些什么"。

哈普林认为，如果将自然界的岩石放在城市中，可能会不自然，在都市环境中应该有都市本身的造型形式。哈普林对自然现象做过细致的观察，他曾对围绕自然石块周围溪水的运动、自然石块的块面形态及质感，做了大量的写生与记录（图7.12）。在这些研究中，他体验到了自然过程的抽象之道。

（a）                                （b）

**图7.12　哈普林构思草图**

哈普林在设计实践中，认真分析和关注人们在环境中的运动和空间感受，认为设计不仅是视觉意象的建立，更是人们在移动时与其他感官的感受，即"视觉与生理"设计。

（3）设计特点

重视自然和乡土性是哈普林的设计特点。在开始设计项目之前，哈普林首先要查看区域的景观，并试图理解形成这片区域的自然过程，然后再通过设计反映出来，如著名的滨海农场住宅开发项目。

哈普林的作品往往带有极强的空间参与性，充分体现出现代城市景观的开放性、公共性和大众化。

早期的哈普林设计了一些典型的"加州花园"，采用了超现实主义、立体主义、结构主义的形式手段，如大面积的铺装、明确的功能分区、简单而精心的栽植。早期他主要用曲线，但很快便转成了直线、折线、矩形等形式语言。在麦克英特花园里，他又运用了直线，并用水和混凝土这两个元素，这也成为他许多作品中共有的特征。

（4）作品

哈普林创建的包括喷泉和瀑布的城市公园极有影响力，以其象征性的峭壁而闻名。他最重要的设计是1960年为波特兰市设计的一组广场和绿地。这个设计由三个节点组成，开始点是"爱悦广场",第二节点是"柏蒂格罗夫公园",第三个节点是"演讲堂前广场"(图 7.13)。

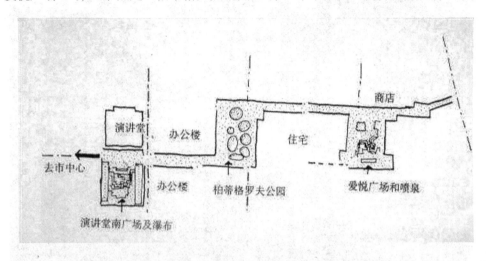

**图 7.13　波特兰市设计系列广场和绿地平面位置图**

　　①爱悦广场(图 7.14)。爱悦广场是为公众参与而设计的一个活泼而令人振奋的中心。广场的喷泉吸引人们将自己淋湿,并进入其中而发掘到对瀑布的感觉。喷泉周围是不规则的折线的台地,不规则的台地是自然等高线的简化。广场上的休息廊的不规则屋顶,来自洛基山的山脊,喷泉的水迹也是他反复研究自然山涧的结果。

**图 7.14　爱悦广场**

　　②柏蒂格罗夫公园(图 7.15)。柏蒂格罗夫公园是一个供休息的安静而青葱的多树荫地区,曲线的道路分割了一个个隆起的小丘,路边的座椅透出安静休闲的气氛。

**图 7.15　柏蒂格罗夫公园入口简单的标识**

③演讲堂前广场（伊拉·凯勒水景广场）。伊拉·凯勒水景广场就是波特兰市大会堂前的喷泉广场（Auditorium Forecourt Plaza）。水景广场的平面近似方形，占地约 0.5hm²。在混凝土块组成的方形广场上方是一连串清澈的水流，从上而下层层落下，气势雄伟（图 7.16）。这个大瀑布是对自然的悬崖和台地的大胆想象。水景广场分为源头广场、跌水瀑布和大水池及中央平台 3 个部分。其设计的灵感源于自然的瀑布和山崖，是哈普林对美国西部悬崖与台地的大胆运用。

**图 7.16　演讲堂前广场**

除此之外，哈普林的作品还有西雅图高速公路公园和罗斯福纪念园。

④西雅图高速公路公园（Freeway Park）。高速公路公园紧邻西雅图会议中心，是块长方形的绿地，下面有交通繁忙的洲际公路经过。公园里面有许多流水的造景，配合着绿色的长青植物给人们以清凉舒适的感觉（图 7.17）。

**图 7.17  西雅图高速公路公园**

⑤罗斯福纪念园（The FDR Memorial）。哈普林没有设计一个高大统领性的纪念碑式建筑，而是用石墙、瀑布、密树和花灌来组成低矮景观，建成了一座水平的而非垂直的、开放的而非封闭的、引人参与而非默默欣赏的纪念园。

从设计上来看，哈普林的思想在当时也是开创性的，此后美国的一些纪念建筑如越战纪念碑也摆脱了传统模式，更为尊重人的感受和参与。入口处整体雕刻的金属标牌与花岗岩墙浑然一体。具有特殊光泽的青铜标牌风格朴素，安详高雅。

（5）总结

哈普林继承了格罗皮乌斯的将所有艺术视为一个大的整体的思想，他从广阔的学科中汲取营养，音乐、舞蹈、建筑学以及心理学、人类学等其他学科的研究成果都是他感兴趣的，因而他视野广阔、视角独特、感觉敏锐、思想卓尔不群，这也是他具有创造性、前瞻性和与众不同的理论系统的原因。

依据对自然的体验来进行设计，将人工化的自然要素插入环境，而不是对自然简单的抄袭。这是历史上优秀景观的本质。

**8. [ 美 ] 佐佐木英夫（Hideo Sasaki，1919—2000）**

（1）生平简介

佐佐木英夫是美国景观建筑学开山鼻祖，日裔美国人，美国著名景观规划事务所 SWA 集团创始人之一，曾任美国哈佛大学景观建筑系主任。

1953 年，佐佐木选择了距哈佛大学不远的沃特镇（Watertown）建立了自己的景观建筑设计事务所 Sasaki 事务所（Sasaki Associates Inc.）。其业务范围涉及城市设计、城市规划、景观设计与规划、建筑设计等各个领域。通过在合作的规划和设计中证明景观师的作用。

1958—1968 年，担任哈佛大学设计研究生院主任。在教学中，他认为设计主要是针对为给出的问题提出解决方案，是将所有起作用的因素联系成一个复杂整体的过程。他还经常请专家讲课。

1989 年，佐佐木本人退出事务所的运作，并完全脱离公司，Sasaki 则成为公司的象征，纪念着佐佐木对公司的开创性功绩。

2000 年 9 月 6 日，80 岁的佐佐木去世了。

（2）获得的肯定

为纪念佐佐木英夫为景观建筑学所做的非凡贡献，并缅怀其 1950—1970 年间在哈佛的岁月，哈佛大学授予他"百年纪念勋章"的特别荣誉。俄亥俄州立大学（Ohio State）和伊利诺大学赞颂他作为设计师和教育家所做的贡献，并授予他荣誉院士的称号。肯尼迪总统于 1961 年任命佐佐木英夫为美国艺术委员会委员，1965 年约翰逊总统再次任命。佐佐木英夫曾作为众多卓著设计竞赛的评审委员会成员。1971 年，被授予第一枚全美景观建筑师奖章。1973 年，获得 AIA 职业联盟勋章。

（3）理念

佐佐木英夫认为设计有三种方法：研究、分析和综合。研究和分析的能力是通过教学获得的，而综合的能力则要靠设计者自己的天分，但是可以培养和引导的。

"和谐"观是从对自然的崇尚和理解中发展而来的观念，渗透于佐佐木及其事务所的大部分城市设计理念之中；从各种生态张力的作用中找到适合的设计手段并将生态系统纳入城市基本结构，追求生态与城市的共生；主张在对环境正确理解的基础上，联系整体环境考虑地段的设计——这是城市与周围环境的和谐；提供土地的混合使用，激发城市的活力——这是使用功能之间的和谐与平衡。

景观设计不要吸引对它自身的关注，而是建筑与雕塑平静而高贵的背景。佐佐木认为规划和设计的延续能够做到天衣无缝。我们进行规划和设计的土地不是作为商品，而是作为自然资源、人类活动的场所以及人类的财富和文明记忆，这就是这位创始人对自己的职业和公司的根本观点。

佐佐木英夫作为景观专业的鼻祖，我们不仅仅要学习他在专业上的成就，更应该学习他不拘一格的专业态度，用创新的思想去想问题、看问题，才能得到更好的发展。

### 9. ［美］彼得·沃克（Peter Walker，1932— ）

（1）生平简介

沃克是当今美国最具影响的景观设计师之一，曾任哈佛大学设计系主任，美国 SWA 集团创始人，是极简主义景观设计的代表人。

1932 年，出生于美国加利福尼亚州帕萨德纳市（Pasadena）。

1955 年，在加州大学伯克利分校获得景观设计学学士学位。上学期间，他曾经在当时著名的设计师劳伦斯·海尔普林的事务所工作过一段时间。这一切为他今后的成就打下了良好的基础。

1956 年，在伊利诺斯大学进行景观设计学研究生课程的学习。

1957 年，获哈佛大学设计研究生院（GSD）景观设计学硕士学位，并获得美国景观设计专业优秀学生奖——魏登曼奖。同年与哈佛大学设计研究生院佐佐木英夫教授（Hideo Sasaki 1919—2000）共同创立了 SWA（Sasaki Walker Associates）景观设计事务所，其逐渐发展壮大，后成为美国当代最著名的景观设计公司之一。

1978—1981 年，任哈佛大学设计研究生院景观设计系主任。

1983 年，于加利福尼亚州伯克利市成立了彼得·沃克合伙人景观设计事务所（Peter Walker and Partners，简称 PWP），标志其设计风格趋于成熟。

1988—1991 年，担任美国《景观设计》杂志编辑委员会委员。

1997—1999 年，担任加州大学伯克利分校景观设计系主任。

2004 年，PWP 设计的纳什雕塑中心和 Saitama 天空森林广场两个项目获得了美国景观设计师协会专业大奖。

2007 年，PWP 赢得 2007 年景观设计单元的国家设计奖（National Design Award for Landscape Design）。

出版了《看不见的花园》和《极简主义庭园》。

（2）沃克作品特点和代表作品

极简主义是在早期的结构主义的基础上发展而来的一种艺术门类。

彼得·沃克成为极简主义者的主要动力源泉在于他是一名极简主义艺术爱好者，早年他在哈佛求学时，受到当时流行的现代主义的巨大影响，与他同时代的导师、学长们对于现代主义的追求深深感染了彼得·沃克，他也因此成为现代主义的忠实追随者。随着对景观认识的不断深入，彼得·沃克开始尝试着将自己喜爱的极简艺术结合到景观设计中去。随后的欧洲之旅，尤其是法国规则景观带给他的巨大冲击更加坚定了他将极简艺术运用到景观设计中的决心。在进行了一些初期的尝试之后，沃克发现这种结合的效果出乎意料的成功，它们所反映出的那种鲜明的特色"如同闪电一样照亮了昏暗的天空"。初期设计尝试的成功促使沃克更加努力地发展自己的极简主义设计风格。当时他设计的那些作品包括 1980 年和舒瓦茨合作的尼可庭院和 1983 年设计的伯纳特公园等。

代表作品有伯纳特公园（1983 年）、唐纳喷泉（1984 年）、IBM 索拉纳园区规划（1990 年）、广场大厦（1991 年，图 7.21）、市中心花园（1991 年）、日本京都高科技中心（图 7.22、图 7.23）、纳什雕塑中心等。

伯纳特公园主要包括两个几何形元素，一个是位于草坪上方的大理石道路，另一个是由一系列水池形成的矩形空间，这个空间里有光纤棒和喷水器令整个空间显得更加生动（图 7.18）。树林里有橡树、紫薇科植被还有古老的木兰科植物等。

图 7.18　伯纳特公园

　　唐纳喷泉位于一个交叉路口，是一个由 159 块巨石组成的圆形石阵，所有石块都镶嵌于草地之中，呈不规则排列状（图 7.19）。石阵的中央是一座雾喷泉，喷出的水雾弥漫在石头上，喷泉会随着季节和时间而变化，到了冬天则由集中供热系统提供蒸汽，人们在经过或者穿越石阵时，会有强烈的神秘感。

图 7.19　唐纳喷泉

　　IBM 索拉纳园区位于德克萨斯州中西部，园区的选址周围有大片的草原景观以及岗坡地环境。由于大草原景观与岗坡地环境本身就是十分可贵的资源，规划中保留了大面积的原生植物资源。

图 7.20　IBM 索拉纳园区

图 7.21　加州橘郡市镇中心广场大厦环境

图 7.22　日本京都高科技中心火山园　　图 7.23　日本京都高科技中心内庭院（圆台状石山和苔藓山）

**10. [美] 玛莎·施瓦茨（Martha Schwartz，1950— ）**

（1）生平简介

玛莎·施瓦茨（Martha Schwartz）是一位在景观设计界很有个性的也非常著名的设计师。她是哈佛大学终身教授、美国注册景观建筑师、英国皇家建筑协会会员。

1992年以来，玛莎一直在美国哈佛大学研究生设计学院担任景观设计教授，由于玛莎的突出贡献，2007年哈佛大学授予她为终身教授，她也是哈佛大学景观学院成立100多年以来第一位女性终身教授。

20世纪70年代以后，玛莎·施瓦茨一面在哈佛大学等几所著名高等学府任教，一面通过自己的事务所和菲力普·约翰逊、矶崎新等多位世界级建筑大师进行合作，完成了纽约雅克博·亚维茨广场、明尼阿波利斯市联邦法院大楼前广场、曼彻斯特城交易所广场、亚特兰大里约购物中心庭院、德国慕尼黑的皇家侍卫队指挥部等很多经典作品。

她非常注重作品对生态系统所产生的社会影响力，她喜欢在场景中采用技术手段而非自然标准或假定的自发性方案，她酷爱鲜艳夺目的色彩和另类材料，而且对潮流非常敏感。她的作品常常会与公众舆论相冲突，而招致同行的批评。但是，无论是赞美者，还是反对者，都认为她是一位"始终孜孜不倦地探索景观设计新的表现形式，希望将景观设计上升到艺术的高度"且值得尊敬的景观大师。

（2）代表作品

玛莎·施瓦茨的代表作品有面包圈公园（Bagel Garden）、西雅图监狱庭院、怀特海德学院拼合园、加州科莫思城堡的中心广场林阴大道、亚特兰大里约购物中心、纽约亚克博·亚维茨广场、美国明尼阿波利斯公共广场、曼彻斯特交易所广场、德国瑞士再保险公司办公楼景观设计、美国亚利桑那州梅萨艺术中心等。此外，玛莎近期的作品包括：英国里兹惠灵顿住宅综合地产项目、阿联酋迪拜中央公园、阿联酋阿布扎比露露岛超大型综合地产项目、英国伦敦木材广场大型商业综合地产项目、爱尔兰都柏林大运河广场、韩国首尔永山大型商业综合地产项目等。

①亚特兰大里约购物中心（图7.24）：在设计中，为吸引道路上行人的注目，在纷杂的商业区道路环境中给人以全新的体验景观。玛莎·施瓦茨在色彩上使用了强烈、夺目的红、蓝、黄、绿和黑色，在形式上设计了一个具有高度视觉刺激与动感的空间。红色的架桥，白色碎石与绿地相间，各色铺装组合、黄色的镀金青蛙、黑色水体等给人以强烈的视觉感受，设计带有波普艺术风格，一眼望去除了感到醒目、喧闹与新奇外，多少还有些令人感到滑稽与幽默。

**图 7.24　亚特兰大里约购物中心**

　　②美国明尼阿波利斯公共广场设计（图 7.25）：由于场地的原因，不能直接在广场上种树，而且项目的预算也有限，所以玛莎采用的都是廉价的材料。水滴形状源于本地区的一种特殊地形——"drumlin"——万年前冰川消退后的产物。玛莎想创造的是一种超越想象，让每个人都会问这是什么的场所，最重要的是人们在场所中创造自己的故事。

**图 7.25　美国明尼阿波利斯公共广场设计**

③英国巴克利银行中庭设计（图 7.26）：这是英国巴克利银行的中庭，大概有五层楼高，植物无法生长到这么高，而且在这里还有一些温度问题需要解决。玛莎在设计的时候每个中庭用的植物都不一样，并且采用了很多其他的元素来取代植物元素，达到了很好的效果。

（a）　　　　　　　　　　　　　　　（b）

**图 7.26　英国巴克利银行中庭设计**

④美国亚利桑那州梅萨艺术中心（图 7.27）：因为梅萨市每年平均有 300 个晴天，其中 190 天的温度会超过 37.78 摄氏度，所以，水和树影营造的清凉带给酷暑中的人们一种惬意的享受。因此，过道设计成了"林荫步道"的形式，壮观的步行道以大的拱形穿过建筑体。林荫步道的阴凉成为设计中的基本元素。设计要最大限度地表现植物的阴影图案，并且为人们创造舒适的空间。植物像艺术中心三个剧场的演员，积极地参与到空间这个戏剧中。"林荫步道"可以方便大小团体进行集会、表演和艺术展览等活动，同时它还可以提供更小的"小公园"用于休息，提供与水相关的项目进行水上娱乐。茂盛的树木、浓密的绿荫、众多的张拉帆布篷和格架构成了干旱沙漠景观中的阴凉绿洲。

与"林荫步道"平行的是一条"小河"，有 91.5m 长，金色的石灰瓦片和火山岩的薄片呈线性排列，用来代表干枯的河床，这样的水景特征适合于西南地区。在沙漠地区，一般的时候溪流都是干枯的，但是它也会周期性地有快速的水流流过，让人想起了此地会有山洪暴发。洪水过后，水又干了，小河又开始进入下一轮的循环。

广场中营造正式场合的要素透露出诗般的气息，将人与环境融合在梅萨这个新的动感十足的场所中。这样的设计不仅创造出新的形象，还能发挥社区的中心功能。

**图 7.27　美国亚利桑那州梅萨艺术中心中的林荫步道**

### 7.1.3　大地艺术景观设计思潮及作品

#### 1. 运动及其影响

（1）大地艺术与景观设计概述

大地艺术（Earth Art）是一种以大地为载体，使用大尺度、抽象的形式及原始自然材料创造和谐境界的艺术实践。简单地说，大地艺术是利用大地材料、在大地上创造的、有关于大地的艺术。

大地艺术景观始于大地艺术，借鉴大地艺术的形式语言和思想，是一种将雕塑与环境设计相结合的综合体。

（2）发展历程概述

大地艺术诞生于 20 世纪 60 年代的美国，此时的美国政治动荡，经济发达，波普艺术、极简主义艺术也不再能够满足艺术家不断追求创新的渴望，这一切都使得艺术家开始思考逃离这个社会，寻找新的艺术出路。他们以一种批判现代都市生活和工业文明的姿态，将目光投向城市之外，以大地作为艺术创作的对象，进行新的艺术类型的尝试，形成了大地艺术流派。

第一阶段，大地艺术开端（诞生）。1968 年 10 月，在道恩（Dwan）画廊举办"大地艺术"的展览。四个月后，又在美国康奈尔大学的怀特（White）博物馆举行"大地艺术"的展览。

第二阶段，20世纪60年代末到70年代初是大地艺术的"婴儿期"和"儿童期"。不过它比较早熟，这个时期也是大地艺术声势夺人的"黄金时代"。《包裹海岸》《双重否定》《螺旋防波堤》《太阳隧道》《闪电原野》等都创作在这个时期，其中，史密森的《螺旋防波堤》最负盛名。

史密森曾说过这样的话："艺术是可以成为自然法则的策略，它使生态学家与工业家达成和解。生态与工业不再是两条单行道，而是可以交叉的。艺术为它们提供必要的辩证。"

第三阶段，这是大地艺术成型及转型时期，20世纪60—70年代的大地艺术家喜欢用巨大来显示力量，而后来的艺术家开始变成用大地来思考历史和人生状况。在这个时间段里，优秀作品包括有《五大洲雕塑》《综合体》《星轴》《伞》，以及1995年包裹德国国会大厦的壮举。这时候克里斯托的作品受到普遍的注意，他的艺术行为对大地艺术的继续演绎起到了重要的作用。

（3）大地艺术的三个特点

一是大地艺术利用大地材料创造大地艺术。

二是大地艺术是在大地上创造的。完成的大地艺术作品依赖于特定的大地环境，它不可以被移动。

三是大地艺术是关于大地的艺术。不具有点缀、局部美化场景的作用，作品本身不具备使用的功能。

（4）对现代景观设计的推动作用

与以往的艺术相比，大地艺术有很强的革新因素，主要表现在对自然因素的关注，以自然因素为创作的首要选择方向，艺术品不再是放置在景观环境中，大地本身已经成为艺术或艺术的组成部分，带动现代景观设计中艺术化地形的塑造。其次，大地艺术还力图远离人类文明，改变过去艺术品被收藏的具有商业气息的方式。作品多选择在峡谷和沙漠，或形成一种只能在空中鸟瞰的人类染指自然的记录，人们对这种艺术的了解，主要是通过图片展览和录像的方式，同时，彰显降质环境（沙漠化、工业废弃地等），表现出一种独特的批判现实的姿态。

大地艺术贴近了景观，改变着人们的生态观念和自然观念，其触角深入到景观设计专业涉及的领域，拓展了景观设计师的视野，重新认识和组织自然素材，大地艺术开辟了景观设计师对工业废弃地重新利用的新途径，对西方现代景观设计产生了重要的影响。

**2. 设计师及其作品**

（1）克里斯托夫妇（包裹海岸、山谷垂帘、飞篱、包裹群岛、日本雨伞、包裹德国国会大厦）

①包裹海岸：是他们1969年的作品，将澳大利亚悉尼附近的整个海岸用尼龙布包裹，面积达9万多平方米，银白色的织物绵延16千米，此作品被描绘为"自然雕塑"（图7.28）。沙的颜色以及质感奇妙的扩散，风的吹动使布膨胀并产生涟漪，这些充满动感的浮动，让人产生一种原始生活的联想。这件作品的诞生使他们在国际上广为人知。

图 7.28 包裹海岸

②《山谷垂帘》：1973 年，他们用一幅 3.6 吨的尼龙布帘幕，悬挂在美国科罗拉多来福峡谷 365.6 米的两山夹峙险峻的 U 形峡谷间，橘黄色的帘幕傲然矗立在荒无人烟的野山中，呈现出一种惊世之美（图 7.29）。

图 7.29 山谷垂帘

③飞篱：6 年后，他们又在加州山区到太平洋岸边的山丘上架设了一道人工造成的飞篱，这条飞篱从海岸开始，随着地形起伏，长达 38.6 千米，俨然是蜿蜒在群山万壑间的一道纺织物长城（图 7.30）。

**图 7.30　飞篱**

④包裹群岛：1983 年，克里斯托开始在迈阿密的海上造景。这一带风光旖旎，沿岸密布着许多岛屿，素来是富人的休闲度假胜地。克里斯托经过局部试验，最终用一种粉红色的尼龙布把 11 座小岛围了起来。这次他改变了自己的惯用手法，没有用"包"而是用"围"。这些粉红色的布没有遮盖住小岛，只是漂浮在小岛的周围，犹如一道缀在绿岛边缘上的粉红色蕾丝，从空中俯瞰下去，如同漂浮在碧海上的朵朵睡莲，彼此相连若仙境（图 7.31）。

**图 7.31　包裹群岛**

⑤日本雨伞：克里斯托历时七年同时在美国加州的西海岸和日本东京北面的海岸上营造他的大地艺术。这一次他既不包也不围，而是以伞为文化元素，采用点状聚簇集散式的方法，将它们分布在大地上（图 7.32）。总长度达 19.3 千米，覆盖面积达 195 平方公里，有两千多人参与了此事，耗资 2600 万美元。一共立起了 3100 顶巨伞，每顶伞只有 5 米高，重 200 多千克。其规模已经超越了人类艺术史上任何单一作品在物理空间上存在着的记录，他把它们命名为《日本—美国，伞的狂想曲》。

图 7.32　日本雨伞

⑥克里斯托成功包裹德国国会大厦后在纽约推出了又一项惊世之作。他在游人众多的纽约中央公园竖立起了一道道巨大的门，这些橙色的门每座都有 4.5 米高，一共有 7500 座，这些门纵向排列着，从中央公园一直延伸向纽约的街道，从而在城市中形成了一条明丽宏伟的橙色通道，长达 37 千米。它刷新了克里斯托自己创造的世界纪录，成了世界上最大规模的艺术品（图 7.33）。

图 7.33　包裹德国国会大厦

（2）罗伯特·史密森（螺旋防波堤、断裂的圆环）

①螺旋防波堤：创作于 1970 年的螺旋防波堤又称为时空螺旋（Spiral Jetty），不但堪称罗伯特艺术生涯的代表作，甚至被评论者喻为"二十世纪最伟大的艺术品之一"。时空螺旋以逆时针的环状螺旋盘绕于盐湖城的大盐湖岸边，总长 457 米，以重达 6600 多吨的黑色玄武岩堆砌而成。从天空鸟瞰，类似湖畔延伸出的卷曲尾巴（图 7.34）。

②断裂的圆环：断裂的圆环和螺旋山丘建在一起，理解它们需要彼此参照，否则会削弱它们的魅力。由螺旋山的山顶可以俯视断圈，从《断裂的圆环》的平台上可以仰望《螺旋山丘》，它们合二为一（图 7.35）。《断裂的圆环》和《螺旋山丘》是继《螺旋防波堤》之后，史密森关注曲线造型的又一作品。

图 7.34　螺旋防波堤

图 7.35　螺旋山丘

（3）德·马利亚（闪电原野）

德·马利亚是以户外栅格雕塑而著名，代表作品是位于新墨西哥州一个沙漠里的《闪电原野》，艺术家在那里放置了 400 根不锈钢杆、每根长 6.27 米，在这块时常出现雷电风暴的原野中，每根杠杆都可作为避雷装置。每天一早一晚，杠杆都反射太阳的光芒，形成一种精确的工业技术特征，与自然景观形成鲜明对照（图 7.36）。

**图 7.36　闪电原野**

（4）迈克尔·海泽（孤立的垃圾、双重否定、复合体 1 号）

迈克尔·海泽 1967 年开始创作，他在美国西部荒漠地带完成了《孤立的垃圾》《双重否定》和《复合体 1 号》等十件庞大的作品。《双重否定》长 457 米，只有坐上直升机上才能看到全景，移置岩石和泥土的总重量为 24 万吨，《双重否定》暗示一个物体或形式是不存在的（图 7.37）。为了创作这件作品，材料是被移开的，而不是堆积的。

**图 7.37　双重否定**

（5）拜耶（大理石园、土丘、米尔溪土地工程）

拜耶（1900—1987）为亚斯本草原旅馆设计了两件环境作品分别为《大理石园》和《土丘》。前者是在废弃的采石场上矗立的可以穿越的雕塑群，布置了高低错落的几何形状的白色大理石板和石块，组成有趣的空间关系，中间还有一个活跃的喷泉。后者是一个土地作品，直径 12 m 的圆形土坝内是下沉的草地，布置了一个圆形的小土丘和圆形的土坑，以及一块粗糙的岩石。

米尔溪土地工程：20 世纪 70 年代末，拜耶将西雅图郊外肯特城的一条受侵蚀的溪流改造成一个既可作为蓄洪的盆地，又构成一个 40 公顷的公共娱乐公园的一部分（图 7.38）。拜耶的意图是使堤坝具有一个自然的外观，不要极端的破坏土地的自然结构，与周围环境和谐，并成为整体景观的一部分。

图 7.38　米尔溪土地工程

**3. 其他艺术作品（诗人的花园、越南阵亡将士纪念碑、巴塞罗那北站广场、儿童治疗花园）**

（1）《诗人的花园》

1959 年，瑞士景观设计师克拉默（1989—1980）设计了一个名为《诗人的花园》的展园，草地金字塔的圆锥有韵律的分布于一个平静的水池周围。作者的意图是将现代几何的诗意运用到景观中去，其结果是三维抽象几何形体构成了一种与众不同的空间感受，在"诗意花园"经过时，对它的感受与其说是景观，不如说是大地的雕塑。

（2）华盛顿的越南阵亡将士纪念碑

它是 20 世纪 70 年代"大地艺术"与现代公共景观设计结合的优秀作品之一。场地被按等腰三角形切去了一大块，形成一块微微下陷的三角地，象征着战争所受的创伤（图 7.39）。"V"字形的长长的挡土墙由磨光的黑色花岗岩石板构成，一望无际，刻着 57692 位阵亡将士的名单，形成"黑色和死亡的山谷"，镜子般的效果反射了周围的树木、草地、山脉和参观者的脸，让人感到一种刻骨铭心的义务和责任。V 字墙的两个边分别指向华盛顿纪念碑和林肯纪念堂，经这种纪念性意义带入整个历史长河之中。正如设计者林璎所说，这个作品是对大地的解剖与润饰。

图 7.39　越战纪念碑

（3）巴塞罗那北站广场

西班牙巴塞罗那是欧洲著名的艺术之都，通过三件大尺度的大地艺术作品为城市创造了一个艺术化的空间。一是植物形成的斜坡，形成广场的入口；二是名为《落下的天空》的盘桓在草地上的如巨龙般的曲面雕塑；三是沙地上点缀着放射状树木的一个下沉式的螺旋线——"树林螺旋"，既可作为露天剧场，又是休息座椅。设计师用最简单的内容成功地解决了基地与城市网格的矛盾，创造了不同的空间，提供了公园的各种功能，成为当代城市设计中艺术与使用结合的成功范例。

（4）美国马萨诸塞州威尔斯利儿童治疗花园

艺术化的地形不仅可以创造出如大地艺术般宏伟壮丽的景观，也可以形成亲切感人的空间。位于美国马萨诸塞州威尔斯利的少年儿童发展研究所的儿童治疗花园，是一个用来治疗儿童由于精神创伤引起行为异常的花园，由瑞德景观事务所和查尔德集团设计。花园植被和地表形态错落不齐，吸引孩子们在花园中各处活动，以发现不同的空间区域。

**4. 总结**

大地艺术在短短的 30 多年里，已经积攒了足够多的艺术家、作品、艺术行为、理论和接受群，这不仅与大地艺术的努力有关，也得力于这段时期西方社会持续稳定的经济形势和逐渐开放的思想环境。凭借着良好的内、外部环境，大地艺术家一定会为艺术史创造出更多重要的艺术作品。

### 7.1.4　生态主义景观设计思潮

第二次世界大战后，西方国家工业出现大发展，一方面促进了经济的发展，另一方面使人类环境受到严重污染和破坏。一些有社会责任感的景观设计师，意识到生态保护在景观设计中必须得到重视，从而走上生态主义景观设计的探索和实践道路。从 20 世纪 60 年代起，生态主义景观设计逐渐成为景观设计的主要思潮。

生态主义兴起于西方工业化国家，是 20 世纪最具影响力的思潮之一。第二次世界大战以后出现严重的生态危机和生存危机，人类在寻找危机的根源和寻求解决危机的策略时发展起来这样一种思维方式；是对近代西方古典文化中隐含的理性至上、人力万能观念的反驳；是在对科学技术及工业体系产生怀疑的思潮中的产物。它的出现标志着一种新的世界观和价值观的诞生。

生态设计是建立一种人类与自然相互作用和相互协调的方式，生态设计的最终目标实质上是解决目前出现的环境危机问题，建立人和自然相协调的人居环境，有一个符合生态规律的居住空间，建立结构合理、功能高效、关系和谐的生态系统。

**1. 生态主义景观**

随着机械化大工业时代的逝去，生态时代的到来，景观行业也开始更加深入而广泛地关注生态问题。在生态主义思潮和生态设计的影响之下，一些景观设计师以生态原则为指导进行设计，通过设计向人们展示周围环境中的种种生态现象、生态作用以及生态关系，唤起人与自然的情感联系，在这种大环境下，生态主义景观应运而生。

生态主义景观的发展历程经历了探索、发展、系统化阶段。

（1）景观生态设计的探索

西方景观设计的生态学思想可以追溯到 18 世纪的英国自然风景园，其主要原则是"自然是最好的景观设计师"。18 世纪初，工业文明的发展带来了日益凸显的城市问题，植被减少、水土流失、导致宏观大范围内自然生态的失衡。一些景观设计师预见到这种情况继续发展下去必然会带来恶果，便开始不断探索如何通过景观设计的手段来改变人类的生存环境，这时充满浪漫主义风情的英国自然风景区开始备受关注，人们开始由衷地欣赏起风景中充满浪漫情调的自然美。

（2）景观生态设计的发展

西蒙兹和詹斯·詹逊提出以当地乡土植物种植的方式代替单纯从视觉出发的设计方法，以适应当地严酷的气候、土壤、社会环境，并保留当地的自然生态特征，从而形成独特的中西部"草原自然风景模式"。

（3）景观生态设计的系统化、科学化

伊恩·麦克哈格的经典著作《设计结合自然》将生态学思想运用到了景观设计中，将景观规划与生态学完美地融合起来，开辟了生态景观设计的科学时代。

**2. 设计师及其作品**

（1）[英] 伊恩·麦克哈格

麦克哈格是英国著名景观设计师、规划师和教育家，宾夕法尼亚大学研究生院景观设计及区域规划系创始人及系主任。1920 年出生在苏格兰克莱得班克地区。1939—1946 年，在英国军队里服役，上校军衔。1955 年，创立了宾夕法尼亚大学研究生院景观设计及区域规划系，1960—1981 年，麦克哈格和罗伯特及托德合伙成立了一家设计事务所。1969 年，撰写《设计结合自然》，提出设计与自然相结合，建立景观规划准则。麦克哈格一生中获得了无数荣誉，其中包括 1990 年由美国总统乔治·布什颁发的全美艺术奖章。

麦克哈格结合人的独特性提出来科学的生态理念，即"设计结合自然"，这种新的价值观的导向，即后来的生态学。麦克哈格的生态设计方法概括为"千层饼"模式，其技术体现在这是一个包括自然地理学、排水系统、土壤，以及重要的自然和文化的资源因子系统。他完善了以因子分析和地图叠加技术为核心的生态主义规划方法，并称之为"千层饼模型"，该模式显示了融贯于景观学的各元素之间的关系。

无论从方法论上，将生态学引入景观规划的努力中，还是在技术发展层面，麦克哈格都在关键时刻起到了承前启后的作用，他被公认为生态设计与规划的创始人，在 20 世纪 60 年代初期，引领着这个领域的发展。

（2）［美］约翰·奥姆斯比·西蒙兹（匹兹堡梅隆广场、芝加哥植物园）

约翰·奥姆斯比·西蒙兹（John Ormsbee Simonds）是举世闻名的风景园林、环境规划领域的教育家、作家和设计大师，美国现代景观学的先驱。曾任美国风景景观学师协会（ASLA）主席。1913 年出生于美国北达科他州詹姆斯顿，1930 年进入密歇根州立大学学习景观学，1935 年在密歇根州立大学毕业，获得风景园林学士学位。1936—1939 年进入哈佛大学设计研究生院学习，1939 年获得风景园林硕士学位。在学习期间，他参与了"哈佛革命"，较早地接受了现代主义思想。硕士毕业后，他与同窗好友柯林斯（Lester A.Collins）结伴到东方学习考察。历时一年的游历对他后来学术思想的形成产生了深刻影响。

1961 年出版《风景园林学：人类自然环境的形成》，该书全面论述现代景观的基本理论和设计方法，成为美国现代景观史上里程碑式的著作。1978 年出版《大地景观：环境规划指南》，该书全面引入生态学观念，把景观师的目光引向生态系统，把专业范围扩大到城市和区域环境规划。1998 年出版《风景园林学：场地规划与设计指南》（第三版），此书已有中文版，是许多设计师的手头参考书。

西蒙兹一直强调设计要遵循自然，他提出"设计必须与自然因素相和谐"。设计要考虑的根本问题"不是形式、空间与形象，而是体验，真正的设计途径均来自一种体验，即规划仅对人具有意义，乃为人而作，其目的是使其感觉方便、舒适与愉快，并鼓舞其心灵与灵魂。它是从整体经验中产生最佳关系的创造"。同时，西蒙兹极具社会责任感。在 20 世纪 60 年代，他就积极倡导改善人居环境是景观师的社会责任，设计师要率先丰富设计作品的科学内涵，抓住时机拓展专业范围。

西蒙兹是一位有影响力的景观师，他难能可贵地跨越了设计与规划的界限，设计实践从袖珍公园、广场设计到社区、新城镇规划、区域资源环境总体规划等 500 多个项目，范围广阔，成果卓著。

1953 年设计的匹兹堡梅隆广场（Mellon Square），位于市中心，长、宽各 80m，高出周边街面 3m，下部是大型停车场。广场平面以矩形为基本造型主题，形式简洁明朗（图 7.40）。四周是叠落的花台，结合垂直绿化围合空间，遮挡了外部的视觉干扰，内部菱形铺地，布置了水池、喷泉、雕塑、花木、座椅等。西蒙兹以设计此广场一举成名，这座花园广场的出现改变了城市的重心，并为标准的沥青水泥城市沙漠创造了清新的绿洲，成为美国现代景观改善城市环境的典范。

图 7.40　匹兹堡梅隆广场

芝加哥植物园是西蒙兹的另一代表作品。1964 年设计，总面积约 121 公顷，原址是一块废弃地，用地很不理想。西蒙兹在详细研究用地现状基础上进行土地分区，组织交通，挖湖堆山，进行污水处理，保护现有林地，形成了湖岛曲折、环境优美的植物园风景（图 7.41）。如今，芝加哥植物园已成为美国废弃地改造利用的经典之作。

图 7.41　芝加哥植物园

（3）［德］彼得·拉兹（港口岛公园、北杜伊斯堡公园）

彼得·拉兹是德国著名的景观设计师。1939 年出生于德国达姆斯塔特，父亲是一位建筑师，由此对其从事相关专业产生了影响。1964 年拉兹毕业于慕尼黑韦恩斯蒂芬技术学院景观设计专业，然后在亚琛技术学院继续学习城市规划和景观设计。1968 年建立自己的景观事务所，并在卡塞尔大学任教。1983 年在卡塞尔市建造自己的以太阳能为主的住宅，建造过程中他学到了许多相关知识，这种体验对于他的景观设计实践也非常重要，该住宅也为其赢得了相关的建筑奖项。

1989 年拉兹及合伙人于克兰兹堡开展景观设计和城市规划实践，其后又与安娜丽斯·拉兹在杜依斯堡开设景观设计事务所。拉兹教授在一系列实践项目中体现出对先前那种保守平庸造园思想的挑战，因而获得了德意志联邦景观设计师奖。

拉兹非常欣赏密斯·凡德罗的建筑，特别是密斯建筑中"少"和"多"的关系。他常常在景观设计中利用最简单的结构体系，而形式和网格在他的设计中扮演了重要角色。

对于传统园林，拉兹认为我们应该学习和借鉴，而不是照搬。他的设计不是故意违背传统，追求标新立异，而是寻求适合场地条件的设计，追求的是保留场所精神。设计中要处理好景观变化和保护的问题，尽可能在场地中寻找到可以利用到的元素。要不断体察景观与园林文化的方方面面，总结思想源泉，从中寻求景观设计的最佳解决途径。

景观作品的表现力并不完全在于精益求精的艺术设计结果，而是在于在作品中存在一个尽量合理的构架——这就是拉兹在港口岛公园中所创造的。

港口岛公园原址为萨尔布鲁克萨尔河畔的一座废弃煤矿码头，位于城市中心附近，范围超过 9 公顷。二战中，该码头地段遭到严重破坏。20 世纪 80 年代末，政府决定将此改建为公园。设计师选择了对场地最小干预的设计方法。考虑了码头废墟、城市结构、基地上的植被因素，首先对区域进行"景观结构设计"。"在城市中心区，将建立一种新的结构，它将重构破碎的城市片段，联系它的各个部分，并且力求揭示被瓦砾所掩盖的历史，结果是城市开放空间的结构设计"（图 7.42、图 7.43）。具体做法是，拉兹定义了很多"层"：第一个设计层面是创建或重建城市道路网，第二个设计层面是从石山上辟出一系列新的公共景观空间，第三个设计层面是对基地原有面貌的保存，第四个设计层面是保留工业生产的遗留物，这样一个思路清晰的做法即"景观句法"（Landscape Syntax）。这一设计的改造使萨尔布鲁克城市中心形态及相关的城市结构片段重新得到了组织，"景观句法"则反映了拉兹擅长理性分析客观世界逻辑秩序的显著特点。

**图 7.42　港口岛公园中建筑废料构筑的小径**

**图7.43 港口岛公园中下沉露天剧场花园**

杜伊斯堡景观公园（Landscape Park Duisburg-Nord）坐落于杜伊斯堡市北部，面积2平方公里，这里曾经是有百年历史的梅德里西（Meiderich）钢铁厂，1985年关闭，1989年政府决定将其改造成公园。

拉兹主导开发设计的生态指导原则：保留工厂中的构筑物，部分构筑物被赋予新的使用功能；植被得以保留，荒草也任其自由生长，基地上的材料尽可能加以循环利用（图7.44、图7.45）。例如，砖被收集起来用作红色混凝土的骨料，煤、矿砂和金属物被用作了植物生长的媒介；关于水的循环，从屋顶、公路、铺地汇集起来的地表水由明渠导入冷却池和老的沉降罐。由于水中含有粉尘污染成分，这些水必须得到净化，经原先的净水厂的风力设备处理后，流入埃姆舍河。

**图7.44 杜伊斯堡风景园中用铁板铺成的"金属"广场**

**图 7.45　原先贮存焦煤的仓库场地被改造成了一个独具特色的另类攀援基地**

整个公园分为四个景观层面：

第一层：铁轨公园结合高架步道营建出了公园中的最高层。它像公园的脊柱一样不仅仅是景区内部的散步通道，还建立了与各个市区的联系，增强了城市沟通，并且强调了开放空间的功能。

第二层：在公园的底层上是水景景观层面，利用以前的废水排放渠收集雨水，经澄清过滤后流入埃姆舍河。

第三层：公园内各式各样的桥梁和四通八达的步行道一起构成道路系统。

第四层：功能各异的使用区和构思独特的花园自成一体，这样游客可以充分体验到独特的工业景观。

拉兹教授采取的公园设计方法不是掩盖不连续和片段，而是探寻一种对现有建筑和元素的新的解读。这个公园完成了对逝去的那段工业化历史的新的诠释。设计者力图使工业生产的历史遗存呈现新的面貌，而不是破坏它或抹杀它。

（4）其他作品

①德国海尔布隆市砖瓦厂公园。

1995 年公园建成，原址为废旧砖瓦厂。从生态角度上看，原场地是非常有价值的。工厂停产至建园前七年的闲置时间，基地的生态状况大为好转，一些昆虫和鸟类又回到这里栖息，包括濒临灭绝的生物物种。设计师鲍尔面临的中心问题是在工业废弃地上建立一个新的景观，树立新的生态和美学价值。最终，鲍尔决定创造一个不同类型公园混合的形式。

设计对厂址内砖厂取土时遗留下的黄黏土崖壁予以保留，使得人们可以清晰地看到这里的文化和历史（图 7.46）。鲍尔在陡壁前设计了一条宽 50m 的绿地，成为一个遗迹与生态的保护区，使生物与景观的多样性得到严格保护。公园的中心是一个 12000m² 的湖面，湖边设计了一座桥，他认为，作为风景式景观就必须有桥，还设计了一个船头状的水边平台，湖水发源于戏水广场后的小山上，风景式景观中也少不了景点。

**图 7.46　黄黏土陡壁**

②西雅图煤气厂公园。

设计师理查德·哈格，是美国景观建筑协会理事（FASLA），世界著名景观建筑大师，还是 XWHO 设计机构的智囊核心人物。两次获得建筑师最高奖项——美国景观建筑师协会最高设计奖。哈格对自然环境有丰富创造力和敏锐感，对现状基地和原生资源再利用极具科学合理性。

西雅图煤气厂公园基地土地严重污染，处于极度不雅观的状态。1970 年，政府委托哈格设计事务所负责该地改建工作。哈格因地制宜，保留历史，利用场地中原有的材料——旧工业设备进行设计，保留场地的历史而不是抹去（图 7.47）。同时，引入了生态学思想的土地利用和再生方案。建设初期通过除表土、调无污染土改善环境，还利用细菌来净化土壤表面现存的烃类物质，种植抗污染植物。他的一系列措施预算低，管理费较少，对环境、城市生活起了积极的作用。不囿于传统公园风格、形式，巧妙简化设计，这一设计思路对后来类似的改造产生了巨大的影响。

图 7.47　西雅图煤气厂公园

### 7.1.5　地域主义景观设计师及作品

#### 1. [ 墨 ] 路易斯·巴拉甘（Luis Barragan，1902—1988 ）

（1）生平简介

1902 年巴拉甘出生在墨西哥瓜达拉哈拉，23 岁时获得工程专业学位。20 世纪 20 年代末期，他参加了瓜达拉哈拉学院派的运动，这个运动支持建筑应该与地区传统紧密结合的理论。1925 年，在父亲在资助下在欧洲游学两年。欧洲之行，由于受到法国作家和景观设计师费迪南·巴克两部作品（《迷人的花园》《莱科洛姆比厄雷》）的影响使其兴趣转移到了建筑和景观上，产生了创作的灵感和冲动。

1936 年巴拉甘搬到了墨西哥城，在那里设计了好几座小型的住宅，这些作品都强调了实用性和现代性，与时代要求同步。在他所设计的花园里人们可以享受难得的清净，在小礼拜堂里人们的情感和欲望可以得到宽恕，信仰可以得到赞扬。对于巴拉甘来说，建筑就是存在于人类神话开始和结束之间的一种形式。1940 年以后他致力于大城市的发展规划。1955 年完工的圣方济会修道院小教堂（Capuchinas Sacramentarias）的设计成为他职业生涯中最大的成功。1980 年获得普林茨克建筑奖。1984 年巴拉甘成为了美国文学艺术研究会的名誉会员。1988 年他在墨西哥城去世。

（2）设计理念

巴拉甘设计的景观、建筑、雕塑等作品都拥有着一种富含诗意的精神品质。他作品中的美来自于对生活的热爱与体验，来自于童年时在墨西哥乡村接近自然的环境中成长的梦想，来自心灵深处对美的追求与向往。因此，解读巴拉甘的作品要用心去静静地体验他温和的激情所创造出的静谧而悠远的空间。

巴拉甘极其注重景观、色彩和建筑的紧密结合。巴拉甘主张要将建筑与景观相融合，将建筑与景观一体设计。在他的设计中通常摆脱了建筑材料对建筑师的羁绊而是通过对材料原始特性的运用创造出了极端简化的建筑形式与景观达到和谐的共存。巴拉甘反对现代主义中的纯粹功能主义，尤其是那句著名的口号"住房是居住的机器"。他认为，建筑不仅是我们肉体的居住场所，更重要的是，它是我们精神的居所。他拒绝外墙巨大的玻璃窗，认为是对人的私密性的侵犯，也反对光秃秃的混凝土外墙，觉得"太可怕，必须涂上颜色"。

浓重的地方主义色彩。巴拉甘将现代主义与墨西哥传统相结合，开拓了现代主义的新途径。他的设计以明亮色彩的墙体与水、植物和天空形成强烈反差，创造宁静而富有诗意的心灵的庇护所。各种色彩浓烈鲜艳的墙体的运用是巴拉甘设计中鲜明的个人特色，后来也成为了墨西哥建筑的重要设计元素。"我们的建筑师应该学习美国在解决简单问题上的经验，同时运用到墨西哥不同地区的不同情况下。我们应当试图让我们所设计的景观既体现现代主义风格，同时适宜于环境，运用符合环境要求的和所需要的材料。"

同光影嬉戏。巴拉甘作品中阳光的运用可谓作品中的点睛之笔，将自然中的阳光与空气带进了我们的视线与生活当中。并且与那些色彩浓烈的墙体交错在一起，使两者的混合产生奇异的效果。地面的落影、墙面的落影、水中的倒影构成了一个三维的光的坐标系，一天之中随着光线的变化缓缓移动旋转，像一种迷离的舞蹈。

谱写水的美妙乐章。巴拉甘对水运用的灵感也来自于那些被摩尔人作为镜子、可视的标或者音乐元素的喷泉中。同时也是来自于他童年的记忆：水坝的排水沟，在修道院天井里浅水池里的石头，小乡村的春天巨大的树木在水中模糊的倒影，以及古罗马人的输水管等。正是童年生活的这些回忆使得他能够用一种真挚的情感把水的平静祥和而悠远的特性表现得淋漓尽致，并且毫无造作之感。

用情感创造诗意空间。巴拉甘的作品中没有教条与艰深的理论，有的只是对生活的体验和对内心情感诗意的表达。他的作品赋予了我们身处的物质世界以精神归宿。他通过情感为媒介来工作，所创造出的空间无论内外都是让人感受与思考的环境，他唤起了人们内心深处的幻想的、怀旧的和来自遥远世界中的单纯情感。

（3）设计作品

①巴拉甘自宅（墨西哥城，1947年）：他自己设计的住宅采用墨西哥传统的内向式庭院。建筑内部采用高低不同的隔断划分空间，形成良好的光影效果（图7.48）。

②拉斯阿博雷达斯景观居住区（墨西哥城，1958—1961年）：拉斯阿博雷达斯（Las Arboledas）景观居住区位于墨西哥城郊的一块牧场上，是以骑马和马术为主题的居住区（图7.49）。

图 7.48 巴拉甘自宅

图 7.49 饮马槽广场

③俱乐部社区（墨西哥城，1963—1964 年）："俱乐部"（Los Clubes）社区中的"情侣之泉"是专门为饮马设计的喷水景观，由粉红色的长墙、高架水渠、喷水和水池构成。

图 7.50　情侣之泉

### 2. ［墨］瑞卡多·雷可瑞塔（Ricardo Legorreta）

瑞卡多·雷可瑞塔是国际著名建筑设计大师。1952 年在墨西哥建筑学院修得学士学位。1963 年在墨西哥开设他自己的工作室。设计出一系列大尺度的项目，引起社会各界的强烈反响。

雷可瑞塔延续了巴拉甘的许多设计思想和设计方法，并且运用发展的眼光对待历史的、传统的设计模式，反对僵化的设计方法，而倾向于富于感情的方式表达。

雷可瑞塔（Ricardo Legorreta）的建筑作品中，有独特的光与色的处理，常可见到颜色鲜艳的墙壁及被光线强烈交织而成的平面，充满浓厚的地方色彩及雕塑性。也有用水来展示的空间，还有糙面大面积的墙体。他认为某种永远不变的建筑或建筑类型是很难设计的，强调运用反映墨西哥地域文化的元素和符号进行设计，常被归类为"地域主义"的流派当中。

雷可瑞塔有许多成功的设计作品，主要代表作品有卡米诺雷阿宾馆（Camino）（墨西哥，1968）、雷诺（Renault）工厂（墨西哥，1985）、新墨西哥州圣菲（Rancho Santa Fe）住宅区、马尔科（MARCO）当代艺术博物馆（墨西哥，1991）、蒙特雷（Monterrey）中央图书馆（墨西哥，1994）、首都大教堂（尼加拉瓜，1993）、2000 年德国汉诺威世博会墨西哥馆。他还有许多景观设计作品，主要是珀欣广场（Pershing Square）、Texas 西湖公园主题规划和部分建筑环境景观作品。

（1）珀欣广场

珀欣广场位于美国洛杉矶市中心 15 大街和 16 大街处，由建筑师雷可瑞塔和汉纳·奥林公司的景观设计师劳里·奥林于 20 世纪 90 年代合作设计。

在珀欣广场中有一条地震"断层线"，它既能使人联系到当时的地质情况，又反映了作者从约翰·范特的小说《Ask The Dust》第 13 章所捕捉的灵感。其水磨石子的铺地拼成的星座图案，也是南加州的夜空所常见的类型，不仅令人想到好莱坞的"星光大道"，也反映了洛杉矶的"观星"活动。这一"观星"的设计概念又被广场中的三个望远镜所延续，这三个地球望远镜各代表了珀欣广场的三个历史时期：1888 年始建时期，1943 年停车库时期和 1994 年新建时期。广场中有一处橘树林，它是对 1850 年时期该基地附近林地的缅怀。在喷泉旁的一个座椅靠背上，镌刻着作家凯里·麦克威廉斯的一段文字，文字的大意是将珀欣广场誉为洛杉矶的缩影，而水的流动也是对海洋潮汐运动的模仿。

**图 7.51　珀欣广场鸟瞰图**

　　广场中有两个亮紫色的形体特别的突出——高耸的塔和平展的墙（图 7.51）。高塔顶部的开口中镶嵌着一个醒目的球体，它像扩散在广场平面上的其他几个球体一样，均为石榴子的颜色。广场内泥土色的铺地和绿色的草坪，又与紧邻的餐厅外墙鲜亮的黄色形成对比。

　　在广场的纵向轴线上有一个大型的喷泉水池。水流从广场的高塔流出，经景观墙顶部的输水渠，注入这个圆形的水池，在平静的水面激起水花，再慢慢扩散向坡度平缓、卵石铺砌的池岸。哗哗的跌水声，却衬得广场更加沉静。在水池边上，设计师特意设置三段弧形的矮墙，矮墙的高度正好适宜人坐于此读书，或躺于此静听水声。

　　在广场的另一侧，同样也有一处适宜休憩或阅读的安静场地——一个矩形的室外剧场。虽然是室外剧场，但它的铺装材料却是以草皮为主，只是草坪中设置了一些折线形的矮墙，与圆形水池旁的矮墙一样，这里的矮墙高度也同样适用为座凳。在设计中运用了鲜黄、土黄、橘黄、紫色、桃红等色彩和水渠等具有墨西哥特点的要素，充分体现了洛杉矶这个多民族聚居的城市的历史特点，也使珀欣广场充满了活力。

（2）蒙特雷中央图书馆

以三角形的形式给末端下了定义，创造出雕刻般的效果，特别设计出增添了色彩和纹理的砖贴附在圆柱上，对比出以混凝土构成的立方体和基础（图7.52）。

圆柱及立方体建筑物构成了图书馆基本的功能，阅读区在圆柱形里形成特殊欣赏公园的视野，视线的变化使空间具有流动性且提供安排书柜及书架的弹性空间。

以砖造量体包被混凝土量体，立面上区分出两个区域反印出室内的分区，其也利用凹凸窗的手法加强阴影效果。

**图 7.52　蒙特雷中央图书馆**

### 3. ［美］乔治·哈格里夫斯（George Hargreaves）

哈格里夫斯，当代著名景观设计师，作品体现了生态理性的思想，还体现了对景观人文尺度的关注，并把两者有机地结合起来，因此，美国评论家约翰·伯得斯利称赞哈格里夫斯为"风景过程诗人"。

（1）生平简介

1952年出生于美国，幼年辗转生活于亚特兰大、休斯顿、纳什维尔和俄克拉荷马城和伊利诺斯州的弗农山区等地。他曾经在南伊利诺斯大学学习一年，在此期间的旅行中，哈格里夫斯在一位任教于佐治亚州大学林业学院的叔父的指引下进入了佐治亚大学环境设计学院开始学习景观建筑学。1977年，他获得风景景观学士学位（BLA），随后进入哈佛大学设计研究生院，1979年，获得风景景观硕士学位（MLA）。

1983年，他创立了自己的设计师事务所，同时先后在宾夕法尼亚大学、哈佛大学担任客座教授，从事景观设计理论研究和教学工作。从 1996 年起，他接受哈佛设计学院聘任，开始担任风景景观系主任和以皮特·路易斯·哈伯克（Peter Louis Hornbeck）命名的教授职务。风景景观界一致公认他为"20 世纪最后一位大师"。

（2）设计思想

哈格里夫斯是一位具有自己设计理念的设计师，哈格里夫斯强调对场地潜在因素的利用，还强调人与自然的诗意对话。哈格里夫斯以开放的空间构图来组织景观的空间，对现代主义过于形式的空间构图也提出了批判。

开放的空间构图。哈格里夫斯的作品，放弃抽象空间形式的构图，以开放的空间构成来组织景观的空间，在恢宏的背景中开合自如之间，以不经意的方式含蓄地表达出自我的情感。他很好地继承了前辈大师的创作理念，但他在批判接受的同时，凭着自己早年丰富的人生经历和对风景景观建筑学本身深刻的理解，他最终将最初完全源于物质自然的"大地艺术"运动，发展到更为深刻和全面的高度，整个景观设计界开创了一条前景更为广阔的发展路线。

他强调对自然的尊重和对场址的尊重，强调对场址自然条件和历史文化因素的利用，他常使用隐喻式的叙述方法来表现基地的特征和参照体系。这些设计都对场地的自然条件和文化因素有所揭示，但并非保留大面积已被破坏的环境，而是通过艺术和生态的手段进行设计，既创造宜人的活动空间，又体现了场地隐含的精神。

诗性的追求。他强调人和自然的交流与对话，让自然要素与人产生互动作用，他称之为"环境剧场"。

总之，他抛弃了现代主义景观过于强调功能和形式的空间组织形式，又强调场址因素的充分利用，以及强调人和自然环境的交流、对话，因此，具有批判的地域主义思想，也许比批判的地域主义思想走得更远一些。

（3）形式创作特点

①雕塑化的地形处理。

哈格里夫斯善于运用从现代艺术那里借鉴来的语言和符号，创作出具有雕塑感的现代景观，比如拜斯比公园运用了杆阵，大地之门的地形塑造，在绿园运用了丘陵状的地形，这些雕塑化的景观语言与哈格里夫斯所迷恋的大地艺术的影响分不开，哈格里夫斯最常用的圆丘陵状地形，与史密森的作品螺旋山十分相似。

②水景效果的独特运用。

哈格里夫斯善于运用现代科技所能创造的景观效果来进行艺术化创作，特别是水景的处理，在绿景园、广场公园中运用了喷雾效果的喷泉，形成一种动态的、神秘的视觉效果。悉尼奥林匹克公园北端设计了高 12m 的非常壮观的弧形喷泉群，形成了鲜明的视觉效果。

③简约化的视觉效果。

哈格里夫斯的作品大多简洁明了，表现了某些极简主义的特点，他在某些特定的环境设计中特意追求一种"纯净的设计和纯净的图景"，使得景观具有自身的地位，与周围环境能够匹配，比如辛辛那提大学设计与艺术中心环境。从景观创作的角度来讲，他的作品中设计元素少而精，这样也突出场地的地形特点，深深地吸引了人的注意力，让人久久难以忘怀。

④丰富的文化内涵。

哈格里夫斯的设计还常常借用对基地和城市的历史和环境的隐喻来体现文脉的延续和后现代主义者的态度。这样做使作品因具有地域性、历史性和归属性而易于被人们接受和认同。

（4）代表作品

哈格里夫斯的代表作品包括拜斯比公园、烛台点文化公园、哥德鲁普河公园、辛辛那提大学总体规划、葡萄牙的 Parque Do Tdjo E Trancao 公园、圣何塞市市广场公园、澳大利亚的悉尼奥运会公共区域环境设计（2000 年）。

①拜斯比公园（属于大地艺术思潮作品）：拜斯比公园是人文和生态思想结合的成功范例。拜斯比（Byxbee）公园位于加州帕罗·奥托市（Palo Alto）的海边，是乔治·哈格里夫斯由一块占地 30 英亩的垃圾填埋场改造设计而成的。哈格里夫斯在覆土层很薄的垃圾山上，经过小心翼翼的地形塑造，化腐朽为神奇，营造了一个特色鲜明的滨水公园。他有着进程式的自然观，通过对史密森作品的学习而开创了一种开放式景观设计新语言，在这种语言中"各种元素诸如水、风和重力都可以进入并且影响到景观"，展现出他对自然因素独到的感受。这里最引人注目的是电线杆场，电线杆顶部形成虚的斜平面与土山上起伏的实的曲面形成了很强烈的场所感（图 7.53）。

图 7.53 拜斯比公园中的"电线杆"场

②烛台角文化公园：该园位于美国加州旧金山市的海湾，背靠烛台体育馆，占地 18 英亩，基地原为城市的碎石堆积场（图 7.54）。在基地的常年主导风向上，哈格里夫斯设置了数排弯曲的人工风障山，并在最里侧的风障山上开启了风门，作为公园的主入口。同时，又将迎接海潮的两条人工水湾深入园中腹地。"U"形园路的两个临水端点辟为观景台。整个公园朴实无华，又耐人寻味。显然，这个公园的建成，扩大了景观美学的范畴，提供了新的体验自然的方式。

**图 7.54　烛台角文化公园**

　　③圣何塞市市广场公园：位于加州圣·何塞市市中心，占地 3.5 英亩。这里既是人们日常休闲的场所，也是节日举行庆祝集会和演出活动的舞台。公园的周边为艺术博物馆、旅馆、会议中心和商务办公楼。在这个狭长的基地上，哈格里夫斯以斜交的直线道路系统为框架，以月牙形的坡地花境和 1/4 圆的动态旱地喷泉广场为中心。呈方格网状排列的 22 个动态喷泉隐喻了圣·何塞市的气候、地质、文化和历史。晨曦中飘渺的雾泉呼应于旧金山海湾的晨雾，随着时光的推移，雾泉转变成不断升高的喷泉，象征着当年生活在这里的印第安人挖掘的人工水井；当夜幕降临之时，喷泉与地灯交相辉映，如同灿烂的星光，表达了硅谷地区由农业转向高科技产业的繁荣景象（图 7.55）。此外园中维多利亚式的庭园灯暗示了该城 300 年的历史，园中的果园则又让人联想到这里曾经是水果盛产地。

**图 7.55　圣何塞市市广场公园中的喷泉**

④哥德鲁普河公园：该园是沿穿越圣·何塞市市中心长达 4.8km 的哥德鲁普河改建的。由于常遭受洪水侵袭，美国工兵原准备沿该河修建一条防洪堤，但圣·何塞市政府则希望通过整治这个河道，来带动河道两岸土地的开发和利用，并在此建设一个供人们休闲、娱乐的公共活动空间，于是由哈格里夫斯教授为首的一个集景观、水利、市政、结构、地质专家等组成的设计小组，提出了一个全方位的滨河公园修建方案，将防洪功能与公园功能完美地结合起来（图 7.56）。该公园系统分为上下两层，下层为泄洪道，上层则为滨河散步道和野生动物保护地，并连接着其周围的新的市政建筑、住宅和商业开发区。同时还保留了一点早期的自然状态的河堤。该设计最为引人注目的是河岸波浪状起伏的地形，不仅暗示了水的活力和流动性，而且还有利于在泄洪时，减慢水流的速度。

**图 7.56　哥德鲁普河公园**

### 4. [日]佐佐木叶二（Yoji Sasaki）

（1）生平简介

佐佐木叶二，1947 年出生于奈良县，1971 年神户大学毕业，1973 年取得大阪府立大学研究生院绿地规划工学专业硕士学位。1987—1989 年任美国加利福尼亚大学伯克利（UCB）环境规划学院研究生院及哈佛大学设计学研究生院（GSD）景观设计学科客座研究员。现任京都造型艺术大学教授，神户大学工学部兼职讲师，"凤"环境设计研究所所长、一级建筑师。现在，担任京都造型艺术大学教授及凤环境咨询设计研究所所长。此外，还兼任神户大学、广岛大学等大学的客座教授。

（2）设计思想

在当今世界上，佐佐木的景观设计不是单纯从机能上或生态学上决定创作作品，而是将景观设计看作是一种艺术创作。

佐佐木自 1989 年在大阪设立凤环境咨询设计研究所以来，创作出一系列令人瞩目的作品。将 17 世纪到 18 世纪的日本传统庭院技术密切结合，对细部的处理和素材巧合等技巧都特别的优秀。因为他的作品从石材到木工制品甚至到植物材料的使用方法都能看到基于日本庭院的传统技术和历史记忆的强烈表现。同时他的作品大胆使用了条形纹、圆形和四角形这些图形手法。

从他的早期作品中，还能够发现致力于艺术景观实践的那一小组的设计特点——创造性地运用水光和轻金属构造物。

从 1995 年起，佐佐木开始了一系列更加优雅、严格、简约和小型的设计活动。在这些新的项目中，他运用最简单的集合形态，着眼于有生命的素材自身的丰富性和他们映现出来的光与影，扩展设计的领域。

他认为，设计灵感来源于生活。创作的作品最终是要为使用者服务的，让使用者可以融入其中，这是景观环境设计的一个基本要求。他在学校里给学生们上课时，经常让他们每天拿出一分钟来关注一个自己喜爱的东西，并将喜爱的形状记录在心，时间久了，就会产生对自然的真正喜欢，让自己内心真正感动，设计才会有自然的灵感。

（3）代表作品

他的代表作品有 1999 年的 NTT 武藏野研究开发中心、2000 年的崎玉新都市中心榉树广场、2001 年的众议院议员的议长官邸、六本木新区等。这些作品充分显示了一个作为经验丰富的艺术家和大师的圆熟和自信。

**图 7.57　崎玉新都市中心榉树广场**

NTT 武藏野研究开发中心完成于 1999 年，用地面积 $25000m^2$。佐佐木先生在 NTT 武藏野研究开发中心的设计中，采用了传统的种植手法，但在形式上，则完全是具有现代感的几何形的有机组合，把日本的现代美形式表现得淋漓尽致。NTT 武藏野研究开发中心的设计荣获 1999 年绿色都市奖（审查委员长奖励奖）。

这个设计以向研究人员和来宾提供舒适的环境和给予创新想法的"精神之庭"为目标的设计理念是"新日本现代主义"的代表作品。运用现代手法解释传统的和氏空间，表现建筑与自然的新的一体化。运用这种设计手法，导入立体性的几何学图形，保留原有的树木和古樱树，通过把水面和草坪配置成两色相间的鲜明的方格状形式，强调水平面与从高层建筑的俯瞰相对应得立体性美感（图7.58）。

图 7.58　与 NTT 武藏野研发中心　与草坪相间的动静结合的水面

### 7.1.6　解构主义与景观设计

#### 1. 解构主义景观概述

解构主义是设计的极有力的表现手法，它并不是设计上的无政府主义方式，或随心所欲的设计方法，而是具有重视内在结构因素和总体性考虑的特点。它打破了正统的现代主义设计原则和方式，以新的面貌占据了未来的设计空间。

解构主义（Deconstruction）这个字眼是从"结构主义"（Constructionism）中演化出来的图7.59。因此，它的形式实质是对于结构主义的破坏和分解，是一种个人的、学究味的尝试，一种小范围的实验，具有很大的随意性、个人性、表现性等特点。

解构主义是对完整、和谐的形式系统的解构。无论是在古典时代，还是在现代，几乎没有一个设计师会动摇对和谐、秩序、逻辑和完美的信念。而解构主义的出现打破了这种限制，对空间结构体系和形式系统的解构，并在此基础上对传统理性思维模式和既定价值观念批判的态度，给景观设计师提供了一种新的思维方式和设计方法，产生新的审美形式和法则，建立新的设计美学系统。

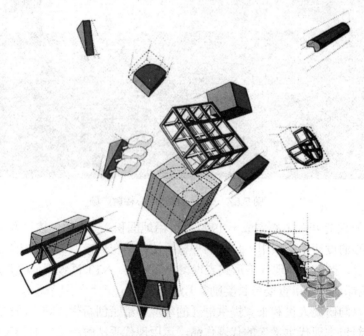

图 7.59　解构主义的分解处理图

解构主义景观设计的形式特征,可以概括为空间设计的分解处理和重新构成。"分解处理"是指"解构"风格的抽象造型元素,即点、线、面系统。而对于具体的点、线、面的表现形式是否规则或规范并没有统一标准,主要依据整体空间布局的相互关系加以分辨,新的构成中,点、线、面相互独立,类似叠加的方式组合在一起,但给人的视觉印象是极富个性和表现力的。"重新构成"是指解构风格的造型创作无规则,通常运用扭转、穿插、错位、叠合、破裂等构成方法进行景观造型或者规则上的重组,类似即兴演奏音乐般充满创造的乐趣。

### 2. 伯纳德·屈米（Bemard Tschumi）

（1）生平简介

1944 年出生于瑞士洛桑。1969 年毕业于苏黎世联邦工科大学。1970—1980 年,在伦敦 AA 建筑学院任教。1976 年,在普林斯顿大学建筑城市研究所。1980—1983 年,在 Cooper Union 任教。1988—2003 年,他一直担任纽约哥伦比亚大学建筑规划保护研究院的院长职务。他在纽约和巴黎都设有事务所,经常参加各国设计竞赛并多次获奖,其新鲜的设计理念给世界各地带来强大冲击。1983 年,赢得的巴黎拉·维莱特公园国际设计竞赛,是他最早实现的作品。另外,屈米有很多的理论著作,评论并举办过多次展览。他鲜明独特的建筑理念对新一代的建筑师产生了极大的影响。

（2）设计思想

在拉·维莱特公园设计中,屈米的创新主要在于运用建筑代替传统景观中的自然要素,更注重景的随机组合与偶然性,而不是传统公园精心设计的序列与空间景致。对于这种深受解构主义哲学影响,并且纯粹以形式构思为基础的公园设计,屈米认为是用明显不相关方式重叠的元素来建立方案的新秩序。新的点、线、面体系,以此构成的人工体,结合人工化的自然,能够产生与城市环境相协调的城市公园。

（3）设计作品（拉·维莱特公园）

拉·维莱特公园位于法国巴黎东北角,占地约 35 公顷,是远离城市中心区的边缘地带,人口稠密而且大多是来自世界各地的移民。基地曾是一个废弃的工业基地,1987 年建造成功并成为巴黎市最大的绿化空间（图 7.60）。

设计纲要曾明确指出:要将拉维莱特公园建成具有深刻思想内涵的、广泛及多元文化性的新型城市公园,它将是一件在艺术表现形式上"无法归类"的并由杰出的设计师们共同完成的作品。

**图 7.60 拉·维莱特公园鸟瞰**

公园设计中采用了典型的点、线、面的构成形式。"点"由 120m 的网线交点组成，在网格上共安排了 40 个鲜红色的、具有明显构成主义风格的小构筑屋（图 7.61）。这些构筑物以 10m 边长的立方体作为基本形体加以变化，有些是有功能的，还有一些没有功能。"线"由空中步道、林荫大道、弯曲小径等组成，其间没有必然的联系。空中步道一条位于运河南岸，另一条位于园西侧贯穿南北。林荫大道有的是利用了现状，有的是构图安排的需要，例如，科学博物馆前的圆弧大道。在规整的建筑与主干道体系之中还穿插了另一种线型节奏；弯曲的小径。小径将一系列娱乐空间、庭院、小游泳池、野炊地、教育团等联系起来。"面"是指地面上大片的铺地、大型建筑、大片草坪与水体等。面的要素就是十个主题园，备受法国景观设计师关注，包括镜园、恐怖童话园、风园、水园、竹园、葡萄园、龙园、少年园、沙丘园、音响圆厅。分别是建筑师和景观师设计的，显示出两者截然不同的设计观点。由景观师设计的两个主题园是竹园和葡萄藤架园，它们基于自然和文化景观特征，以植物为主体，着力表现独特的景观文化内涵。

（a）

（b）

图 7.61　园中形态各异的红色小建筑（Folie）

　　"镜园"是在欧洲赤松和枫树中竖立着20块整体石碑，一侧贴有镜面，镜子内外景色相映成趣，使人难辨真假；"风园"中造型稳中有降的游戏设施让儿童体会微妙的动感（图7.62）；"水园"着重表现水的物理特征，水的雾化景观与电脑控制的水帘、跌水或滴水景观经过精心安排，同样富有观赏性，夏季又是儿童们喜爱的小游水池（图7.63）；"竹园"为的是形成良好的小气候，由30多种竹子构成的竹林景观是巴黎市民难得一见的"异国情调"；"葡萄园"以台地、跌水、水渠、金属架、葡萄苗等为素材，艺术地再现了法国南部波尔多地区的葡萄园景观；"音响圆厅"与意大利庄园中的水剧场有异曲同工之妙；"恐怖童话园"是以音乐来唤起人们从童话中获得的人生第一次"恐怖"经历。

　　十个主题园中的龙园、少年园（空中杂技园）、沙丘园是专门为孩子们设计的。"龙园"中是以一条巨龙为造型的滑梯，吸引着儿童及成年人跃跃欲试。"少年园"以一系列非常雕塑化和形象化的游戏设施来吸引少年们，架设在运河上的"独木桥"让少年们体会走钢丝的感觉；"沙丘园"把孩子按年龄分成了两组，稍微大点的孩子可以在波浪形的塑胶场地上玩滑轮、爬坡等，小些的孩子在另一个区域由家长陪同，可以在沙坑上、大气垫床，还有边上的组合器械上玩耍。

图7.62　"风园"中造型稳中有降的游戏设施让儿童体会微妙的动感

**图 7.63　"水园"着重表现水的物理特征**

### 3. 里柏斯金（Daniel Libeskind）

（1）生平简介

里柏斯金是出生于波兰的犹太裔建筑师，从 6 岁起学弹钢琴，后来移居以色列，成为精通钢琴的音乐名人。曾经赢得美国—以色列文化基金会举办的著名的音乐竞赛，后来其音乐天才移向了建筑设计。耗时七年完工的柏林犹太博物馆，公认是他建筑设计生涯的转折点和代表作品，其他作品还有丹麦犹太博物馆、洛杉矶当代犹太博物馆、加拿大皇家安大略湖博物馆、曼彻斯特帝国战争博物馆等。

（2）代表作品

柏林犹太博物馆是欧洲最大的犹太人历史博物馆，其目的是要记录与展示犹太人在德国前后共约两千年的历史，包括德国纳粹迫害和屠杀犹太人的历史，而后者是展览中非常重要的组成部分。例如，包括对于大屠杀（Holocaust）的追念，其展品以历史文物与生活记录为主，多达 3900 件，其中 1600 多件是原件。博物馆多边、曲折的锯齿造型像是建筑形式的匕首，为人们打开了时光隧道，全面展示了德国犹太人两千年的生活历程，他们对德国艺术、政治、科学和商业做出的卓越贡献，及在 20 世纪经历的那段悲惨历史。

**图 7.64 柏林犹太博物馆鸟瞰图**

建筑平面呈曲折蜿蜒状，走势则极具爆炸性，墙体倾斜，就像是把"六角星"立体化后又破开的样子，将犹太人在柏林所受的痛苦、曲折，表现于以六角的大卫之星切割后、解构后再重组的结果，展现在建筑上，使建筑形体呈现极度乖张、扭曲而卷伏的线条（图 7.64）。

## 7.2 国内优秀案例分析

### 7.2.1 国内景观设计的发展简介

#### 1. 中国传统园林发展的五个阶段

国内景观设计如果从园林说起，则历史悠久。中国传统园林有着三千多年的光辉历史，以其独特的艺术风格和意趣、丰富的内涵和精神追求，在世界园林史上与欧洲的古典园林、西亚的伊斯兰园林并称为世界三大造园流派。

中国传统园林的发展，大体经历了五个主要的发展阶段。殷、周、秦、汉是中国传统园林萌芽、产生、成长的幼年期，持续时间将近 1200 年之久，演进速度极为缓慢，始终处于园林发展的初级阶段，尚不具备中国传统园林的全部类型，造园活动以皇家园林为主，园林的功能由早期的狩猎、通神、求仙、生产为主，逐步过渡到后期的游憩、观赏为主。魏晋、南北朝时期是中国传统园林的转折期，园林从法天象地、模山范水转向以再现自然山水为主体的自然山水园，园林造景由过多的神异色彩转向浓郁的自然气息，园林创作由写实趋向于写实与写意相结合。隋唐园林伴随着当时政治、经济、文化的发展进入全盛期，中国园林作为一个园林体系，其所具有的风格特征基本形成。中国传统园林的成熟期相当于两宋至清初，具体又可分为两宋和清初两个阶段。宋代的政治、经济、文化在历史上占有重要地位，尤其是文化艺术由面上的气势恢宏的外向拓展转向纵深的精细的内在发掘，在一种内向封闭的境界中进行着从总体到细部的不断的自我完善。受其影响，造园艺术日益与书法、绘画、文学等艺术结成相互渗透的统一有机体，确立了"壶中天地"的园林格局，奠定了中国园林象征性、文学化的特征，进入了以表现诗情画意乃至意境的涵蕴为中心的写意园林阶段，最终完成了"写意山水园"的塑造。元至清初是成熟期的第二阶段，作为两宋阶段的延续，明清时期文人、专业造园家和工匠三者的结合促使园林向系统化、理论化方向发展，造园专著如《园冶》即在此阶段诞生，标志着中国园林艺术的高度成熟，多种造园技巧、手法在这一阶段进一步成熟。园林的成熟后期是指从清乾隆至宣统不到二百年的历史，它是中国传统园林史上集大成的终结阶段，它既体现了中国传统园林的辉煌成就，又暴露了封建社会末世衰颓的迹象，表现出逐渐停滞、盛极而衰的趋势。

### 2. 中国当代城市公共空间景观设计发展

现代景观艺术承担的不仅是美化空间，更是柔化环境、缓解城际节奏、改善人际交流的重要手段。其实用、精神两方面功能的完美实现是现代景观设计艺术的重要任务。随着社会的发展，使用对象和使用方式的变化，在当代，景观的概念被进一步深化，其外延更被人们扩展至人们日常游憩、活动、交流的各个都市公共空间，包括对自然风景的保护与再现两个方面。鉴于景观概念因其社会认知心理的定势和学科范畴的局限，人们习惯用具有学科交叉特点并更为宽泛的景观艺术设计的概念来界定当代以城市为中心的公共空间景观设计。

中国当代城市公共空间景观设计的发展历程可以追溯到 1978 年改革开放。惊人的经济发展伴随而来的是城市建设的高潮，带动了我国城市公共空间的景观设计空前的发展。城市公共空间作为城市生活和文化的重要载体，是城市形象的代表，并且担负着城市的多种复杂功能。自 1979 年改革开放以来，我国城市公共空间景观设计也经历了三个阶段的演变。

（1）改革和探索阶段（1978—1991 年）

改革开放以前，中国城市公共空间的类型主要是广场和城市公共绿地，改革开放以后，传统的街道空间演变为商业步行街，它的出现丰富了公共空间的类型。比较有代表性的是南京夫子庙商业步行街和北京琉璃厂文化一条街等。

除了空间类型的丰富以外，这一时期公共空间的数目和景观质量都大幅度提高。从 20 世纪 80 年代开始，兴起了全民义务植树运动。学术界及广大群众对城市环境的要求已从原先的"卫生保护"发展到以生态学的整体观点着眼，因此，这一时期，城市公共绿地景观得以蓬勃发展，如济南护城河改造等，其中尤以小游园居多，如南京市珍珠小游园等。

从 1978 年到 1991 年的这一阶段中，随着改革开放的展开，西方设计理念的进入，中国城市公共空间景观设计的发展体现出"改革中有发展、发展中有突破"，总的来说，还处于初步发展的阶段。城市建设主要依靠政府手段，市民的参与很少。表现为城市广场以交通广场、纪念广场为主，尺度往往过于宏大，功能也较单一；商业步行街只是零星的出现；以城市绿化为单一目标的城市公共绿地景观蓬勃发展，城市公共绿地的建设以提高城市绿化率、美化城市为出发点，往往不能满足广大市民的使用需求。

这一时期，城市公共空间的建设以满足城市的基本功能为设计出发点，很少考虑公共空间与使用者之间的关系，形式和功能相对来说都比较单一。

（2）模仿与反思阶段（1992—1999 年）

这一时期中国城市公共空间景观的建设呈现出"初期的大量西化到后来的反思向前"。

20 世纪 90 年代初，随着市场的进一步打开，经济全球化的影响进一步加强，同时，"归国热"回来的海外学子带来了许多"先进"的设计理论，这些设计理论被广泛地应用于建设实践，城市建设呈现出许多模仿和西化的现象，出现了大量的西式住宅、欧式别墅（欧陆风）。城市公共空间建设则表现为大量广场及商业步行街的出现，形成"广场热"和"步行街热"，其中不乏盲目求大、求形式，追求形式的"美"，这些在一定程度上满足了人们"贪大求洋"的心理，但是功能单一，"中看不中用"，尤其在旧城更新过程中，这些极大地破坏了当地的人文环境、文化脉络，导致城市空间环境单调乏味。

　　1997 年亚洲金融危机之后，人们开始理性地对待城市公共空间景观的建设，而不是忽视城市环境、地域特色盲目地建设。典型的例子有南京汉中门广场和广州陈家祠广场等。这一阶段的公共景观设计开始表现出空间与周围环境的融合，关注人在空间中的"舒适感"，公共空间设计呈现出走向可持续发展趋势的特点。

　　（3）兼容并包的共生时代（2000 年至今）

　　在经历了前两阶段的探索和反思之后，以上海延中绿地为代表的一系列城市公共空间的建设标志着中国的景观设计开始迈向更加成熟的阶段。延中绿地的建设完成标志着国内外设计公司合作时代的来临，也标志着"兼容并包"的设计时代的来临。"兼容并包"不仅体现在设计理念的多元化上，还包括公共空间形态的多维度、功能的复合性、风格的多元化等。

　　总的来说，这是一个多元化、人性化的时代，设计要做到"以人为本"。随着经济发展，人民生活水平日益提高，人们对空间环境的需求已从物质层面上升到了精神（文化）层面。人对环境的精神层面的追求实际上就是对场所归属感的追求，当人和环境建立起这种场所关系时，便能达到某种和谐，这种和谐能够使处于该环境中的人在感情上产生十分重要的安全感，因此，公共空间的建设要以满足人的精神需求为出发点，建设多样化的公共空间。

### 7.2.2　国内优秀的景观设计案例

　　中国的景观设计师作品众多，遍布全国。这里仅选了三个案例，以飨读者。

#### 1. 成都活水公园

　　成都活水园的规划设计和府南河的环境治理修复工程，是由成都市政府组织国内外有关专家、地方有关部门施行的一次国际间的通力协作。活水公园由美国环境艺术家、擅长于水处理项目的 Besty Damon 倡导并主持设计，景观设计由特别擅长于生态景观规划设计项目的设计师 Magie Rulldick 设计。参与者还有府南河管理部门、园林部门、建设部门、规划部门、防灾部门的雕塑家、湿地生态学家，成都市风景园林规划设计院参与并协助了成都活水公园的规划设计，并负责了 2010 年上海世博会最佳实验区成都活水公园展示。

　　活水公园位于成都市内的府河边，占地24000

图 7.65　活水公园鸟瞰图

多平方米。从 1997 年春天活水公园破土动工,活水公园据说是世界上第一座以水为主题的城市生态环境公园,也是世界上第一座城市的综合性环境教育公园。成都案例分为四个部分,分别反映自然未被"现代文明"污染前的状况、自然环境被破坏和污染时的状况、水的人工湿地生物净化系统和河水经过生物净化后的运用状况。案例的设计理念秉承"天人合一"的东方哲学和"人水相依"的生态理念,将社区和公共空间的雨(污)水进行有效收集,通过对生物自洁功能的发掘,进行水的处理和循环利用,营造景观和公共空间与周边环境的和谐相融,启迪人们对水的珍惜和对活水文化的理解。

整个活水公园设计为鱼形,取"鱼水和谐、人水和谐"之意。鱼头部分是一个八角形大水井,被称为厌氧沉淀池,将雨水的杂质沉淀。接着,水经过一朵朵花瓣的水流雕塑,在自然落差中充分曝氧后进入人工湿地。湿地的造型为一片片"鱼鳞",由 9 个植物塘和 18 个植物床组成,种植有浮萍、睡莲等浮水植物,芦苇、茭白等挺水植物,以及金鱼藻、黑藻等沉水植物(图 7.66)。水通过层层过滤吸附微生物分解,多项水质指标得到明显改善,可达地表三类水水质。最后,清水汇集到"鱼尾"——养鱼池,几百盆睡莲正静静等待在 6 月盛开,届时将呈现水车轮转、芦苇微拂、"鱼戏莲叶间"的美好景观。

图 7.66　鱼鳞水池

水从池中经保留下来的阶步流下山,进入一组岩石瀑布,先是简单的造型,然后渐渐作鸟状(图 7.67)。水流在浓荫树冠山脚下潺潺而过,成为迷人的中心散步道,并在路端进入半圆的清水池中。路旁设巨大的砾石,人们可坐下聆听奔腾的水流声。公园里的本地植物营造了一个很好的生境,引来了城市里罕见的鸟和虫。公园的每个角落都是孩子们觅宝探险的好去处。经常可见他们或跪或趴在溪塘边,饶有兴趣地观察水里的昆虫和鱼类。这种在全世界范围内着意提倡的儿童好奇心,在中国的其他公园并不多见,活水园则成功地满足了孩子们寻找第一手自然的需求。 鱼池东面是通向河岸的草坡。由于设计师的巧妙构思,人们自然而然产生强烈的走到河边的愿望。景观设计师与市政工程师商议,拆除了原有的防洪墙,建了台阶式亲水平台,也具有防洪隔离功能。

活水公园不光是对于水资源的处理尤为独到,在植物配置上也是相当的适时适地。活水公园再现了四川成都峨眉山风景区自然的森林景观(图

图 7.67　岩石瀑布

7.68）。将山地的林带景观搬移到城市之中，并对周边的环境起到了一定的生态保护，生态系统的微观调节的作用，作用甚微。

**图 7.68　植物配置**

活水园的设计师强调这里的景色仿佛就是长在那里，有"属于它自己的生命"。活水园为 900 万市民提供了一个集环境教育和休闲为一体，生态环境优化的城市公园。公园对保护生态环境的教育功能无所不在，寓教于乐，融化在游人赏景、休闲、寻找自然的行为中。

活水公园的市政水净化工程是很好的环境教育范本（图 7.69）。在市中心营景结合水处理，在世界上也是少见的。生态水净化的过程刺激好奇的人们去探究科学和自然环境的奥秘。雕塑、溪泉和其他设计元素激起审美的情趣。林荫道、茂密的树、清澈的水、碧绿的草坪，令市民尽情呼吸新鲜甜美的空气，享受大自然的惠泽。活水园最重要的使命在于透过每一个设计要素，增强市民的环境保护意识。设计师并不是再建自然，而是将公共环境艺术揉合于保护自然之中。

**图 7.69　感受大自然，增强环保意识**

### 2. 哈尔滨：雨水弹性城市的绿色海绵——群力雨水公园

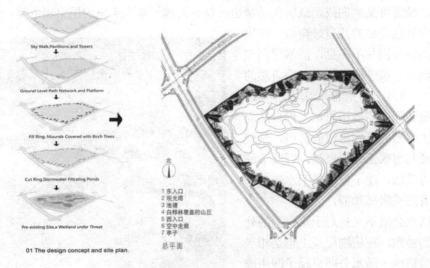

**图 7.70　群力公园鸟瞰**

俞孔坚教授设计的哈尔滨群力国家城市湿地公园，探索了一条通过景观设计来解决城市雨洪问题的创新方法：即建立城市"绿色海绵"，将雨水资源化，使雨水发挥综合的生态系统服务功能，包括：补充地下水，建立城市湿地，形成独特的市民休闲绿地等。该项目取得良好的社会和生态效益，目前已经成为国家城市湿地公园（图 7.70）。

近年来，城市涝灾已成为困扰着中国各大城市，北京、上海、杭州等地的雨后"看海"已成雨季无奈风景。涝灾给城市带来严重的社会经济损害，并危及生命。城市雨洪公园的诞生，为解决城市涝灾指明了一条出路，一条通过生态和景观设计来解决常规市政工程所没能解决的更有效的途径。在这样的背景下，中国首个雨水公园在哈尔滨群力新区出现了。

从 2006 年开始，位于哈尔滨东部的群力新区开始建设，总占地 27km²，建筑面积约 3200 万 m²，规划 13～15 年时间全部建成。将近有 30 万人口。新区绿地面积占 16.4%，而大部分土地将是城市的硬化地面。而当地的年降雨量是 567mm，却集中在 6 至 8 月（占全年降雨的 60%～70%）。本地处于低洼平原地带，历史上洪涝频繁。2009 年中，受当地政府委托，北京土人景观与建筑规划设计研究院，承担了群力新区的一个主要公园设计。公园占地 34ha，为城市的一个绿心。场地原为湿地，但由于周边的道路建设和高密度城市的发展，导致该湿地面临水源枯竭，湿地退化，并将消失的危险。土人的策略是将该面临消失的湿地转化为雨洪公园，一方面解决新区雨洪的排放和滞留，使城市免受涝灾威胁；另一方面，利用城市雨洪，恢复湿地系统，营造出具有多种生态服务的城市生态基础设施。实践证明，设计获得了巨大成功，实现了设计的意图。

设计策略是保留场地中部的大部分区域作为自然演替区，沿四周通过挖填方的平衡技术，创造出一系列深浅不一的水坑和高地不一的土丘，成为一条蓝—绿项链，形成自然与城市之间的一层过滤膜和体验界面（图 7.71）。沿四周布置雨水进水管，收集城市雨水，使其经过水泡系统经沉淀和过滤后进入核心区的自然湿地山丘上密植白桦林，水泡中为乡土水生和湿生植物群落。高架栈桥连接山丘，布道网络穿越于丘林。水泡中设临水平台，丘林上有观光亭塔之类，创造丰富多样的体验空间（图 7.72）。

图 7.71　蓝—绿项链

图 7.72　观景台　生态体验

建成的雨洪公园，不但为防止城市涝灾做出了贡献，同时为新区城市居民提供优美的游憩场所和多种生态体验。同时，昔日的湿地得到了恢复和改善，并已晋升为国家城市湿地。该项目成为一个城市生态设计，城市雨洪管理和景观城市主义设计的优秀典范。

### 3. 上海辰山植物园矿坑花园

矿坑花园是上海辰山植物园景区之一，位于辰山植物园的西北角，邻近西北入口，由清华大学朱育帆教授设计。矿坑原址属百年人工采矿遗迹，设计师根据矿坑围护避险、生态修复要求，结合中国古代"桃花源"隐逸思想，利用现有的山水条件，设计瀑布、天堑、栈道、水帘洞等与自然地形密切结合的内容，深化人对自然的体悟（图 7.73）。利用现状山体的皱纹，深度刻化，使其具有中国山水画的形态和意境。矿坑花园突出修复式花园主题，是国内首屈一指的园艺花园。该设计获 2011 年英国风景园林行业组织国际奖银奖。

矿坑花园由高度不同的四层级构成：山体、台地、平台、深潭。主要通过绿环道路与辰山河边主路与整个植物园相连，通过对现有深潭、坑体、地坪及山崖的改造，形成以个别园景树、低矮灌木和宿根植物为主要造景材料，构造景色精美、色彩丰富、季相分明的花园（图7.74）。

图 7.73　矿坑花园平面图

辰山植物园是一个风景区尺度的植物园，矿坑花园是在此背景下的一个园中园，又具有自身强烈的后工业遗址特征，因此，其设计具有特殊性。设计师提出了加减法并用的生态修复的原则，以及塑造最小干预原则下的后工业景观东方式自然文化体验。

图 7.74　矿坑花园鸟瞰图

图 7.75　矿坑花园深潭区的路径

在对场地充分分析及确定设计概念的基础上，矿坑花园被分成三个部分：平湖区、台地区和深潭区。应对不同区域条件，采用不同的设计策略以实现矿坑工业废弃地的景观更新。平湖区的设计策略是：重新塑造地表形态，丰富生态群落。台地区的设计策略是：完善空间序列、开辟游览场所。深潭区的设计策略是：创造戏剧性路径，连接东西矿坑（图 7.75）。由于复杂的场地条件和特殊的设计方案，在该项目中一些高难度的施工技术被充分运用。作为与真山的一场博弈，设计师及爆破专家在大量的岩石改造工程中表现出了足够的魄力。与此同时，钢板栈道、"一线天"景点以及木浮桥的设计与施工完成还体现了爆破、结构以及雕塑制造工程师之间的紧密配合以及极高的精度控制。在建造过程中，设计与施工应对各种问题不断做出调整，从而最终实现设计与施工图、技术与审美的完美统一。

**思考练习：**

1. 思考学习现代景观设计思潮的意义。
2. 选择你喜欢的设计师，论述其设计作品及设计理念。
3. 思考大地艺术、生态主义、地域主义思想对现代景观设计的启示。

# 附录：景观推荐书目、期刊、网站

**历史类**

1. 针之谷钟吉，西方造园变迁史——从伊甸园到天然公园，中国建筑工业出版社，2004
2. 周维权，中国古典园林史，清华大学出版社，2006
3. 童寯，造园史纲，中国建工业出版社，1983
4. 陈植，中国造园史，中国建筑工业出版社，2006
5. 郦芷若、朱建宁，西方园林，河南科学技术出版社，2002
6. [英] 杰里科，图解人类景观——环境塑造史论，同济大学出版社，2006
7. 张祖刚，世界园林发展概论——走向自然的世界园林史图说， 2003
8. 梁思成，中国雕塑史，百花文艺出版社，1998
9. 吴家骅，环境设计史纲，重庆大学出版社，2005
10. 陈志华，外国造园艺术，河南科学技术出版社，2001
11. [美] 彼得·沃克，看不见的花园——探寻美国景观的现代主义，中国建筑工业出版社，2009
12. 周武忠，寻求伊甸园——中西古典园林艺术比较，东南大学出版社，2001
13. 彭一刚，中国古典园林分析，中国建筑工业出版社，1986
14. 童寯，江南园林志，中国建筑工业出版社，1963 年由中国工业出版社，1984 年中国建筑工业出版社再版
15. [明] 计成，园冶图说，山东画报出版社，2010
16. 陈丛周，说园，同济大学出版社，2007
17. [美] 马克·特雷布，现代景观——一次批判性的回顾，中国建筑工业出版社，2008
18. 伯恩鲍姆，美国景观设计的先驱，中国建筑工业出版社，2003
19. 童寯，园论，百花文艺出版社，2006
20. 陈丛周，说园（中英文对照版），同济大学出版社，1984

**理论类**

21. 诺曼 K.布思，风景园林设计要素，中国林业出版社，1989
22. 王晓俊，风景园林设计，江苏科技出版社，2009
23. [英] 西蒙·贝尔，景观的视觉设计要素，中国建筑工业出版社，2004
24. 余强，设计艺术学概论，重庆大学出版社，2006
25. 周武忠，园林美学，中国农业出版社，2011
26. 西蒙兹，景观设计学——场地规划与设计手册（第四版），中国建筑工业出版社，2009
27. [美] 克莱尔·库珀·马库斯，人性场所——城市开放空间设计导则，中国建筑工业出

版社，2001

28. JOHN L MOTLOCH，景观设计理论与技法，大连理工大学出版社，2007

29. ［美］伊恩·伦诺克斯·麦克哈格，黄经纬译，设计结合自然，天津大学出版社，2006

30. 吴家骅，景观形态学，东南大学出版社，1999

31. 胡德军，学造园，天津大学出版社，2005

32. 苏雪痕，植物造景，中国林业出版社，1994

33. 俞孔坚，景观：生态·文化·感知（第5版），科学出版社，2011

34. 俞孔坚，理想景观探源——风水的文化意义，商务印书馆，2004

35. 肖笃宁，景观生态学，科学出版社，2010

36. 林玉莲、胡正凡，环境心理学，中国建筑工业出版社，2006

37. 凯文林奇，黄富厢等译，总体设计，中国建筑工业出版社，1999

38. 王向荣、林菁，西方现代景观设计的理论与实践，中国建筑工业出版社，2002

39. 刘滨谊，现代景观规划设计（第3版），东南大学出版社，2010

40. 李道增，环境行为学概论，清华大学出版社，1999

41. 李睿煊、李香会、张盼，从空间到场所——住区户外环境的社会维度，大连理工大学出版社，2009

42. 唐军，追问百年——西方景观建筑学的价值批判，东南大学出版社，2004

43. 孔祥伟、李有为，以土地的名义，生活·读书·新知三联书店，2009

44. ［美］伊恩·伦诺克斯·麦克哈格，黄经纬译，设计结合自然，天津大学出版社，2006

45. 俞孔坚，城市景观之路，中国建筑工业出版社，2003

46. 芦原义信，尹培桐译，外部空间设计，中国建筑工业出版社，1985


**案例类**

47. 伊丽莎白·K.梅尔，王晓俊译，园林设计论坛，东南大学出版社，2003

48. 王晓俊，西方现代园林设计，东南大学出版社，2001

49. 薛聪贤，植物景观造园应用实例，浙江科学技术出版社，2011

50. ［德］乌多·维拉赫，当代欧洲花园，中国建筑工业出版社，2006

51. 环境与景观设计经典案例编委会，环境与景观设计经典案例1，中国林业出版社，2007

52. 环境与景观设计经典案例编委会，环境与景观设计经典案例2，中国林业出版社，2007

53. 赫伯特·德莱塞特尔等编辑，任静、赵黎明译，德国生态水景设计，辽宁科学技术出版社，2003

54. ［德］尼考莱特·鲍迈斯特，新景观设计，辽宁科学技术出版社，2006

55. 夏建统，点起结构主义的明灯——丹·凯利，中国建筑工业出版社，2007

56. ［美］里尔·莱威、彼得·沃克，东南大学出版社，2003

57. ［美］詹姆斯·G.特鲁洛夫，当代国外著名景观设计师作品集，中国建筑工业出版社，2002

58. 俞孔坚，高科技园区景观设计——从硅谷到中关村，中国建筑工业出版社，2000

59. ［英］罗伯特·霍尔登，蔡松坚译，环境空间——国际景观建筑，中国建筑工业出版社，2000

60. 古斯塔夫森及合伙人事务所、简·阿米顿，移动的地平线——凯瑟琳，安基国际出版有限公司，2006

61. [加] 艾伦·泰特，城市公园设计，中国建筑工业出版社，2005

**细部设计类**

62. [美] 尼尔·科克伍德，景观建筑的细部艺术——基础、实践与案例研究，中国建筑工业出版社，2005

63. [英] 迈克尔·利特尔伍德，景观细部图集（全三册），大连理工出版社，2001

64. [美] 弗吉尼亚·迈克里奥德当代世界景观建筑细部图集，，华中科技大学出版社，2008

65. [英] 阿伦·布兰克，景观构造及细部设计，中国建筑工业出版社，2002

**景观技术类**

66. [美] 丹尼斯等著，俞孔坚等译，景观设计师便携手册，中国建筑工业出版社，2002

67. 吴为廉，景观与景园建筑工程规划设计，同济大学出版社，2005

68. 里艾特·玛格丽斯，生命的系统——景观设计材料以技术创新，大连理工大学出版社，2009

**设计表现类**

69. 冯信群，设计表达——景观绘画徒手表现，高等教育出版社，2008

70. [美] R. 麦加里、G. 马德森，白晨曦译，美国建筑画选——马克笔的魅力，中国建筑工业出版社，2002

71. 李本池，前沿景观手绘表现与概念设计，中国建筑工业出版社，2008

**建筑类**

72. [美] 文丘里，建筑的复杂性与矛盾性，中国水利水电出版社，2006

73. 建筑师的 20 岁，清华大学出版社，2005

74. 许立，后现代主义建筑 20 讲，上海科学社会出版社，2005

75. 彭一刚，建筑空间组合论，中国建筑工业出版社，2005

76. 吴良镛，广义建筑学，清华大学出版社，2011

77. 杜汝俭，园林建筑设计，建筑工业出版社，1986

78. 梁思成，中国建筑史，百花文艺出版社，1998

79. 李允鉌，华夏意匠——中国古典建筑设计原理分析，天津大学出版社，2005

80. [美] 史坦利·亚伯克隆比，吴玉成译，建筑的艺术观，天津大学出版社，2003

81. [美] 弗兰西斯·D. K. Ching，程大锦译，建筑形式、空间和秩序（第 3 版），中国建筑工业出版社，2008

82. 梁思成，梁从诫译，图像中国建筑史（汉英双语版），百花文艺出版社，2001

83. 刘致平，中国建筑类型及结构，中国建筑工业出版社，2000

84. 陈志华，外国古建筑二十讲（插图珍藏本），生活·读书·新知三联书店，2002

85. 童寯，近百年西方建筑史，南京工学院出版社，1986

86. 汪丽君，建筑类型学，天津大学出版社，2005

87. ［意］阿尔多·罗西著，城市建筑学（国外城市规划与设计理论译丛），中国建筑工业出版社，2006

88. C. 亚历山大等，赵冰译，建筑的永恒之道，知识产权出版社，2004

89. C. 亚历山大等，王昕度等译，建筑模式语言，知识产权出版社，2002

90. C. 亚历山大等，赵冰等译，俄勒冈实验，知识产权出版社，2002

91. C. 亚历山大等，高灵英译，住宅制造，知识产权出版社，2002

92. ［希腊］安东尼·C. 安东尼亚德斯，建筑诗学——设计理论（国外建筑理论译丛），中国建筑工业出版社，2006

**城市规划与设计类**

93. ［丹麦］扬·盖尔，何人可译，交往与空间（第 4 版），中国建筑工业出版社，2002

94. 洪亮平，城市设计历程，中国建筑工业出版社，2002

95. 乔恩兰，城市设计，［澳］辽宁科学技术出版社，2008

96. 凯文·林奇，方益萍等译，城市意向，华夏出版社，2001

97. 凯文·林奇，林庆怡等译，城市形态，华夏出版社，2001

98. ［日］芦原义信，街道美学，百花文艺出版社，2006

99. 俞孔坚，"反规划"途径，中国建筑工业出版社，2005

100. C. 亚历山大等，陈治业等译，城市设计新理论，中国建筑工业出版社，2005

101. 王云才，景观生态规划原理，中国建筑工业出版社，2007

102. ［美］约翰·M. 利维，孙景秋译，杨吾扬校，现代城市规划（第 5 版），中国人民大学出版社，2012

103. 李德华，城市规划原理（第 3 版），中国建筑工业出版社，2001

104. ［美］柯林·罗等，拼贴城市，中国建筑工业出版社，2003

105. ［美］大卫·沃尔特斯等，设计先行——基于设计的社区规划，中国建筑工业出版社，2006

106. ［英］詹克斯，紧缩城市——一种可持续发展的城市形态（国外城市规划与设计理论译丛，中国建筑工业出版社，2006

107. 吴志强、吴承照，城市旅游规划原理，中国建筑工业出版社，2005

108. 吴瑞麟、沈建武，城市交通分析与道路设计，武汉大学出版社，1996

109. 顾朝林，都市圈规划：理论·方法·案例，中国建筑工业出版社，2007

110. 鲁亚诺，生态城市 60 个优秀案例研究，中国电力出版社，2007

111. ［美］凯尔博，共享空间——关于邻里与区域设计，中国建筑工业出版社，2007

112. ［美］城市土地研究会，都市滨水区规划，辽宁科学技术出版社，2007

**杂志类**

113. 《景观设计学》

114. 《风景园林》

115. 《景观设计》

116.《中国园林》

117.《建筑师》

118.《规划师》

119.《城市规划》

120.《国际新景观》

121.《城市规划学刊 》

122.《雕塑》

123.《旅游规划学刊》

124.《建筑学报》

125.《Urban Planning and Landscape Design》

126. 北美景观设计教育者委员会刊物《Landscape Journal》（美国）

127.《园林设计》杂志（美）

128.《Horticulture》美国《园艺》

129.《landscape academy 景观学院》杂志（美国）

130.《草坪与景观》杂志（美国）

131.《大都会》杂志

132. 欧洲官方景观杂志《JoLA》

133.《Garden Design Journal》

134.《景观设计与营造》（美国）

135.《Landscape Australia》

136. 德国《园林+景观》杂志

137.《国际新景观》


**网站**

138. 景观中国网 http://www.landscape.cn/

139. 中国风景园林网 http://www.chla.com.cn/

140. 中国风景园林学会 http://www.chsla.org.cn/home/

141. 园林人 http://www.yuanliner.com

142. 中国城市规划行业信息网 http://www.china-up.com:8080/international/indexall.asp

143. 自由建筑报道 http://www.far2000.com/

144. 土人设计网 http://www.turenscape.com/home.php

145. 现代园林网 http://www.china-landscape.net

146. LAGOO 中国 http://www.lagoo.com.cn/forum.php

147. 景观之家 http://www.jg321.com

148. 土木在线 http://yl.co188.com

149. 园林在线 http://www.lvhua.com/index.shtml

150. 景观在线 http://www.landscapeonline.com.cn

151. 园林学习网 http://www.ylstudy.com

152. 园林人论坛 http://bbs.yuanliner.com

153. ABBS 景观论坛 http://www.abbs.com.cn/bbs/post/page?bid=16&sty=1&tpg=2&s=0&age=0

154. 疯狂园林人论坛 http://www.yuanb.com

155. 全球景观咨询网 http://www.landscapeweb.com.tw

156. 亚洲建筑师 http://www.architectureasia.com

157. 欧洲景观教育大学联合会 http://www.eclas.org/joomla/

158. 美国风景园林师协会 http://www.asla.org/

159. 加拿大园林协会 http://www.csla.ca/

160. 新加坡园林学会 http://www.sila.org.sg

161. 日本造园建设业协会 http://www.jalc.or.jp/index.php

162. 荷兰 NITA 景观设计 http://www.nitagroup.com/

163. 国际景观设计师联盟 http://www.ifla.net

164. Art & Architecture http://art.eserver.org

165. 贝尔高林 http://www.beltcollins.com/#/home

166. Design Group http://www.designgroup.com

167. PWP（Peter Walker and Partners）彼得·沃克 http://www.pwpla.com

168. 4D 景观设计 http://www.4dld.com

169. SWA http://www.swagroup.com

# 参考文献

1. 王国彬等. 景观设计[M]. 北京：中国青年出版社，2009
2. 俞孔坚. 景观设计：专业学科与教育[M]. 北京：中国建筑工业出版社，2003
3. 曹瑞忻，汤重熹. 景观设计[M]. 北京：高等教育出版社，2003
4. 赵良，王浩. 景观设计[M]. 武汉：华中师范大学出版社，2009
5. 汤晓敏，王云. 景观艺术学——景观要素与艺术原理[M]. 上海：上海交通大学出版社，2009
6. 史明. 景观艺术设计[M]. 南昌：江西美术出版社，2008
7. 王向荣，林菁. 西方现代景观设计的理论与实践[M]. 北京：中国建筑工业出版社，2001
8. 陈晓彤. 传承. 整合与嬗变——美国景观设计发展研究[M]. 南京：东南大学出版社，2005
9. 李亭翠. 人机工程学在环境景观设计中的应用研究[D]. 合肥：合肥工业大学，2009
10. 刘滨谊. 景观规划设计三元论——寻求中国景观规划设计发展创新的基点[J]. 新建筑，2001，5
11. 王晓俊. 风景园林设计[M]. 南京：江苏科技出版社，1993
12. 郝卫国. 环境艺术设计概论[M]. 北京：中国建筑工业出版社，2006
13. 丁圆. 景观设计概论[M]. 北京：高等教育出版社，2008
14. 马克辛，李科. 现代景观设计[M]. 北京：高等教育出版社，2010
15. 金煜. 园林植物景观设计[M]. 沈阳：辽宁科学技术出版社，2008
16. 沈守云. 现代景观设计思潮[M]. 武汉：华中科技大学出版社，2009
17. 丁玉兰. 人机工程学[M]. 北京：北京理工大学出版社，2000
18. 霍晓卫. 居住区与住宅规划设计实用全书[M]. 中国人事出版社，1999
19. 王耀武，刘晓光. 灯光环境艺术[M]. 黑龙江美术出版社，1998
20. 张昕，徐华，詹庆旋. 景观照明工程[M]. 北京：中国建筑工业出版社，2006
21. 林玉莲，胡正凡. 环境心理学[M]. 北京：中国建筑工业出版社，2006
22. 俞昌斌，陈远. 源于中国的现代景观设计[M]. 北京：机械工业出版社，2010
23. 王万喜，魏春海，贾德华. 论虚实空间在园林构景中的应用[J]. 长江大学学报：自科版，2005，2：36-39
24. 刘志成. 风景园林快速设计与表现[M]. 北京：中国林业出版社，2012